高职高专教育“十一五”规划教材

生物化学

制药类、畜牧兽医类专业用

潘亚芬　主编
李文君　主审

中国农业大学出版社

编写人员

主　编　潘亚芬　黑龙江农业经济职业学院

副主编　段晓琴　河南农业职业学院
　　　　李红梅　广西农业职业技术学院
　　　　马　正　黑龙江农业经济职业学院
　　　　罗赣丰　江西农业工程职业学院

参　编　吕云英　运城农业职业技术学院
　　　　连瑞丽　郑州牧业工程高等专科学校
　　　　赵峥嵘　河南农业职业学院
　　　　向天勇　嘉兴职业技术学院
　　　　刘　伟　辽宁医学院畜牧兽医学院

主　审　李文君　黑龙江畜牧兽医职业学院

出版说明

高等职业教育作为高等教育中的一个类型,肩负着培养面向生产、建设、服务和管理第一线需要的高技能人才的使命。大力提高人才培养的质量,增强人才对于就业岗位的适应性已成为高等职业教育自身发展的迫切需要。教材作为教学和课程建设的重要支撑,对于人才培养质量的影响极为深远。随着高等农业职业教育发展和改革的不断深入,各职业院校对于教材适用性的要求也越来越高。中国农业大学出版社长期致力于高等农业教育本科教材的出版,在高等农业教育领域发挥着重要的作用,积累了丰富的经验,希望充分利用自身的资源和优势,为我国高等职业教育的改革与发展做出自己的贡献。

经过深入调研和分析以往教材的优点与不足,在教育部高教司高职高专处和全国高职高专农林牧渔类专业教学指导委员会的关心和指导下,在各高职高专院校的大力支持下,中国农业大学出版社先后与100余所院校开展了合作,共同组织编写了一系列以"十一五"国家级规划教材为主体的、符合新时代高职高专教育人才培养要求的教材。这些教材从2007年3月开始陆续出版,涉及畜牧兽医类、食品类、农业技术类、生物技术类、制约技术类、财经大类和公共基础课等的100多个品种,其中普通高等教育"十一五"国家级规划教材22种。

这些教材的组织和编写具有以下特点:

精心组织参编院校和作者。每批教材的组织都经过以下步骤:首先,征集相关院校教师的申报材料。全国100余所高职高专院校的千余名教师给予了我们积极的反馈。然后,经由高职高专院校和出版社的专家组成的选题委员会的慎重审议,充分考虑不同院校的办学特色、专业优势、地域特点及教学改革进程,确定参加编写的主要院校。最后,根据申报教师提交的编写大纲、编写思路和样章,结合教师的学习培训背景、教学与科研经验和生产实践经历,遴选优秀骨干教师组建编写团队。其中,教授和副教授及有硕士以上学历的占70%。特别值得一提的是,有5%的作者是来自企业生产第一线的技术人员。

贴近国家高职教育改革的要求。我国的高等职业教育发展历史不长,很多院校的办学模式和教学理念还在探索之中。为了更好地促进教师了解和领会教育部的教学改革精神,体现基于职业岗位分析和具体工作过程的课程设计理念,以真实工作任务或社会产品为载体组织教材内容,推进适应"工学结合"人才培养模式的课程教材的编写出版,在每次编写研讨会上都邀请了教育部高教司高职高专处、全国高职高专农林牧渔类专业教学指导委员会的领导作教学改革的报告;多次邀请教育部职业教育研究所的知名专家到会，专门就课程设置和教材的体系建构作专题报告，使教材的编写视角高、理念新、有前瞻性。

注重反映教学改革的成果。教材应该不断创新，与时俱进。好的教材应该及时体现教学改革的成果，同时也是教育教学改革的重要推进器。这些教材在组织过程中特别注重发掘各校在产学结合、工学交替实践中具有创新性的教材素材，在围绕就业岗位需要进行知识的整合、与实际生产过程的接轨上具有创新性和非常鲜明的特色，相信对于其他院校的教学改革会有启发和借鉴意义。

瞄准就业岗位群需要，突出职业能力的培养。这些教材的编写指导思想是紧扣培养“高技能人才”的目标，以职业能力培养为本位，以实践技能培养为中心，体现就业和发展需求相结合的理念。

教材体系的构建依照职业教育的“工作过程导向”原则，打破学科的“系统性”和“完整性”。内容根据职业岗位（群）的任职要求，参照相关的职业资格标准，采用倒推法确定，即剖析职业岗位群对专业能力和技能的需求——→关键能力——→关键技能——→围绕技能的关键基本理论。删除假设推论，减少原理论证，尽可能多地采用生产实际中的案例剖析问题，加强与实际工作的接轨。教材反映行业中正在应用的新技术、新方法，体现实用性与先进性的结合。

创新体例，增强启发性。为了强化学习效果，在每章前面提出本章的知识目标和技能目标。有的每章设有小结和复习思考题。小结采用树状结构，将主要的知识点及其之间的关联直观表达出来，有利于提高学生的学习效果和效率，也方便教师课堂总结。部分内容增编阅读材料。

加强审稿，企业与行业专家相结合，严把质量关。从选题策划阶段就邀请行内专家把关，由来自于企业、高职院校或中国农业大学有丰富生产实践经验的教授审核编写大纲，并对后期书稿进行严格审定。每一种教材都经过作者与审稿人的多次的交流和修改，从而保证内容的科学性、先进性和对于岗位的适应性。

这些教材的顺利出版，是全国 100 余所高职高专院校共同努力的结果。编写出版过程中所做的很多探索，为进一步进行教材研发提供了宝贵的经验。我们希望以此为基点，进一步加强与各校的交流合作，配合各校教学改革，在教材的推广使用、修订完善、补充扩展进程中，在提高质量和增加品种的过程中，不断拓展教材合作研发的思路，创新教材开发的模式和服务方式。让我们共同努力，携手并进，为深化高职高专教育教学改革和提高人才培养质量，培养国家需要的各行各业高素质技能型专门人才，发挥积极的推动作用。

中国农业大学出版社

2008 年 6 月

内 容 提 要

本书着重讲述生物化学的基本理论及实验操作，理论内容包括蛋白质、核酸、酶与维生素、糖代谢、生物氧化、脂代谢、氨基酸代谢、核苷酸代谢、核酸与蛋白质的生物合成、水分及无机盐代谢、生物膜的结构与功能，实训部分包括基本操作技能实训和综合实训，根据各章教学内容安排在章节后面，与所学知识紧密结合，达到互相支撑的效果。

本书凸显高职教育特点，注重能力培养，将必须掌握的基本知识与实用技能结合，强调应用性训练和综合能力训练，为专业学习打下坚实的基础。

前　言

本教材是根据教育部［2006］1号文件精神，依照工学结合的理念，体现“能力本位”原则，按照全国高等职业院校生物制药、生物技术、食品加工、养殖牧医类、种植类等专业学习的实际需要，结合生物化学的特点编写而成的。

本教材在基本保持生物化学体系的同时，适当反映本学科的新发展和新动向，突出与专业的紧密结合，增加大量的应用实例和阅读材料，提高学生的学习兴趣。设计了引领学习的知识目标和能力目标，使教材充分体现高职教育特色，贯彻和遵守应用性、实用性、综合性和先进性的教材编写原则，做到教材编写规范，结构紧凑，内容精练，条理清晰，语言到位，图文并茂，便于学生自学，教师使用得心应手。

本教材实训内容直接安排在各章后面，使学生深刻理解理论对实践的支撑作用及实践对理论的支持作用。加大实践教学的比重，增加综合性和设计性实践项目，使生物化学成为锻炼学生实验能力、更好地为专业服务的平台。

本教材由黑龙江农业经济职业学院潘亚芬老师主编并编写第五章；第一章及实训2.1、2.2、2.3、2.4、4.3由刘伟老师编写；第二章由马正老师编写；第三、十章及实训3.1、3.2、3.3由段晓琴老师编写；第四章及实训4.1、4.2由赵峥嵘老师编写；第六、十二章由罗赣丰老师编写；第七章及实训由李红梅老师编写；第八章由连瑞丽老师编写；第九章由向天勇老师编写；第十一章吕云英老师编写。

本教材在编写过程中引用了一些相关教材的数据、文献和资料，并得到编写学院及多位专家的大力支持，黑龙江畜牧兽医职业学院李文君博士对全书进行审定，并提出宝贵意见，在此一并表示衷心感谢。由于编者水平有限，书中难免有错误和不妥之处，敬请广大读者批评指正，以便再版修订。

编　者

2008年11月

目　录

第一章　绪论……………………………………………………………………………(1)
一、生物化学含义 ………………………………………………………………(1)
二、与其他生命科学的关系 ……………………………………………………(1)
三、生物化学研究的主要内容 …………………………………………………(2)
四、生物化学的发展方向 ………………………………………………………(3)
第二章　蛋白质…………………………………………………………………………(5)
一、蛋白质的分子组成 …………………………………………………………(5)
二、蛋白质的分子结构…………………………………………………………(10)
三、蛋白质的性质………………………………………………………………(15)
习题 ……………………………………………………………………………(18)
实训 2.1　氨基酸纸层析法 ……………………………………………………(19)
实训 2.2　血清蛋白醋酸纤维薄膜电泳 ………………………………………(22)
实训 2.3　双缩脲法测定蛋白质含量 …………………………………………(26)
实训 2.4　蛋白质的透析 ………………………………………………………(28)
第三章　核酸 …………………………………………………………………………(30)
一、核酸的化学组成……………………………………………………………(31)
二、核酸的分子结构……………………………………………………………(36)
三、核酸的性质…………………………………………………………………(41)
四、核酸的化学检测技术………………………………………………………(43)
习题 ……………………………………………………………………………(47)
实训 3.1　定磷法测定核酸的含量 ……………………………………………(48)
实训 3.2　紫外吸收法测定核酸纯度 …………………………………………(51)
实训 3.3　酵母 RNA 的提取、分离及成分测定 ………………………………(51)
第四章　酶与维生素 …………………………………………………………………(53)
一、酶的概述……………………………………………………………………(53)
二、酶的结构与催化作用机理…………………………………………………(57)
三、影响酶促反应速率的因素…………………………………………………(62)
四、维生素和辅酶………………………………………………………………(68)

习题 …………………………………………………………………… (79)
实训 4.1　酶的专一性及酶促反应速率影响探讨 ………………… (81)
实训 4.2　淀粉酶活力测定 ……………………………………… (85)
实训 4.3　直接碘量法测定维生素 C 的含量 …………………… (88)

第五章　糖代谢 ……………………………………………… (91)
一、糖无氧分解代谢 …………………………………………… (91)
二、糖有氧分解主要代谢途径 ………………………………… (98)
三、糖异生作用 ……………………………………………… (106)
四、糖原代谢 ………………………………………………… (108)
习题 …………………………………………………………… (116)
实训 5.1　邻甲苯胺法测定血糖 ……………………………… (118)
实训 5.2　发酵过程中无机磷的利用 ………………………… (121)

第六章　生物氧化 …………………………………………… (124)
一、生物氧化概述 …………………………………………… (124)
二、线粒体生物氧化体系 …………………………………… (125)
三、非线粒体氧化体系 ……………………………………… (136)
习题 …………………………………………………………… (137)

第七章　脂代谢 ……………………………………………… (140)
一、脂类概述 ………………………………………………… (140)
二、脂肪的分解代谢 ………………………………………… (147)
三、脂肪的合成代谢 ………………………………………… (154)
习题 …………………………………………………………… (160)
实训 7.1　血清总脂的测定 …………………………………… (162)
实训 7.2　酮体的生成和测定 ………………………………… (164)

第八章　氨基酸代谢 ………………………………………… (167)
一、概述 ……………………………………………………… (167)
二、氨基酸的分解代谢 ……………………………………… (173)
三、氨基酸的合成代谢 ……………………………………… (182)
习题 …………………………………………………………… (189)

第九章　核苷酸代谢 ………………………………………… (192)
一、嘌呤核苷酸的代谢 ……………………………………… (192)
二、嘧啶的代谢 ……………………………………………… (200)
习题 …………………………………………………………… (206)

第十章　核酸与蛋白质的生物合成……………………………（209）
一、DNA 的生物合成…………………………………………（210）
二、RNA 的生物合成——转录…………………………………（216）
三、蛋白质的生物合成 …………………………………………（220）
四、分子生物学基本技术简介 …………………………………（230）
习题………………………………………………………………（236）
第十一章　水分及无机盐代谢…………………………………（239）
一、体液及体液的酸碱平衡 ……………………………………（239）
二、水及部分无机盐代谢 ………………………………………（248）
习题………………………………………………………………（263）
第十二章　生物膜的结构与功能………………………………（266）
一、生物膜的基本结构 …………………………………………（266）
二、生物膜与物质转运 …………………………………………（271）
习题………………………………………………………………（275）
参考文献…………………………………………………………（277）

第一章 绪 论

一、生物化学含义

生物化学（biochemistry）主要采用化学、物理学和免疫学等的原理和方法研究生物体的化学组成和生命过程中化学变化规律的科学。它是从分子水平上探讨生物体的化学组成、化学变化（物质代谢）以及生命现象的本质，故又称生命的化学。

二、与其他生命科学的关系

生物化学理论和技术已渗透到生物学科的各个领域，所有生命科学的发展都离不开生物化学，现在以生物化学为基础的生命科学已成为21世纪最有前途的学科。

生物化学既是重要的医学基础学科，又与医药学的发展密切相关、相互促进。各种疾病发病机制的阐明，诊断手段、治疗方案、预防措施等的实施，都无一不依据生物化学的理论和技术。如糖类代谢紊乱导致的糖尿病，脂类代谢紊乱导致的动脉粥样硬化，氨代谢异常与肝性脑病，胆色素代谢异常与黄疸，维生素缺乏症等都早已为世人所公认。体液中各种无机盐类、有机化合物和酶类等的检测早已成为疾病诊断的常规指标。从生化角度来说，代谢过程的紊乱即表现为疾病，所以生物化学与疾病的病因、发病机制、诊断、治疗都密切相关。

随着生物化学的飞速发展，不仅许多疑难疾病的发病机制相继被揭示，而且随着诸多诊断检测技术和方法的不断创建，为许多疾病的预防和治疗提供了全新的手段。如癌基因的发现，证明它在正常情况下并不引起细胞癌变，只有在某些理化因素或病毒以及情感等因素的作用下，才能被激活而导致细胞癌变，这为最终根治恶性肿瘤奠定了基础。

生物化学与其他基础医学课程也是密不可分的。生物学、组织学、生理学、微生物学、免疫学、药理学等学科的研究已深入到分子水平，生物化学的内容已是所有生物学科的必要知识。生物学科领域中，核酸的生物化学是遗传学的中心内容；免疫学大量采用生化原理和生化技术；微生物学研究也毫无例外应用生化知识和技术。可见，生物化学在这些学科中处于中心地位。由于各学科研究已深入到分子水平，使各学科已有界限被打破，生物化学已渗透到各学科之中，甚至成为它们的“共同语言”。

生物化学与药学的关系十分密切。药物学和药理学在很大程度上是以生物化学和生理学为基础的，由于大多数药物都是通过酶催化反应进行代谢，因此要了解药物在体内如何进入细胞，在细胞内如何代谢转化，并在分子水平上讨论药物作用机制等，都必须以生物化学知识为基础。生化药物是一类用生物化学理论和技术制取的具有治疗作用的生物活性物质，目前常用的生化药物已有200余种。

生物化学与农业科学的关系极为密切，在农业科学的各个领域中都要求生物化学提供理论根据和解决问题的途径、办法。例如，研究植物新陈代谢的各种过程，就有可能控制植物的生长、发育，以获得优质的农作物。在农作物培育上，抗寒、抗旱、抗倒伏以及抗病虫害作物品种的培育都离不开生物化学的理论依据和实验分析。在农业生产中，杀虫剂、杀菌剂、除草剂和激素等的研制和使用都需要依据生物化学的理论来寻找解决问题的途径、办法。

20世纪80年代生物化学已进入生物工程的崭新领域，现代生物工程技术——发酵工程，酶工程，细胞工程和基因工程等的应用，为生化药物生产开拓了广阔前景。

三、生物化学研究的主要内容

生物化学的研究对象是生物体，包括动物、植物和微生物。地球上现存的生物为200多万种。虽然它们的结构和形态各异，生活生长方式各不相同，但它们都有相似的“元素”组成。组成生物体的重要物质除核酸、蛋白质、糖类、脂类、无机盐和水外，还有含量较少、但对生命活动极为重要的维生素、激素和微量元素。这些物质种类繁多，结构复杂，是一切生命的物质基础。

生物化学的研究内容主要包括以下几个方面：

(1)研究生物体的化学组成、结构、性质、生理功能及结构与功能之间的关系，这些内容也称为静态生物化学。

生物体的组成十分复杂，不同的生物体具有不同的化学组成。如人体中仅蛋白质种类超过10万种，不同的蛋白质分子，有着不同的结构，具有不同的功能。生物体中的大分子有机化合物不是杂乱无章地在一起，而是以一定的组织形式，构成一定的能够体现各种功能的有序的生物学结构，故简称生物分子。目前对于核酸、蛋白质等生物分子的化学组成已经完全清楚，结构与功能的研究也取得了突破性进展。

(2)研究生物体内物质代谢途径及其规律、物质代谢与能量代谢的关系和代谢的调节机制，这些内容称为动态生物化学。

生命的基本特征是新陈代谢,生物体通过新陈代谢获得生命活动所需的能量,合成生物体所需的各种物质,排除生物体内的代谢废物。生物体内的代谢既要适应环境的变化,又要相互协调,所以生物体内有复杂的代谢调节机制。

(3)研究生物分子的结构、代谢与生命现象之间的关系,称为机能生物化学。组成生物体的各种化学分子都具有其特殊功能,功能与结构密切相关,分子的结构是功能的基础,如DNA的遗传特性与DNA结构密切相关;酶的催化功能,各种蛋白质的生物学功能都与其结构密不可分。生物化学技术的进步,使得在研究蛋白质、核酸和酶分子方面从提纯、制成结晶发展到确定其化学组成、序列、三维结构,进而发展到人工模拟、人工合成、活性测定和晶体结构分析,使生命本质研究进入新的发展时期。这是生物化学最活跃的研究领域。

四、生物化学的发展方向

生物化学的发展同化学和生物学的发展密切相关,它是一门既古老又年轻的学科,它既有悠久的发展历史,又有近代许多重大的进展和突破。

我国在生物化学的某些方面的研究也取得了世人瞩目的成就。1965年我国在世界上首次人工合成了具有生物活性的结晶牛胰岛素,为生物活性蛋白质的人工合成开辟了道路。1972年对猪胰岛素X射线晶体0.25 nm和0.18 nm研究,跨入了世界先进行列。1981年我国在世界上首次合成了具有生物活性的酵母丙氨酸转移核糖核酸,使我国在该领域的研究达到了世界先进水平。随着技术的发展,人类认识自身的科学研究:"人类基因组计划"正式启动,这项宏大的科学研究工程由中国、美国、英国、法国、德国、日本六国科学家共同完成。2000年6月26日,包括中国在内的六国科学家共同宣布,人类有史以来第一个基因组"工作框架图"绘制完成,这是人类历史上值得"载入史册的一天"。2001年8月26日,人类基因组计划中国部分测序项目汇报及联合验收会在北京召开,标志人类基因组"中国卷"通过国家验收。

基因的研究成果将使人类的生活发生革命性的变革。科学研究证明,一些困扰人类健康的主要疾病,例如心脑血管疾病、糖尿病、肝病、癌症等都与基因有关。依据已经破译的基因序列和功能,找出这些基因并对相应的病变区位设计新药,这样就能有的放矢地修补或者替换这些病变的基因,从而根治顽症。基因工程的突破将帮助人们延年益寿,有科学家预预言,随着癌症、心脑血管疾病等顽症的有效攻克,在2020～2030年间,可能出现人口平均寿命突破100岁的国家。到2050年,人类的平均寿命将达到90～95岁。人类将挑战生命科学的极限。

由于电泳、层析、高效色谱、超速离心分离、电镜、同位素等分离测定方法的不断出现和应用,生物化学得到了空前的发展。特别是工具酶的使用,使DNA体外重组成为可能。DNA重组技术的成功,为基因工程的发展铺平了道路。现在根据人的意愿改造蛋白质的结构已经成为现实。基因工程使培育特殊的生物成为可能,现在人们利用基因改造和重组的方法培育出了人们所需要的动物、植物和微生物良种。

动物基因转移就是将外源基因转入动物,而使其表达出原来没有的某种新性状的技术,由此而得到的新型动物便称为转基因动物。基因转移为改造动物品种开辟了新途径,把某些促进生长、优质高产、抗病性强的基因导入原来不具备这些性能的动物细胞中,可以创造动物新品种。目前,应用这项技术,已培育出了转基因猪、转基因牛、转基因羊、转基因兔、转基因鱼等一系列动物新类型,取得了令人鼓舞的成果,展示了巨大的增产潜力。由于科学家的努力,转基因动物已经取得了很大成绩,并开始趋向实用化。

1987年美国科学家通过把牛的生长素基因转入猪中,培育出一种新型瘦肉型猪。这种猪的里脊肉增加到原品种的1.4倍,而皮下脂肪反而降低1/3。我国北京农业大学的科学家也试验获得了一种吃得少、长得快、瘦肉率高的转基因猪。虽然现在获得的转基因猪体型不比原猪大,但它的饲料转化率提高了17%。

荷兰的科学家已经成功地培育出世界上第一批携带有人基因的奶牛。他们把一个从人的泪水中分离出来的带有抗菌作用的基因植入奶牛的卵细胞中,然后放回母牛体内,科学家们希望能从奶牛生产的奶中获得一种称为乳铁蛋白的物质,这是一种廉价的抗生素,可以用来治疗人的肠胃感染和动物的乳腺疾病,这一突破可获得带有人体抗菌素的牛奶。

我国科学工作者将人类的一种凝血因子(蛋白质)基因,导入山羊的受精卵里,成功地研制出了转基因山羊,对此山羊分泌的乳汁进行检测,发现其中有上述人凝血因子基因的特征表达。这种凝血因子是用于治疗血友病(一种遗传疾病)的药物。相信在不久的将来利用动物廉价大量生产人类需要的珍贵药物,会成为可能。

第二章 蛋 白 质

知识目标

掌握蛋白质的组成、结构和性质

了解蛋白质结构与功能的关系

技能目标

具备简单分离提纯蛋白质的能力

初步具有蛋白质纯度的检测能力

蛋白质是由许多α-氨基酸按照一定的序列通过酰胺键（或称肽键）缩合而成的，具有较稳定构象并具有一定生物功能的生物大分子。蛋白质在生物体内含量最丰富、功能最复杂、分布广泛，几乎所有的器官组织都含有蛋白质，其含量约占人体干重的45%。不同种类生物各有其独特且不同的蛋白质组成，如人体由约10万种不同蛋白质组成。蛋白质不仅是细胞组成的结构成分，而且参与生物体几乎所有生理生化过程。蛋白质在物质代谢、机体防御、肌肉收缩、组织修复、个体生长发育、繁衍后代等方面起着不可替代的关键性作用，因此蛋白质是生命的物质基础，当之无愧。

一、蛋白质的分子组成

（一）蛋白质的元素组成

蛋白质种类丰富，不同种类蛋白质各元素的含量也略有不同。通常含碳50%～55%，氢6%～7%，氧19%～24%，氮13%～19%，硫0～4%；有些蛋白质还含有磷、铁、铜、钴、锌、钼、碘等元素。其中，氮元素的含量平均值为16%左右（即每克氮相当于6.25 g的蛋白质）。蛋白质是生物体内主要含氮物，因此常用含氮量推算蛋白质含量。

每克样品的蛋白质含量＝每克样品中含氮量×6.25

(二)蛋白质的基本结构单位——氨基酸

1.氨基酸的结构

氨基酸是羧酸分子 α-碳原子上的氢原子被—NH_2 取代而形成的化合物，故又称 α-氨基酸。存在于自然界的氨基酸有 300 多种，但组成天然蛋白质中的氨基酸仅有 20 种，又称标准氨基酸。少数蛋白质中还发现一种硒代半胱氨酸，又称第 21 种标准氨基酸。其一般结构式可写为：

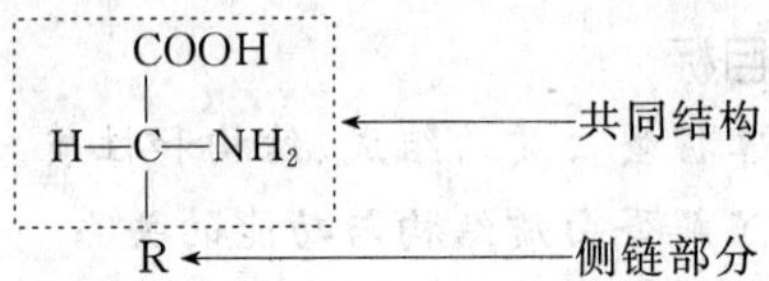

(1)除甘氨酸外，其他氨基酸的 α-碳原子均为手性碳原子，使它们具有旋光异构现象。组成蛋白质的 20 种氨基酸均为 *L*-α-氨基酸，生物界也有 *D*-氨基酸，主要存在于某些细菌产生的抗生素及个别植物的生物碱中。

(2)共同结构部分。含一个碱性的 α-NH_2 和一个酸性的 α-COOH 结构，所以，α-氨基酸是两性电解质，能够进行两性电离。

(3)不同的侧链 R 部分。α-氨基酸的区别就在侧链上，它们是氨基酸分类的基础，在决定蛋白质性质、结构和功能上有重要作用。

20 种标准氨基酸中的脯氨酸因含有亚氨基(HN)，所以它是亚氨基酸，其化学结构式如下：

COOH
N
H

2.氨基酸的分类

(1)根据侧链 R 的结构特点分类。侧链 R 为链状的称为脂肪族氨基酸，侧链 R 含有苯环的称为芳香族氨基酸，侧链 R 含有杂环化合物的称为杂环氨基酸。

(2)根据氨基和羧基的个数分类。中性氨基酸(一氨基一羧基氨基酸)，碱性氨基酸(二氨基一羧基氨基酸)，酸性氨基酸(二羧基一氨基氨基酸)。

另外，氨基酸还可以根据 R 基团是否有极性分为极性氨基酸和非极性氨基酸。20 种氨基酸的结构及分类如表 2-1 所示。

表 2-1 组成蛋白质的 20 种氨基酸

分类	氨基酸名称	缩写符号	结构式
中性氨基酸	甘氨酸	Gly	$\underset{NH_2}{\underset{\vert}{CH_2}}-COOH$
	丙氨酸	Ala	$CH_3-\underset{NH_2}{\underset{\vert}{CH}}-COOH$
	缬氨酸*	Val	$CH_3-\underset{CH_3}{\underset{\vert}{CH}}-\underset{NH_2}{\underset{\vert}{CH}}-COOH$
	亮氨酸*	Leu	$CH_3-\underset{CH_3}{\underset{\vert}{CH}}-CH_2-\underset{NH_2}{\underset{\vert}{CH}}-COOH$
	异亮氨酸*	Ile	$CH_3-CH_2-\underset{CH_3}{\underset{\vert}{CH}}-\underset{NH_2}{\underset{\vert}{CH}}-COOH$
	丝氨酸	Ser	$HO-CH_2-\underset{NH_2}{\underset{\vert}{CH}}-COOH$
	苏氨酸*	Thr	$CH_3-\underset{OH}{\underset{\vert}{CH}}-\underset{NH_2}{\underset{\vert}{CH}}-COOH$
	苯丙氨酸*	Phe	$C_6H_5-CH_2-\underset{NH_2}{\underset{\vert}{CH}}-COOH$
	酪氨酸	Tyr	$HO-C_6H_4-CH_2-\underset{NH_2}{\underset{\vert}{CH}}-COOH$
	色氨酸*	Trp	$C_8H_5\underset{H}{\underset{\vert}{N}}-CH_2-\underset{NH_2}{\underset{\vert}{CH}}-COOH$
	脯氨酸	Pro	$C_4H_7\underset{H}{\underset{\vert}{N}}-COOH$
	甲硫氨酸(蛋氨酸)*	Met	$CH_3-S-CH_2-CH_2-\underset{NH_2}{\underset{\vert}{CH}}-COOH$
	半胱氨酸	Cys	$HS-CH_2-\underset{NH_2}{\underset{\vert}{CH}}-COOH$

续表 2-1

分类	氨基酸名称	缩写符号	结构式
中性氨基酸	天冬酰胺	Asn	$H_2N-\underset{\underset{O}{\Vert}}{C}-CH_2-\underset{\underset{NH_2}{\vert}}{CH}-COOH$
	谷胺酰胺	Gln	$H_2N-\underset{\underset{O}{\Vert}}{C}-CH_2-CH_2-\underset{\underset{NH_2}{\vert}}{CH}-COOH$
酸性氨基酸	天冬氨酸	Asp	$HOOC-CH_2-\underset{\underset{NH_2}{\vert}}{CH}-COOH$
	谷氨酸	Glu	$HOOC-CH_2-CH_2-\underset{\underset{NH_2}{\vert}}{CH}-COOH$
碱性氨基酸	组氨酸**	His	(咪唑环，N—H)$-CH_2-\underset{\underset{NH_2}{\vert}}{CH}-COOH$
	精氨酸	Arg	$H_2N-\underset{\underset{NH}{\Vert}}{C}-NH-CH_2-CH_2-CH_2-\underset{\underset{NH_2}{\vert}}{CH}-COOH$
	赖氨酸*	Lys	$H_2N-CH_2-CH_2-CH_2-CH_2-\underset{\underset{NH_2}{\vert}}{CH}-COOH$

注：* 为必需氨基酸，** 为半必需氨基酸。

常将机体需要而自身又不能合成，必需由外界摄取的氨基酸称为营养必需氨基酸。对成人来说，必需氨基酸有 8 种；对婴儿来说，组氨酸也是必需氨基酸。有些非必需氨基酸如胱氨酸和酪氨酸如果供给充足，还可以节省必需氨基酸中甲硫氨酸和苯丙氨酸的需要量。

3. 氨基酸的重要性质

(1)一般物理性质。标准氨基酸为无色晶体，熔点高，一般在 200℃以上。其味因种类不同而异，有的无味、有的甜味、有的苦味，而谷氨酸的单钠盐(味精的主要成分)则有鲜味。

不同种标准氨基酸在水中溶解度差别很大，并能溶于稀酸或稀碱中，但不能溶于有机溶剂，通常用酒精从溶液中沉淀氨基酸。

(2)两性解离和等电点。每个氨基酸分子中都有酸性基团(—COOH)和碱性基团($-NH_2$)，前者易解离出 H^+，后者易得到 H^+，所以氨基酸是两性电解质，能进行两性解离。当氨基酸两性解离不平衡时，本身就会带有一定的电荷。通常 pH 值增加会促进氨基酸分子带负电荷的机会；反之，pH 下降则会促进它带正电荷的趋势。使氨基酸分子所带正负电荷刚好相等，即净电荷等于零的溶液 pH 值称为氨基酸的等电点(pI)。在等电点时，由于氨基酸分子不带电荷，不会产生同种电荷相斥的现象，导致溶解度下降。利用这一性质可分离混合氨基酸样品。氨基酸两性解离过程如图 2-1 所示。

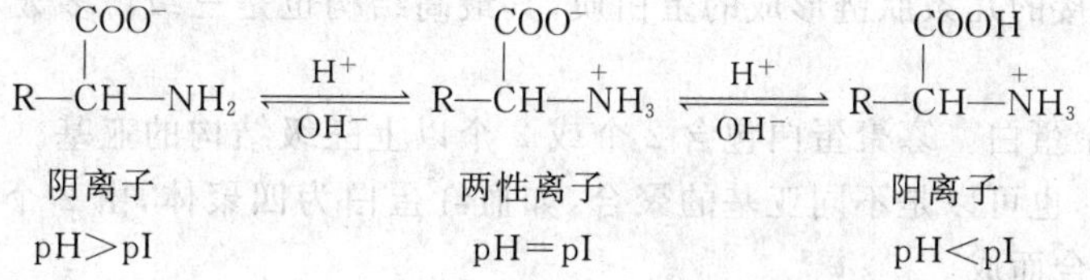

$$\underset{\substack{\text{阴离子} \\ pH>pI}}{R-\underset{|}{\overset{COO^-}{\overset{|}{C}}}H-NH_2} \underset{OH^-}{\overset{H^+}{\rightleftharpoons}} \underset{\substack{\text{两性离子} \\ pH=pI}}{R-\overset{COO^-}{\overset{|}{C}}H-\overset{+}{N}H_3} \underset{OH^-}{\overset{H^+}{\rightleftharpoons}} \underset{\substack{\text{阳离子} \\ pH<pI}}{R-\overset{COOH}{\overset{|}{C}}H-\overset{+}{N}H_3}$$

图 2-1　氨基酸两性解离过程

(3)紫外吸收性质。氨基酸在可见光区无吸收峰。色氨酸、酪氨酸和苯丙氨酸在 280 nm 波长附近处具有最大的光吸收峰。由于大多数蛋白质含有色氨酸、酪氨酸残基，所以测定蛋白质溶液的 280 nm 光吸收值是定量测定溶液蛋白质含量的一种简便快捷的方法。

(4)茚三酮反应。氨基酸可与其他物质反应生成有特征颜色的化合物，用以定性或定量测定氨基酸。α-氨基酸(除脯氨酸)和茚三酮反应可生成蓝紫色化合物，在 570 nm 处对光有最大吸收值，用分光光度法可以定量测定氨基酸含量；脯氨酸与茚三酮反应呈黄色，可在 440 nm 波长处进行含量测定。氨基酸的呈色反应类型十分丰富，而且与蛋白质的性质极其相似。

(5)成肽反应。一个氨基酸分子中的羧基与另一个氨基酸分子中的氨基脱去一分子水，使两个氨基酸分子以酰胺键结合起来，此反应称为成肽反应。形成的化学键称为肽键，又称酰胺键。在蛋白质分子中各个氨基酸分子通过肽键彼此相连。由两个氨基酸缩合而成的化合物称二肽，由多个氨基酸缩合而成的化合物称多肽。由于氨基酸在形成肽键连接时发生脱水，而致结构不完整，所以蛋白质分子中的氨基酸称为氨基酸残基。

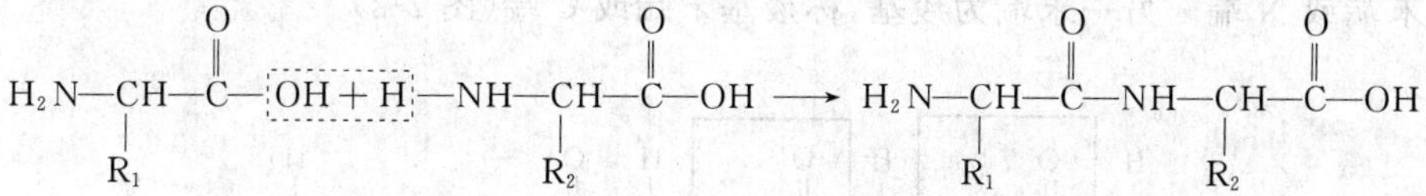

$$H_2N-\underset{\underset{R_1}{|}}{C}H-\overset{\overset{O}{\|}}{C}-\boxed{OH+H}-NH-\underset{\underset{R_2}{|}}{C}H-\overset{\overset{O}{\|}}{C}-OH \longrightarrow H_2N-\underset{\underset{R_1}{|}}{C}H-\overset{\overset{O}{\|}}{C}-NH-\underset{\underset{R_2}{|}}{C}H-\overset{\overset{O}{\|}}{C}-OH$$

(三)蛋白质的分类

蛋白质种类繁多，组成及结构复杂，所以在分类上表现出多样性。

1. 按组成分类

分为单纯蛋白质和结合蛋白质。分子中除氨基酸构成的多肽蛋白成分外，没有任何非蛋白成分，称为单纯蛋白质。结合蛋白质由单纯蛋白质和非蛋白类物质结合而成，被结合的非蛋白类物质通常称为结合蛋白质的非蛋白部分。

2. 按结构分类

(1)单体蛋白。单体蛋白蛋白质由一条肽链构成,最高结构为三级结构。包括由二硫键连接的几条肽链形成的蛋白质,其最高结构也是三级。多数水解酶为单体蛋白。

(2)寡聚蛋白。寡聚蛋白包含 2 个或 2 个以上三级结构的亚基。可以是相同亚基的聚合,也可以是不同亚基的聚合,如血红蛋白为四聚体,由 2 个 α 亚基和 2 个 β 亚基聚合而成。

(3)多聚蛋白。多聚蛋白由数 10 个亚基以上,甚至数百个亚基聚合而成的超多聚体蛋白,如病毒外壳蛋白。

3. 按功能分类

生物体内蛋白质结构千差万别,功能包罗万象,几乎参与生命过程中的所有过程,发挥调控及构筑作用等。根据蛋白质的主要功能可将蛋白质分为以下几类:催化作用,如酶;收缩作用,如肌球蛋白;调节作用,如生长因子;结构作用,如胶原蛋白;运输作用,如血红蛋白;保护作用,如免疫球蛋白;激素作用,如胰岛素;基因调节作用,如转录因子。

二、蛋白质的分子结构

从结构上讲,蛋白质有四个结构层次,但由一条肽链构成的蛋白质只有一级结构、二级结构和三级结构;由两条以上的肽链构成的蛋白质才有四级结构。

(一)蛋白质的一级结构

蛋白质分子的一级结构是指蛋白质分子中氨基酸残基的排列顺序(序列),肽键是一级结构的主要化学键,有些蛋白质的一级结构中还含有二硫键。

如果从蛋白质一级结构的角度来考虑,每条多肽链必定有一末端为氨基,称氨基末端或 N 端。另一末端为羧基,称羧基末端或 C 端(图 2-2)。

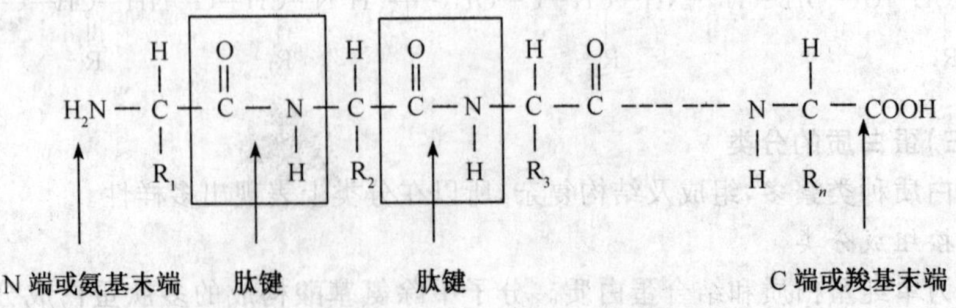

图 2-2 多肽链示意图(肽键和肽链)

胰岛素是胰岛 β 细胞分泌的一种激素(图 2-3)，它有 A、B 两条链，分别有 21 个和 30 个氨基酸残基。它们在内部通过二硫键连为一体，A 链本身还有一个链内二硫键，帮助稳定蛋白质中肽链的空间结构，使其具有生物活性。反之，若二硫键受到破坏，蛋白质的生物活性就会消失。一般二硫键含量愈多，蛋白质结构的稳定性就愈强，例如，皮、角、毛发的蛋白质中二硫键的数目就很高。

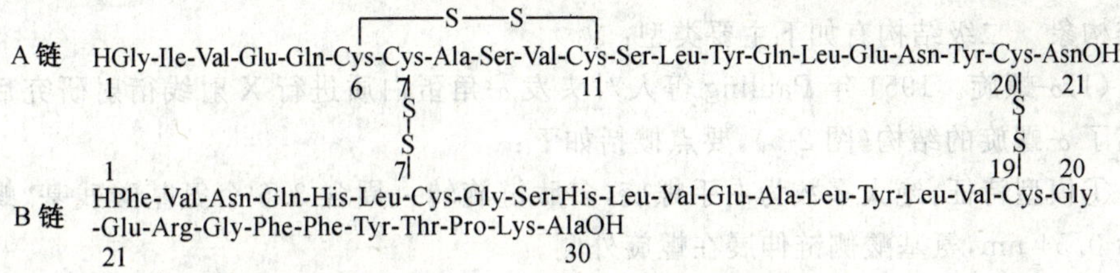

图 2-3　人胰岛素一级结构示意图

(二)蛋白质的空间结构

蛋白质的空间结构又称蛋白质高级结构或蛋白质构象，是指蛋白质分子内各原子或基团围绕某些共价键旋转，而形成的各种空间排布及相互关系。蛋白质是由氨基酸构成的，其结构上有侧链，所以蛋白质的构象可分为主链构象和侧链构象。

肽键中的 C、H、O、N 四个原子和与它们相邻的两 α 碳原子都处在同一个平面上，此平面称为肽平面或酰胺平面(图 2-4)。

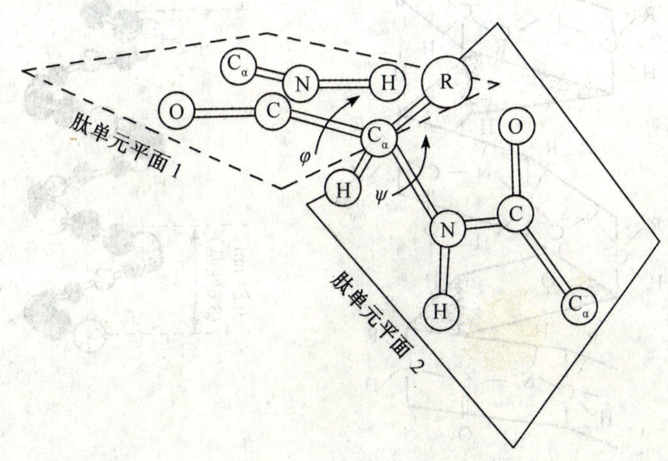

图 2-4　肽链平面示意图

肽平面结构减少了蛋白质构象变化的可能性。但是,两个相邻的肽单元可绕连接它们的 α 碳原子转动,又使蛋白质呈现了一定的多样性。

维持蛋白质分子构象的化学键主要是一些次级键,也称副键,主要有氢键、疏水力、盐键、配位键、范德华力和二硫键等。

1.蛋白质二级结构

蛋白质的二级结构是指多肽链主链沿中心轴螺旋盘绕、折叠所形成的有规则主链构象。二级结构有如下主要类型:

(1)α-螺旋。1951 年 Pauling 等人对头发 α-角蛋白质进行 X 射线衍射研究后提出了 α-螺旋的结构(图 2-5),要点概括如下:

①模型特征:绝大多数为右手螺旋,多肽链旋转一周含 3.6 个氨基酸残基,螺距为 0.54 nm,氨基酸侧链伸展在螺旋外侧。

②稳定因素:主作用力为氢键,由每个肽键的 N—H 和第四个肽键的羰基氧形成的(脯氨酸除外),并与螺旋中心轴平行。此外,外伸的侧链的空间形状、大小及所带电荷也对螺旋的形成和稳定有影响。

纤维状蛋白质主要由 α-螺旋组成,球状蛋白质具有较多的 α-螺旋,如血红蛋白和肌红蛋白,有的球状蛋白只含少量 α-螺旋,如溶菌酶和糜蛋白酶。

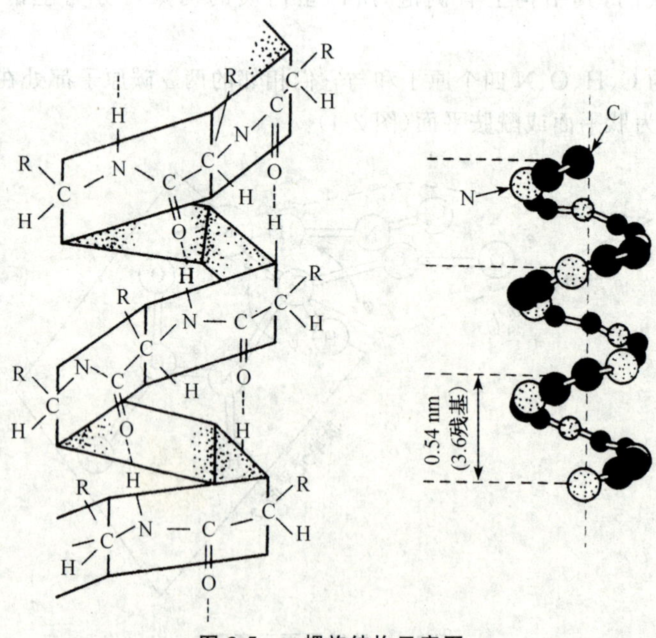

图 2-5 α-螺旋结构示意图

(2)β-折叠。又称β-片层结构，蛋白质多肽链主链中肽平面折叠成锯齿状的结构(图2-6)。平行或反向平行相邻排列的多肽链，在足够近的距离内，一条肽链上的N—H或羰基氧会和另一条链上的羰基氧或N—H以氢键相连，氢键是主要稳定因素，而且当相邻多肽链为反平行时，氢键垂直于肽链走向，考虑能量方面，反平行的β-折叠结构稳定。丝心蛋白具有典型β-折叠结构，其质地柔软。

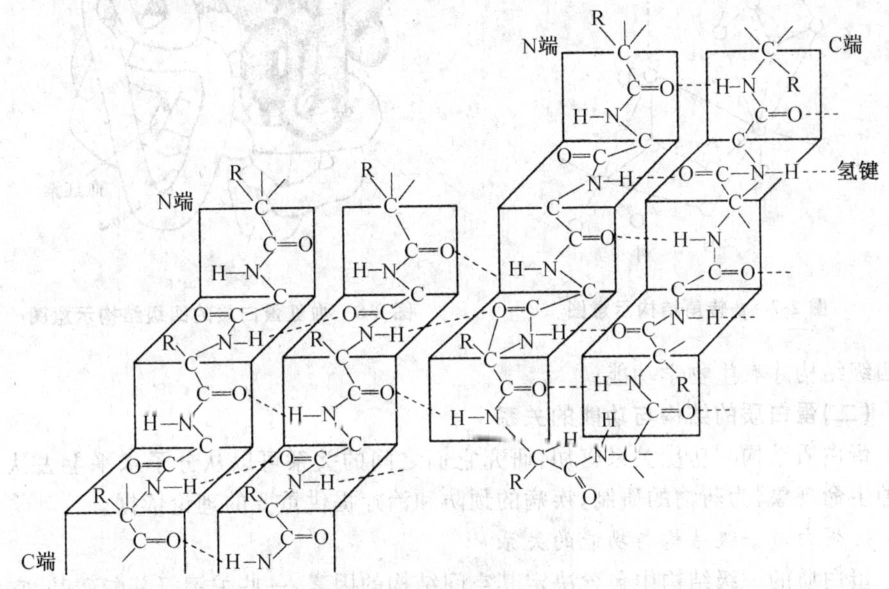

图2-6 β-片层结构示意图

(3)β-转角。大多数蛋白质结构紧密，多肽链上第一个氨基酸残基的羰基氧与第四个氨基酸残基的N—H易形成氢键，造成肽链常出现180°回折的发夹结构，称之为β-转角(图2-7)。

(4)无规卷曲。既非α-螺旋，又不是β-折叠和β-转角的松散肽链结构则称为无规卷曲或自由回转，虽然这些结构看似杂乱，但它们同样具有重要功能。

2.蛋白质的三级结构

蛋白质的三级结构是指蛋白质分子中多肽链在二级结构的基础上，由于氨基酸侧链基团相互作用，进一步盘曲折叠形成的三维结构。

3.蛋白质的四级结构

蛋白质的四级结构是指由两个或两个以上具有独立三级结构的多肽链通过非共价键相互作用形成的三维空间结构(图2-8)。其中，每条具有独立三级结构的多肽链称为亚基。具有四级结构的蛋白质，单个的亚基没有生物学功能，只有完整

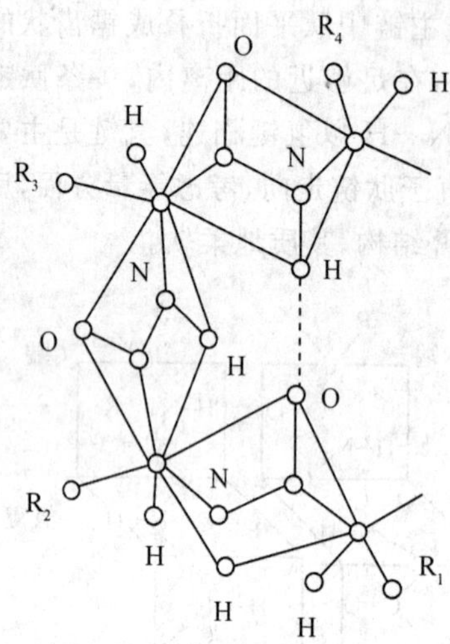

图 2-7 β-转角结构示意图

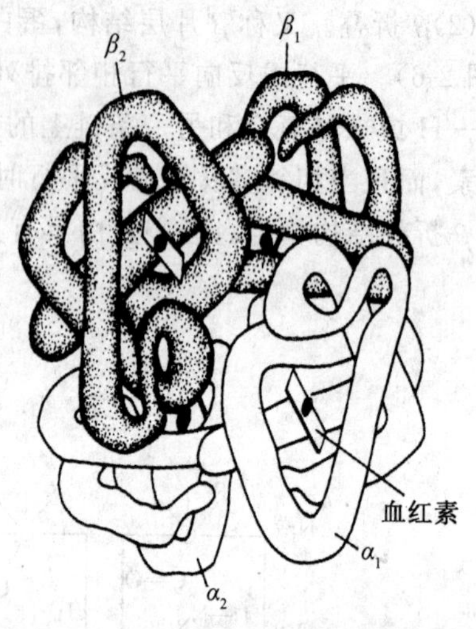

图 2-8 血红蛋白质的四级结构示意图

的四级结构才有生物学功能。

(二)蛋白质的结构与功能的关系

蛋白质结构与功能关系密切，研究它们之间的关系可以从分子水平上去认识各种生命现象，为药物的研制，疾病的预防和治疗提供重要的理论依据。

1.蛋白质一级结构与功能的关系

蛋白质的一级结构中包含决定其空间结构的因素，一些关键氨基酸残基，它们对蛋白质功能的形成是至关重要的。

(1)一级结构中关键氨基酸残基的功能。关键氨基酸相同的蛋白质(或多肽)功能相似，反之则具有不同的功能。例如，不同生物来源的胰岛素结构中，有一半以上的氨基种类是一样，而且有些氨基酸的位置还是固定不变的，正是由于这些氨基酸在序列上的一致，才保证了不同来源的胰岛素具有了相同的功能。该特点能用来确定亲缘关系的远近，同时在生化药物生产中，为扩大制剂原料来源，制备多种多样的蛋白质制剂提供了理论依据。当然，一级结构中还有一些氨基酸是可被替换掉而对蛋白质发挥相应的功能影响不大。

(2)蛋白质一级结构与疾病的关系。蛋白质一级结构中个别氨基酸改变而导致的机体疾病称为分子病。例如，镰形贫血病，是病人的血红蛋白质分子(用 Hb-S 表示)与正常人的血红蛋白(用 Hb-A 表示)相比，在 574 个氨基酸中 β-亚基第 6 位的氨基酸的差异而引起的，如图 2-9 所示。

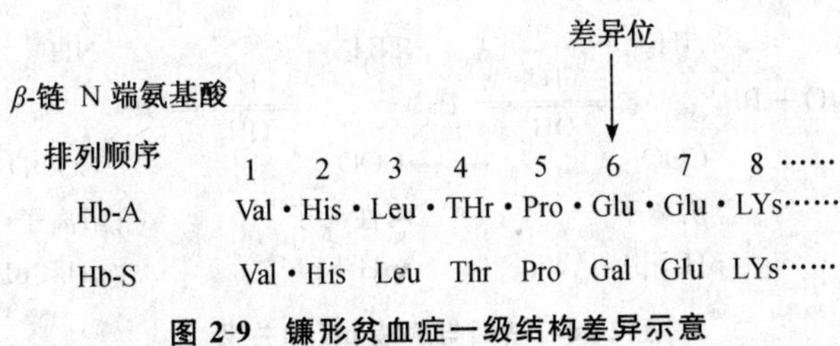

图 2-9 镰形贫血症一级结构差异示意

仅仅这一细微差异，就使患者的红细胞在氧气缺乏时呈镰刀状，易胀破溶血，运氧机能下降，导致人头昏、胸闷症状。

2.蛋白质三维结构与功能之间的关系

蛋白质三维结构直接决定着功能的表达。蛋白质一级结构不变，三维结构发生了改变也会引起疾病的发生。

疯牛病即牛脑海绵样病，病牛的脑被破坏成海绵样，出现许多小孔。该病使牛丧失协调性，并变得惊恐不安，因而俗称“疯牛病”。这种病在动物中极为流行并可能潜伏数年。患病动物丧失了协调性，甚至丧失体能到站立不住的程度。研究发现其病因不是病毒也不是细菌，而是一种蛋白质疾病——朊病毒，是由牛脑的一种正常蛋白质转变来的。

朊病毒疾病是种可转移性神经退行性疾病，朊病毒蛋白是正常存在于动物体神经元、神经胶质细胞等多种细胞膜上的糖蛋白，其蛋白质三维结构主要是 α-螺旋。在致病因素作用下这种朊病毒蛋白分子中 3 个 α-螺旋转变成 3 个 β-折叠，由于空间结构的改变，这种蛋白质成了致变因子，形成聚合物从而导致脑损伤。

人类如食入含朊病毒的牛肉，朊病毒便可进入大脑。在脑组织中朊病毒本身不能复制，但它却可以攻击大脑的正常朊病毒蛋白，使其发生构象改变，并与其结合，成为致病的朊病毒二聚体。该二聚体再攻击正常的朊病毒蛋白，开成朊病毒四聚体。这样脑组织中的朊病毒不断积蓄，导致脑组织发退行性病变。因此这类疾病又称蛋白质构象病。

三、蛋白质的性质

(一)蛋白质的两性解离与等电点

蛋白质同氨基酸一样，具有两性基团，能够进行两性解离。蛋白质主链两端有 α-氨基和 α-羧基，蛋白质主链上还有许多侧链基团(氨基、羧基、胍基、咪唑基等)，这些基团都能解离，其解离过程受溶液 pH 值影响。因此，蛋白质解离程度是这些基团与溶液 pH 等整体作用的结果。如图 2-10 所示。

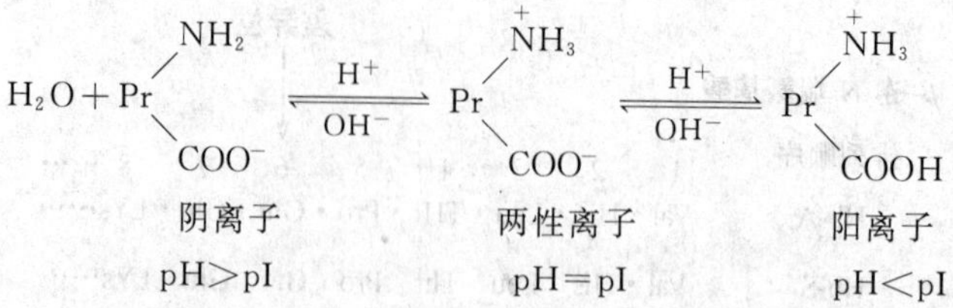

$$H_2O + Pr\begin{matrix} NH_2 \\ COO^- \end{matrix} \underset{OH^-}{\overset{H^+}{\rightleftharpoons}} Pr\begin{matrix} \overset{+}{N}H_3 \\ COO^- \end{matrix} \underset{OH^-}{\overset{H^+}{\rightleftharpoons}} Pr\begin{matrix} \overset{+}{N}H_3 \\ COOH \end{matrix}$$

阴离子 两性离子 阳离子

pH＞pI pH＝pI pH＜pI

图 2-10 基因与溶液 pH 的关系

蛋白质等电点(pI)是指蛋白质分子正负电荷相等,即净电荷等于零时溶液的 pH 值。这个值的大小取决于蛋白质分子本身所含有的酸性氨基酸和碱性氨基酸的相对含量,通常含碱性氨基酸较多的蛋白质,如组蛋白、鱼精蛋白等,它们的 pI 偏碱性;反之,含酸性氨基酸较多的蛋白质,如酪蛋白、胃蛋白等,它们的 pI 偏酸性。

蛋白质在溶液中的带电状态主要取决于溶液的 pH 值,当溶液的 pH 值大于等电点时,蛋白质分子带负电荷,反之则带正电荷。在电场中带电颗粒向电性相反的电极移动的现象称为电泳。带电颗粒移动的速度由蛋白质分子所带电荷性质、数量及分子大小形状所决定。电泳法更多是用作蛋白质及氨基酸的分离、纯化和鉴定。

当溶液 pH 值为等电点时,由于缺少了静电斥力的作用,蛋白质的溶解度最小,易析出,使溶液呈混浊状态。根据这种现象来确定某些蛋白质的等电点,工业上也常利用蛋白质的等电点来分离纯化蛋白质。这样沉淀出来的蛋白质仍能保持其天然构象。

(二)蛋白质的胶体性质

蛋白质是生物大分子,其分子颗粒直径一般在 1～100 nm,属于胶体分散系;具有胶体溶液的特性,如布朗运动、丁达尔效应、不能透过半透膜、具有吸附性质等。在水溶液中,蛋白质分子表面暴露着许多亲水基团,它们可以吸附水分子,在蛋白质分子表面形成水膜,使其不能因邻近凝聚而沉淀;另外,蛋白质胶体通常是处于非等电点状态,颗粒间往往带同种电荷,产生斥力可防止颗粒凝聚。水膜和同种电荷是使蛋白质分子稳定存在于水溶液中而不至凝聚沉淀的两个主要因素。

在蛋白质溶液中加入高浓度的中性盐,如硫酸铵、硫酸钠、氯化钠等,会破坏蛋白质分子的水稳结构,从而使蛋白质聚沉析出,这种现象称为盐析。不同蛋白质盐析时所需的盐浓度不同,调节盐浓度,可使溶液中混合的蛋白质分级析出,称为分段盐析。

盐析法是分离蛋白质常用的方法。例如,血清中加硫酸铵达50%饱和度,则球蛋白质先沉淀析出;继续加硫酸铵达饱和,则清蛋白质析出。被盐析沉淀下来的蛋白质仍保持其天然性质,并能再度溶解而恢复活性。

有机溶剂沉淀法通常是用中性有机溶剂如乙醇、丙酮,它们的介电常数比水低,能使大多数球状蛋白质在水溶液中的溶解度降低而从溶液中沉淀出来。应用此性质来沉淀蛋白质时,有机溶剂会破坏蛋白质表面的水化层,促使蛋白质分子变得不稳定而析出;另外,有机溶剂会使蛋白质失活,使用该法时,要注意在低温下操作、沉淀时间不要过长和选择合适的有机溶剂浓度。

用等电点沉淀法、盐析法所得到的蛋白质一般含有其他蛋白质杂质,须进一步分离提纯才能得到有一定纯度的样品。常用的纯化方法有:凝胶过滤层析、离子交换纤维素层析、亲和层析等等。

(三)蛋白质的变性

蛋白质受物理或化学因素的影响,其空间结构被破坏,理化性质改变,生物活性丧失的现象称为蛋白质的变性。蛋白质变性只涉及空间结构受到破坏,一级结构不发生变化。使蛋白质变性的物理因素有:高温、紫外线、微波、剧烈振荡或搅拌等。化学因素有:强酸、强碱、重金属盐、有机溶剂及生物碱试剂等。蛋白质变性后,由于其分子内部的疏水基团大量暴露于分子表面,破坏了水膜对蛋白质分子保护作用,使其呈现出溶解度下降,黏度升高,失去原有的生物活性等现象。一般来讲,蛋白质变性作用如果不是过于剧烈,则为可逆变性,蛋白质分子内部结构变化不大,若条件改变可恢复活性;但若变性作用过于剧烈,则其活性就不可再恢复。

蛋白质的变性及凝固有很多实际的应用,如我们常将食物煮熟后再吃,就在于蛋白质的变性能促进人体对食物的消化。临床分析化验中进行血清和尿的蛋白质检验时,利用加温变性的办法来分离蛋白质。急救重金属中毒患者时,给患者吃大量的乳品或蛋清,可起到减轻病症的目的。其实,蛋白质变性对人类贡献还有很多,还有待于我们去发掘利用。

(四)蛋白质的颜色反应

1. 茚三酮反应

在弱酸性溶液中,蛋白质与茚三酮反应产生蓝紫色物质,对紫外光有最大吸收值。根据吸光值可对蛋白质进行定性和定量分析,但肽段越大,灵敏度越差。

2. 双缩脲反应

两个尿素分子脱去1分子氨缩合成双缩脲,能在碱性条件下与硫酸铜溶液反应生成紫红色络合物,这一反应称为双缩脲反应。蛋白质分子或多肽中含有众多的肽键,也能发生双缩脲反应,在 540 nm 处比色,进行蛋白质的定量测定。

3. 酚试剂(福林试剂)反应

在碱性条件下,蛋白质分子中的酪氨酸、色氨酸能与酚试剂(钼蓝和钨蓝的混合物)生成蓝色化合物。此法是测定蛋白质浓度的常用方法,灵敏度较高,常用于蛋白质的定量测定。

习题

一、填空

1. 在 20 种氨基酸中,酸性氨基酸有________和________ 2 种,具有羟基的氨基酸是________和________,能形成二硫键的氨基酸是________。
2. α-螺旋结构是由同一肽链的________和________间的________键维持的,螺距为________,每圈螺旋含________个氨基酸残基,每个氨基酸残基沿轴上升高度为________。天然蛋白质分子中的 α-螺旋大都属于________手螺旋。
3. 当氨基酸溶液的 pH=pI 时,氨基酸以________离子形式存在,当 pH>pI 时,氨基酸以________离子形式存在。
4. 维持蛋白质的一级结构的化学键有________和________;维持二级结构靠________键;维持三级结构和四级结构靠________键,其中包括________、________和________。
5. 加入高浓度的中性盐,当达到一定的盐饱和度时,可使蛋白质的溶解度________并________,这种现象称为________,蛋白质的这种性质常用于________。
6. 蛋白质胶体稳定的因素主要有________和________。

二、选择题

1. 在生理 pH 条件下,带正电荷氨基酸是(　　)。

   A. 丙氨酸　B. 酪氨酸　C. 赖氨酸　D. 蛋氨酸　E. 异亮氨酸
2. 属于非必需氨基酸是(　　)。

   A. 亮氨酸　B. 酪氨酸　C. 赖氨酸　D. 蛋氨酸　E. 苏氨酸
3. 蛋白质的组成成分中,在 280 nm 处有最大吸收值的最主要成分是(　　)。

   A. 酪氨酸的酚环　B. 半胱氨酸的硫原子

   C. 肽键　D. 苯丙氨酸
4. 有碱性侧链的氨基酸是(　　)。

   A. 脯氨酸　B. 苯丙氨酸　C. 异亮氨酸　D. 赖氨酸
5. 属于亚氨基酸是(　　)。

   A. 丝氨酸　B. 脯氨酸　C. 亮氨酸　D. 组氨酸

6. 不属于蛋白质α-螺旋结构特点的是(　　)。

A. 天然蛋白质多为右手螺旋

B. 肽链平面充分伸展

C. 每隔 3.6 个氨基酸螺旋上升一圈

D. 每个氨基酸残基上升高度为 0.15 nm

7. 没有旋光性的氨基酸是(　　)。

A. 亮氨酸　B. 丙氨酸　C. 甘氨酸　D. 丝氨酸　E. 缬氨酸

8. 氨基酸和蛋白质所共有性质是(　　)。

A. 胶体性质　B. 两性性质　C. 沉淀反应　D. 变性性质　E. 双缩脲反应

三、简答题

1. 引起蛋白质变性的因素有哪些，变性后有何现象？

2. 简述用沉淀方式分离蛋白质的优点和缺点。

3. 什么是必需氨基酸和非必需氨基酸？

实训 2.1　氨基酸纸层析法

一、能力目标

①掌握分配层析法的相关知识。

②具备用纸层析法分离氨基酸并进行定性测定能力。

二、基本原理

用层析滤纸为支持物进行层析的方法，称为纸层析法。纸层析所用展层溶剂大多由水和有机溶剂组成，滤纸纤维与水的亲和力强，与有机溶剂的亲和力弱，因此在展层时，水是固定相，有机溶剂是流动相。将样品点在滤纸上(称为原点)，进行展层，样品中的各种氨基酸在两相溶剂中不断进行分配。由于它们的分配系数不同，氨基酸随流动相移动的速率也不同，使不同的氨基酸分离开来，形成距原点距离不等的层析点(用茚三酮溶液显色)。氨基酸在滤纸上的移动速率用

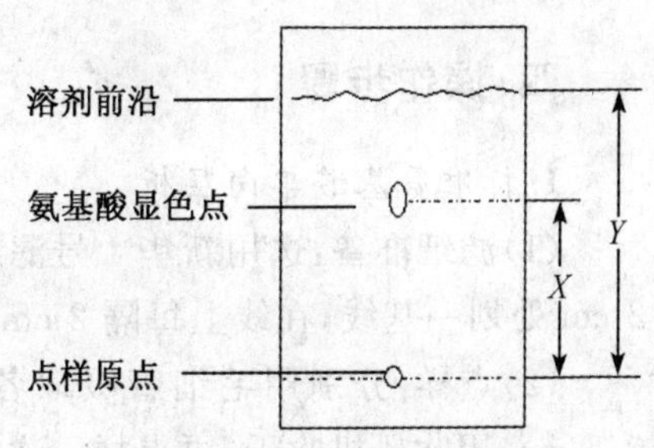

图 2-11　纸层析中的 R_f 值

R_f 值表示(图 2-11):

$$R_f=\frac{原点到层析点中心的距离}{原点到溶剂前沿的距离}$$

即
$$R_f=\frac{X}{Y}$$

在固定相、移动相、温度等条件相同的情况下,被分离的物质有特定的 R_f 值,因此,可以根据 R_f 值进行定性鉴定。在氨基酸分离鉴定中,一般将已知的标准氨基酸样品与未知的氨基酸样品在同一层析滤纸上点样,相同的条件下进行层析,通过与已知样品的 R_f 值进行对比,即可确定未知氨基酸的种类;若对混合样品点样,就会在纵向出现若干个层析点,用此方法可对混合样品进行简单分离,并对其组分进行鉴定。

如果样品中有多种氨基酸,其中某些氨基酸的 R_f 值相同或相近,此时如只用一种溶剂展层,就不能将它们分开。为此,当用一种溶剂展层后,将滤纸转动 90°,再用另一溶剂展层,从而达到分离的目的,这种方法称为双向纸层析法。

三、试剂和器材

1. 试剂

氨基酸溶液:称取谷氨酸、脯氨酸、甘氨酸和味精各 50 mg 分别用 25 mL 0.01 mol/L HCl 溶解于 4 个小烧杯中,放冰箱中保存。

碱相展层剂:$V_{[正丁醇(A.R.)]}:V_{(12\%氨水)}:V_{(95\%乙醇)}=13:3:3$;

酸相溶剂:$V_{[正丁醇(A.R.)]}:V_{(80\%甲酸)}:V_{(水)}=15:3:2$;

显色剂:0.5%水合茚三酮丙酮溶液。

2. 器材

滤纸、烧杯 150 mL、剪刀、层析缸、微量注射器 10 μL 或毛细管、电吹风、分光光度计。

四、操作步骤

1. 标准氨基酸单向层析

(1)滤纸准备:选用新华 1 号滤纸,裁成 10 cm×10 cm 的正方形,在距纸一端 2 cm 处划一基线,在线上每隔 2 cm 画一小点作点样的原点,如图 2-12 所示。

(2)点样:分别用毛细管吸取各种氨基酸样品点于原点,样点直径不能超过 0.5 cm,用吹风机吹干,再点样一次,吹干。

(3)展层:将点好样的滤纸,用白线缝好,两侧边缘留出间隙,制成圆筒,原点在下端，浸立在培养皿内，不需平衡，立即展层（展层剂为酸性溶剂系统，把展层剂混匀，倒入培养皿内，展层剂的高度为 1 cm），当溶剂展层至距滤纸上沿 1～2 cm 时，取出滤纸，画出溶剂前沿的位置，吹干。

(4)显色：用喷雾器均匀喷上 0.1%茚三酮正丁醇溶液，然后用热风吹干即可显出各层析斑点。

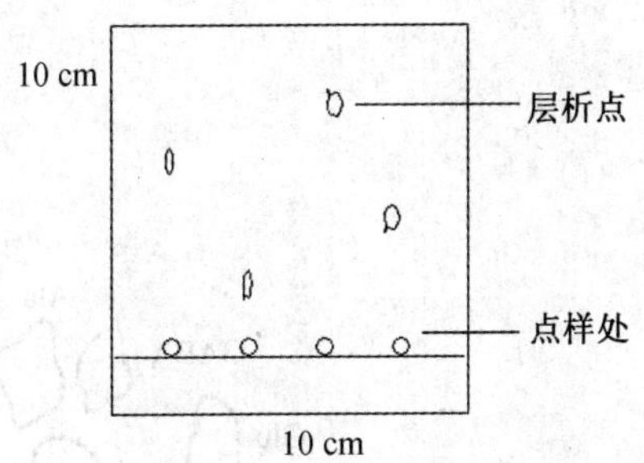

图 2-12　单向层析示意图

(5)用铅笔划下层析斑点，用尺量出原点到层析斑点的距离，计算每种氨基酸的 R_f 值。

2. 混合氨基酸双向纸层析

(1)滤纸准备：将滤纸裁成 10 cm×10 cm 的正方形，距滤纸相邻两边各 2 cm 处的交点上，用铅笔轻画一点，作点样用。

(2)点样：取混合氨基酸溶液(5 mg/mL)10～15 μL，分次点于原点。

(3)展层和显色：将点好的滤纸卷成半圆筒状，用线缝好(图 2-13)，竖立在培养皿中，原点应在下端。置少量 12%氨水于小烧杯中，盖好层析缸，平衡过夜。次日，取出氨水，加适量碱相展层溶剂于培养皿中，盖好层析缸，上行展层，当溶剂前沿距滤纸上端 1～2 cm 时，取出滤纸，冷风吹干。将滤纸转 90°，再卷成半圆筒状，竖立于干净培养皿中，并于小烧杯中置少量酸相溶剂，盖好层析缸，平衡过夜。次日将加有显色的酸相溶剂(每 10 mL 展层剂加 0.1～0.5 cm 显色储备液)倾入培养皿，进行第Ⅱ向展层。展层毕，取出滤纸，用热风吹干，蓝紫色斑点即显现。混合氨基酸双向层析图谱如图 2-14 所示。

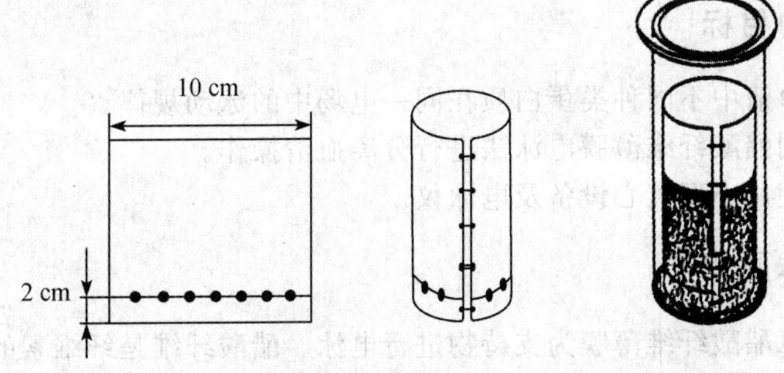

图 2-13　层析操作示意图

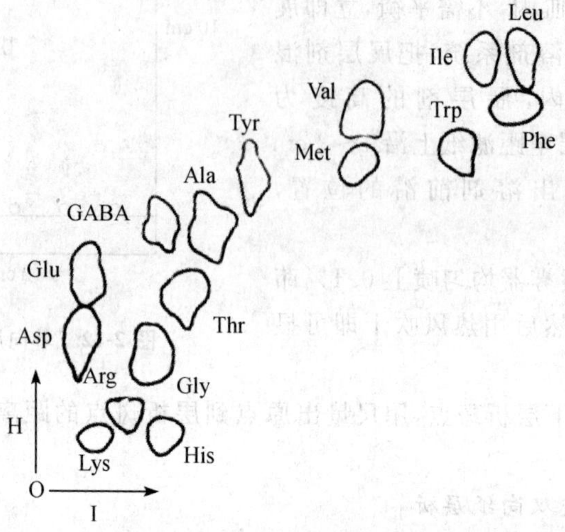

图 2-14 混合氨基酸双向层析图谱

(4)定性鉴定:双向层析 R_f 值,由两个数值组成,在第Ⅰ向计量1次,第Ⅱ向计量1次,分别与已知的氨基酸在酸碱系统的 R_f 值对比,即可初步决定它为何种氨基酸的斑点。

五、思考题

可否用层析法分离氨基酸混合溶液?

实训 2.2 血清蛋白醋酸纤维薄膜电泳

一、能力目标

①理解血清中不同种类蛋白质在同一电场中的泳动规律。
②能使用醋酸纤维薄膜电泳法进行分离血清操作。
③熟练使用小型离心设备及电泳仪。

二、基本原理

本实训以醋酸纤维薄膜为支持物进行电泳。醋酸纤维是纤维素的羟基乙酰化形成的纤维醋酸酯,将它溶于有机溶剂(如丙酮、氯仿、乙酸乙酯等)后,涂成均匀的薄膜,待溶剂蒸发后则成为醋酸纤维薄膜。该膜具有均一的泡沫状结构,有强渗透性，其厚度约为 120 nm。

血清蛋白的 pI 都在 7.5 以下，在 pH 8.6 的巴比妥缓冲液中以负离子的形式存在，分子大小、形状也各有差异，所以在电场作用下，可在醋酸纤维薄膜上分离成清蛋白(A)带、α_1-球蛋白、α_2-球蛋白、β-球蛋白和 γ-球蛋白 5 条区带。电泳结束后，将醋酸纤维薄膜置于染色液，使蛋白质固定并染色，再脱色，洗去多余染料；将经染色后的区带分别剪开，溶于碱液中，进行绯红色测定，计算出各区带蛋白质的百分数。

三、试剂和器材

1. 试剂

(1)新鲜血清(无溶血)：新鲜鸡血或兔子血通过离心制得血清。

(2)巴比妥-巴比妥钠缓冲液(pH 8.6)：称取巴比妥 1.68 g 和巴比妥钠 12.76 g溶于少量蒸馏水，加热溶解后定容至 1 000 mL。

(3)染色液：称取氨基黑 10B 0.5 g，加入蒸馏水 40 mL，甲醇 50 mL 和冰醋酸 10 mL，混匀，贮存于试剂瓶中。

(4)漂洗液：取 95%乙醇 45 mL、冰醋酸 5 mL、蒸馏水 50 mL，混匀。

2. 器材

(1)醋酸纤维薄膜(8 cm× 2 cm，可根据需要选择薄膜的大小)；

(2)培养皿(直径 9～10 cm，染色及漂洗用)；

(3)血色素吸管或点样器；

(4)直尺和铅笔；

(5)常压电泳仪；

(6)镊子；

(7)白瓷板；

(8)普通滤纸；

(9)离心机。

四、操作步骤

1. 浸泡

用铅笔在薄膜不光滑面边角作记号，然后，将薄膜漂在缓冲液液面上，若迅速湿润，整条薄膜一致而无白点，则表明薄膜质地均匀(实验可选择此膜)；然后用竹夹轻轻地将薄膜完全浸入缓冲液中，待膜完全浸透后使用(约 20 min)。薄膜准备如图 2-15 所示。

2. 制作电桥

将电泳缓冲液倒入电泳槽两边并用虹吸管平衡两边液面。根据电泳槽的纵向尺寸，剪裁尺寸合适的滤纸条。取4层附着在电泳槽的支架上，使它的一端与支架的前沿对齐，而另一端浸入电极槽的缓冲液内，然后，用缓冲液将滤纸全部润湿并驱除气泡，使滤纸紧贴在支架上，即为“滤纸桥”。按照同样的方法，在另一个电极槽的支架上制作相同的“滤纸桥”，它们的作用是联系醋酸纤维薄膜和两极缓冲液之间的中间“桥梁”。如图2-16所示。

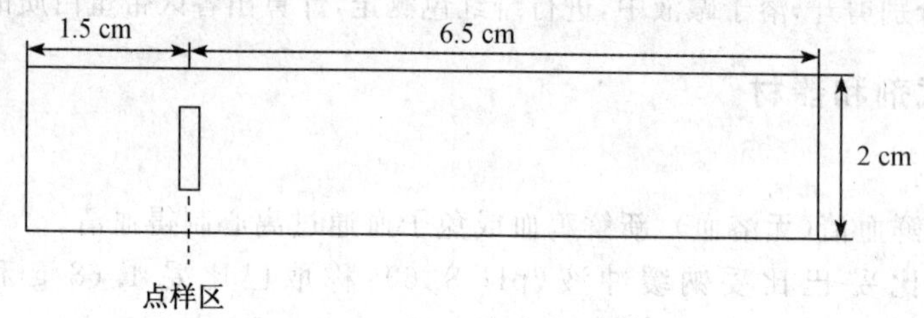

图2-15 薄膜准备

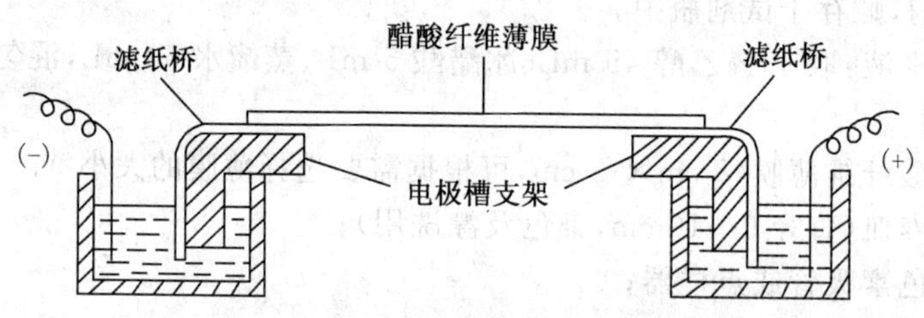

图2-16 醋酸纤维薄膜电泳装置示意图

3. 点样

取出浸透的薄膜，平放在滤纸上（无光泽面朝上），轻轻吸去多余的缓冲液。取血清0.1 mL放于洁净载玻片上。用点样器蘸一下，在薄膜的点样区（距薄膜一端1.5 cm处），水平落下并迅速提起，形成具有一定宽度、粗细匀称的直线（事先可在滤纸上练习点样，掌握点样技术，这是获得具有清晰区带的电泳图谱的重要环节之一）。如图2-17所示。

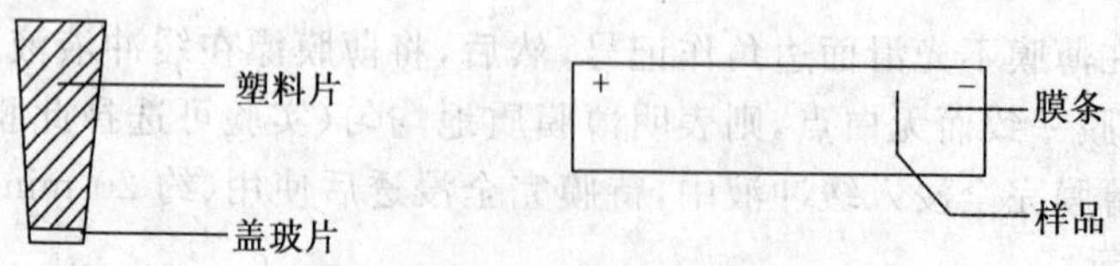

图2-17 点样

4. 电泳

将点好样的薄膜(无光泽面朝上)两端紧贴在支架的滤纸桥上(加血清端靠负极),中部悬空平直,仔细检查电泳装置线路正确后通电。打开电源开关,调节电流为 0.4～0.7 mA(薄膜每厘米宽),电压 120 V。在电泳过程中,应注意控制电压和电流,防止过高或偏低。待电泳区带展开约 3.5 cm 时,关闭电源,一般通电时间为 30 min 左右。

5. 染色

电泳结束后,关闭电泳,立即取出薄膜,直接浸入染色液中,染色 20 min。

6. 漂洗

用漂洗液漂洗数次至无蛋白区颜色脱去,夹在滤纸中吸干。

五、结果处理

一般经漂洗后,薄膜上可呈现清晰的 5 条区带,如图 2-18 所示。由正极端起,依次为清蛋白、α_1-球蛋白、α_2-球蛋白、β-球蛋白和 γ-球蛋白,将此带有区带的胶条粘干实验报告相应位置。

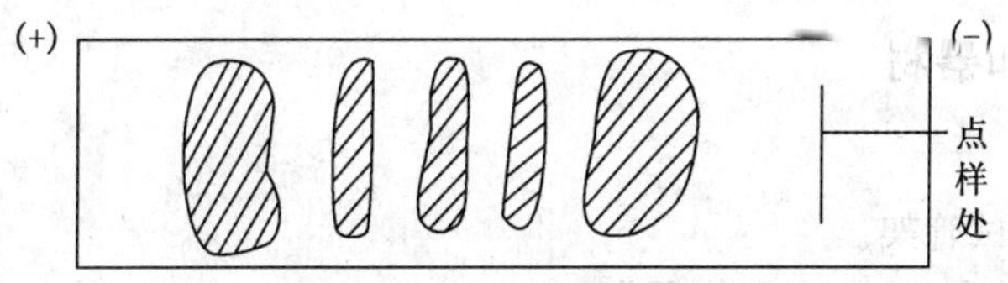

图 2-18 醋酸纤维薄膜血清蛋白电泳

六、注意事项

(1)在向电泳槽加缓冲液时要注意不超过刻度线,点样在粗糙面,并向下放置于电泳槽上,点样的一端放于阴极。

(2)醋酸纤维薄膜电泳是近几年来推广的一种新技术,它具有微量、快速、简便、分辨力高,对样品无拖尾和吸附现象等优点。已广泛应用于血清蛋白、血红蛋白、糖蛋白、脂蛋白、结合球蛋白、同工酶的分离提纯及测定。

七、思考题

1. 比较醋酸纤维薄膜电泳与纸电泳的异同点。

2. 指出醋酸纤维薄膜用作电泳的支持物有何优点?

3. 请了解蛋白质电泳技术的一些新进展,这些技术对蛋白质的认识有何作用?

实训 2.3 双缩脲法测定蛋白质含量

一、能力目标

①掌握双缩脲法测定蛋白质含量的相关知识。

②会用双缩脲法测定蛋白质含量的操作。

③熟练使用分光光度计。

二、基本原理

蛋白质分子具有多个肽键，可在碱性溶液中与 Cu^{2+} 形成紫红色配合物，即双缩脲反应。此配合物颜色的深浅与该化合物的浓度成正比，使用分光光度计测定蛋白质的浓度。

双缩脲法常用于需要快速但不需要十分精确的测定。该法测定蛋白质范围为 1～10 mg/mL。

三、试剂和器材

1. 器材

(1)试管及试管架。

(2)100 mL 和 1 000 mL 容量瓶。

(3)可见分光光度计(722 型等)。

(4)5.0、1.0、0.5、0.2 mL 吸量管各 1 支。

2. 试剂

(1)双缩脲试剂：溶解 1.5 g 硫酸铜($CuSO_4 \cdot 5H_2O$)和 6.0 g 酒石酸钾钠($NaKC_4H_4O_6 \cdot 4H_2O$)于 500 mL 纯水中，在搅拌下加入 300 mL 0.1 g/mL 氢氧化钠溶液，用纯水稀释至 1 000 mL，贮存于内壁涂以石蜡的瓶内，可长期保存。

(2)标准蛋白溶液(5 mg/mL)：准确称取一定量已定氮的酪蛋白(干酪素)或试剂冻干牛血清蛋白，用 0.05 mol/L NaOH 溶液溶解成浓度为 5 mg/mL 的标准溶液，4℃冰箱存放备用。

(3)样品血清：动物血清用纯水稀释 10 倍，置于 4℃冰箱存放备用。

四、操作步骤

1. 标准曲线的制作

取 6 支试管按表 2-2 依次加入试剂。

表 2-2　试剂取量表

试剂	管号					
	1	2	3	4	5	6
标准蛋白溶液(mL)	0	0.2	0.4	0.6	0.8	1.0
纯水(mL)	1.0	0.8	0.6	0.4	0.2	0
双缩脲试剂(mL)	4.0	4.0	4.0	4.0	4.0	4.0
标准蛋白质含量(mg/mL)	0	1	2	3	4	5
A_{540}						

充分摇匀并在室温下反应 30 min,以 1 号管调零,于 540 nm 波长下测定各管的吸光度值。

以标准酪蛋白的含量为横坐标,吸光度值为纵坐标,绘制标准曲线。

2. 样品测定

取样品溶液 1 mL,加入 4 mL 双缩脲试剂,摇匀后在室温下反应 30 min,在 540 nm 波长下测定样品的吸光度值,从标准曲线上查出蛋白质的含量。

3. 分光光度计使用的一般步骤

(1)打开电源,打开暗箱盖,仪器预热 30 min。

(2)转动波长钮至所需波长处。

(3)将空白液放入吸收池第一个格中,以后依次放标准溶液、待测液,把拉杆推向最里面,此时空白液在光路上。

(4)将功能键调至透光率 T 处,调节零点钮使显示器指示值为 0。

(5)关闭暗室盖,光路闸门自动打开。调节标有"100%"的调节钮使显示器指示值为 100%。再打开暗室盖,光路闸门自动关闭,显示器指示 $T=0$;关闭暗室盖,光路闸门自动打开,显示器指示 $T=100\%$处。反复几次,检查合格后进行测定。

(6)将功能键调到吸光度 A,拉出吸收池架拉杆一格,使比色液进入光路,关闭暗室盖,此时显示器所指的吸收度值即为比色液的吸光度 A 值,记录数据。依次拉出第二格、第三格,分别记录第二、第三个试样的吸光度值。打开吸收池暗室盖,进行下一轮测定。

(7)测定完毕,关闭电源,拔下插头,恢复各旋钮至最初位置,洗净比色皿放入盒中。

五、注意事项

(1)所用酪蛋白需经凯氏定氮法确定蛋白质的含量。

(2)硫酸铵不干扰此显色反应,但有 Cu^{2+} 存在时,有时会出现红色沉淀。

(3)测定要在显色 30 min 内完成,而且,各管反应时间应保证尽量一致,显色 30 min 后会出现雾状沉淀而干扰测定结果。

六、思考题

试比较凯氏定氮法、紫外吸收法和双缩脲法等几种蛋白质测定方法的特点,在哪种情况下适合采用哪种方法?

实训 2.4 蛋白质的透析

一、能力目标

①学习蛋白质透析的相关知识。

②了解半透膜的性质和应用。

③具备蛋白质透析的基本能力。

二、基本原理

蛋白质是大分子物质,它不能透过半透膜,而小分子物质可以自由透过半透膜。在分离提纯蛋白质的过程中,常利用透析的方法使蛋白质与其中夹杂的小分子物质分离。比如盐析法沉淀蛋白质后常用透析法除去中性盐。

三、试剂和器材

1. 试剂

(1)蛋白质溶液:5%卵清蛋白溶液(新鲜鸡蛋白:水=1:9)。

(2)饱和硫酸铵[$(NH_4)_2SO_4$]溶液。

(3)硫酸铵结晶粉末。

(4)双缩脲试剂:精确称取 3.0 g 硫酸铜($CuSO_4 \cdot 5H_2O$)和 9.0 g 酒石酸钾钠($NaKC_4H_4O_6 \cdot 4H_2O$)及 5.0 g 碘化钾(KI),分别溶于 25 mL 蒸馏水中。将酒石酸钾钠溶液和碘化钾溶液倒入 1 000 mL 容量瓶中,加 6.0 mol/mL 氢氧化钠溶液 100 mL,混匀。再加硫酸铜溶液,边加边摇,最后加水定容至 1 000 mL,贮存于塑料瓶内(或内壁涂石蜡的瓶中)。此试剂可长期保存。若贮存瓶有黑色沉淀出现,则需重新配制。

2. 器材

(1)透析袋、烧杯、电磁搅拌器。

(2)试管及试管架。

(3)白瓷板及滴管。

四、操作步骤

1. 蛋白质沉淀的制备

(1)沉淀蛋白质。取锥形瓶一个，加入 5%卵清蛋白溶液 5.0 mL，再加等量的饱和硫酸铵溶液，混匀后静止数分钟，析出蛋白质沉淀。转移至离心管，2 000 r/min 离心 5 min，得到球蛋白沉淀 A。

小心将上清液转移至小烧杯。向小烧杯中上清液添加硫酸铵粉末，边加边摇，直至不在溶解为止，此时析出的沉淀为清蛋白。转移至离心管，2 000 r/min 离心 5 min。得到清蛋白沉淀 B。

(2)检验蛋白质的存在。将步骤(1)所得到蛋白沉淀 A 和 B 分别加蒸馏水至溶解，分别取 2 滴加至预先滴有 2 滴双缩脲试剂的白瓷板中，仔细观察是否有紫蓝色出现(若有紫蓝色出现，说明有蛋白质)。

2. 蛋白质透析

(1)透析操作。取两个透析袋，分别装入上述两种蛋白质溶液，分别放入两个盛有蒸馏水的烧杯中。烧杯放到磁力搅拌器上搅拌，约 1 h 后，从烧杯中取水 2～3 滴至小试管中，滴加 $BaCl_2$，检查是否有 SO_4^{2-} 存在(有白色沉淀出现说明有 SO_4^{2-})。

(2)检验蛋白质。从烧杯中取 2 滴，用双缩脲试剂检查是否有蛋白质存在。

不断更换烧杯中的蒸馏水(并用磁力搅拌器不断搅拌蒸馏水)以加速透析过程，数小时后烧杯中的水不再能检出 SO_4^{2-}。此时，停止透析并检查透析袋中内容物是否有蛋白或 SO_4^{2-} 存在(此时透析袋中应观察到球蛋白质沉淀的出现，因为球蛋白不溶于水)。

五、思考题

可否用透析法浓缩蛋白质溶液？

第三章 核 酸

知识目标

掌握核酸的分类、存在及生物学功能

掌握DNA、RNA的组成及结构特点、DNA双螺旋结构模型的要点及意义

技能目标

能从核酸的结构、变性和复性来认识分子杂交的含义及应用

能从核酸的结构和一般理化性质学会核酸的分离、纯化和检测技术

核酸是一类十分重要的生物大分子,所有生物,包括高等动植物、细菌和简单的病毒都含有核酸。核酸按其所含戊糖种类的不同分为两大类:一类是脱氧核糖核酸(DNA),几乎全部集中在细胞核的染色体中,少量存在于线粒体和叶绿体中;另一类是核糖核酸(RNA),按其功能不同主要分为三类:核糖体RNA(rRNA)、转运RNA(tRNA)、信使RNA(mRNA)。RNA主要存在于细胞质中,少量存在于线粒体、叶绿体和细胞核中。两类核酸在生物细胞内一般都与蛋白质相结合,以核蛋白的形式存在。

人们对核酸的研究已有一百多年的历史,最初是由瑞士青年科学家米歇尔在1869年发现的。他从外科绷带上脓细胞的细胞核中分离出一种富含磷的酸性物质,称为“核素”,它就是现在我们所知的脱氧核蛋白。1889年,科学家奥尔特曼又从酵母和动物的细胞中制得了不含蛋白质的核酸,并首先使用“核酸”一词命名,意思是指从细胞核中分离出来的具有酸性的物质。但当时它的重要性并不为人们所认可,直到1953年Watson和Crick揭示了DNA双螺旋结构模型,核酸的研究才成为生命科学研究中最活跃的领域之一。今天,关于核酸的研

究已经进入了一个新时代，它已经成为医药、卫生、工业、农业、基因工程等诸多行业重要的组成部分。

一、核酸的化学组成

(一)核酸的元素组成

元素分析证明，核酸主要由 C、H、O、N、P 5 种元素组成，其中磷元素的含量在不同核酸中变化范围不大，约占核酸总量的 9.5%，即 1 g 磷相当于 10.5 g 核酸，在定量分析中，可通过测定生物样品中磷的含量来估算样品中核酸的含量，这种方法称为定磷法。

$$\text{核酸含量}=\text{含磷量}\times\frac{100}{9.5}=\text{含磷量}\times 10.5$$

(二)核酸的基本组成单位——核苷酸

核酸是由许多核苷酸缩合而成的高分子化合物，核苷酸是由核苷和磷酸缩合而成的，而核苷又是由碱基和戊糖组成的。其组成关系表示如图 3-1 所示：

核酸(RNA)（脱氧核酸 DNA）⟶ 核苷酸（脱氧核苷酸）{ 磷酸；核苷（脱氧核苷）{ 碱基；核糖（脱氧核糖）} }

图 3-1 核酸组成成分

1. 戊糖

RNA 中所含的戊糖是 *β-D*-核糖；DNA 中的戊糖是 *β-D*-2-脱氧核糖。其结构式如下：

β-D-核糖　　*β-D*-2-脱氧核糖

2. 碱基

核酸中的碱基有两类：嘌呤碱和嘧啶碱，它们均为含氮的杂环化合物，呈弱碱性。两类核酸所含的主要碱基都有四种，其中两种嘌呤碱基完全相同，即腺嘌呤

(A)和鸟嘌呤(G)。所含的嘧啶碱基不完全相同,RNA 中是胞嘧啶(C)和尿嘧啶(U),DNA 中是胞嘧啶(C)和胸腺嘧啶(T)。其结构式如下：

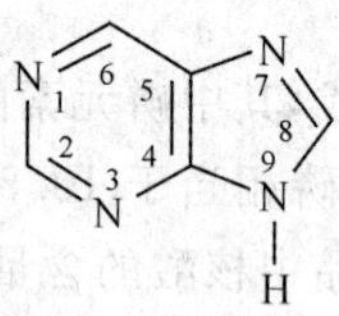

嘌呤 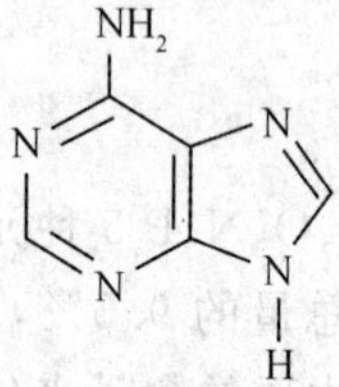　　腺嘌呤(6-氨基嘌呤)　　鸟嘌呤(2-氨基-6-氧嘌呤)

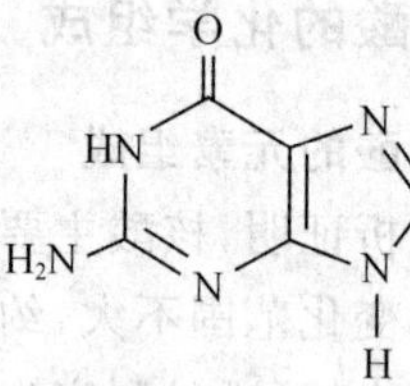

嘧啶 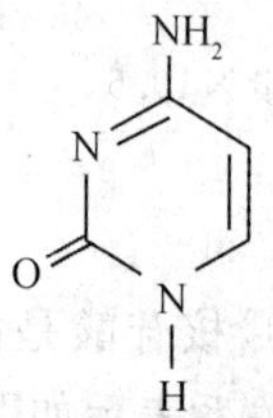　　胞嘧啶(4-氨基-2-氧嘧啶)　　尿嘧啶(2，4-二氧嘧啶)　　胸腺嘧啶(5-甲基-2，4-二氧嘧啶)

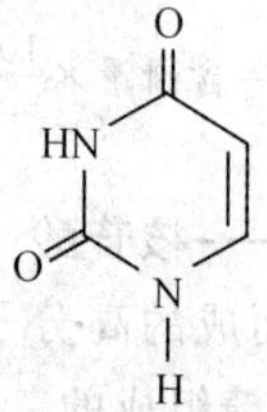

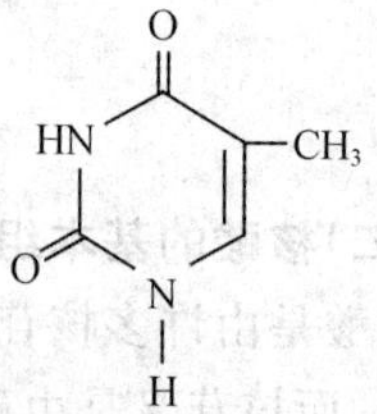

3. 磷酸

RNA 和 DNA 中都含有磷酸,所以核酸呈酸性。磷酸和戊糖以酯键结合,形成戊糖的磷酸酯。磷酸也可与另一分子磷酸以焦磷酸键结合,形成焦磷酸。磷酸分子脱去氢氧基以后的原子团(—PO_3H_2)称为磷酰基。其结构式如下：

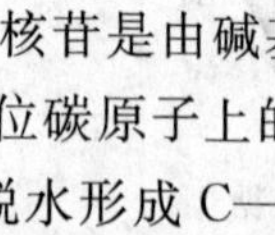

磷酸 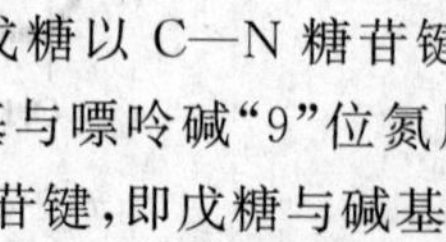　　焦磷酸(PPi) 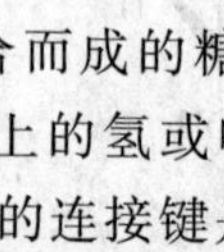　　磷酰基

4. 核苷

核苷是由碱基和戊糖以 C—N 糖苷键缩合而成的糖苷。其结合方式是戊糖“1′”位碳原子上的羟基与嘌呤碱“9”位氮原子上的氢或嘧啶碱“1”位氮原子上的氢,脱水形成 C—N 糖苷键,即戊糖与碱基之间的连接键是 C—N 糖苷键。核苷中的糖苷键均为 β-糖苷键。由核糖和碱基形成的糖苷称为核糖核苷,由脱氧核糖和碱基形成的糖苷称为脱氧核糖核苷,核酸中常见的核苷如表 3-1 所示。部分核苷的结构如下：

腺嘌呤-β-D-核糖苷
（腺苷）

胞嘧啶-β-D-核糖苷
（胞苷）

鸟嘌呤-β-D-2-脱氧核糖苷
（脱氧鸟苷）

胞嘧啶-β-D-2-脱氧核糖苷
（脱氧胞苷）

表 3-1 核酸中常见的核苷

碱基	RNA（含核糖）			DNA（含脱氧核糖）		
	全称	简称	符号	全称	简称	符号
腺嘌呤	腺嘌呤核苷	腺苷	A	腺嘌呤脱氧核苷	脱氧腺苷	dA
鸟嘌呤	鸟嘌呤核苷	鸟苷	G	鸟嘌呤脱氧核苷	脱氧鸟苷	dG
胞嘧啶	胞嘧嘧核苷	胞苷	C	胞嘧啶脱氧核苷	脱氧胞苷	dC
尿嘧啶	尿嘧啶核苷	尿苷	U	—	—	—
胸腺嘧啶	—	—	—	胸腺嘧啶脱氧核苷	脱氧胸苷	dT

5. 核苷酸

核苷酸是核苷戊糖环上的羟基与磷酸脱水酯化形成的核苷磷酸酯。由核糖核苷形成的磷酸酯称为核糖核苷酸，由脱氧核糖核苷形成的磷酸酯称为脱氧核糖核苷酸。核糖核苷的核糖基上有3个自由羟基都可以酯化分别生成2′-核苷酸、3′-核苷酸和5′-核苷酸。脱氧核糖核苷的脱氧核糖基上有2个自由羟基，可以生成3′-脱氧核苷酸和5′-脱氧核苷酸。如腺苷与磷酸酯化生成腺苷酸，脱氧胞苷与磷酸酯化生成脱氧胞苷酸。它们的结构式分别如下：

腺嘌呤核苷-5′-磷酸
（腺苷酸）

2′-脱氧胞苷-5′-磷酸
（脱氧胞苷酸）

核酸中常见核苷酸的名称、简称及缩写符号如表3-2所示。

表3-2 核酸中常见的核苷酸

RNA（核糖核苷酸）			DNA（脱氧核糖核苷酸）		
全　称	简称	代号	全　称	简称	代号
腺嘌呤核苷酸	腺苷酸	AMP	腺嘌呤脱氧核苷酸	脱氧腺苷酸	dAMP
鸟嘌呤核苷酸	鸟苷酸	GMP	鸟嘌呤脱氧核苷酸	脱氧鸟苷酸	dGMP
胞嘧啶核苷酸	胞苷酸	CMP	胞嘧啶脱氧核苷酸	脱氧胞苷酸	dCMP
尿嘧啶核苷酸	尿苷酸	UMP	胸腺嘧啶脱氧核苷酸	脱氧胸苷酸	dTMP

（三）核苷酸的重要类型及生理作用

在生物体内，核苷酸除了作为核酸的基本组成单位外，还有一些核苷酸游离存在于细胞内，并且具有重要的生理功能，主要是多磷酸核苷酸和环化核苷酸。

1. 多磷酸核苷酸和高能化合物

核苷酸还可以进一步磷酸化生成核苷二磷酸和核苷三磷酸。例如：腺苷一磷酸（AMP）再结合一分子磷酸可生成腺苷二磷酸（ADP）；腺苷二磷酸再结合一分子磷酸又生成腺苷三磷酸（ATP），其结构式可表示如下：

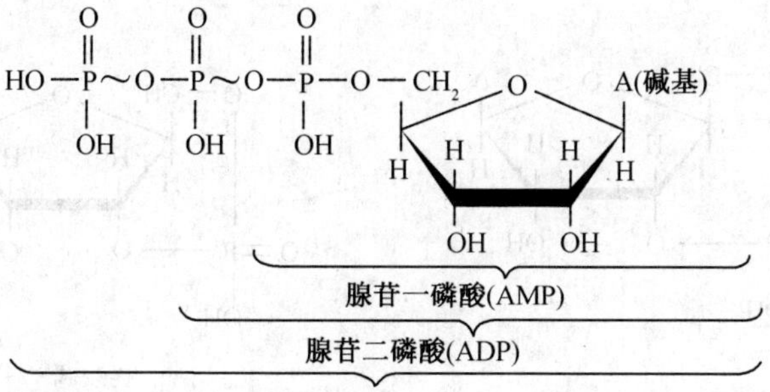

$$
\mathrm{HO-\overset{\overset{O}{\|}}{\underset{\underset{OH}{|}}{P}}\sim O-\overset{\overset{O}{\|}}{\underset{\underset{OH}{|}}{P}}\sim O-\overset{\overset{O}{\|}}{\underset{\underset{OH}{|}}{P}}-O-CH_2}\ \text{(核糖环)}\ \mathrm{A(碱基)}
$$

腺苷一磷酸(AMP)

腺苷二磷酸(ADP)

腺苷三磷酸(ATP)

在生化标准条件(25℃、1 mol/L)下发生水解时，可释放出 20.92 kJ 以上能量的化合物，称为高能化合物。例如：

$$\text{三磷酸腺苷(ATP)} \longrightarrow \text{二磷酸腺苷(ADP)} + \mathrm{Pi} + 30.5\ \mathrm{kJ/mol}$$

在高能化合物中，被水解释放出大量能量的活泼共价键称为高能键，用符号"～"表示。当分子中含有磷酸基团时，称为高能磷酸化合物。生物体还有一类高能化合物是由酰基和硫醇基构成，称为高能硫酯化合物，如乙酰 CoA，脂酰 CoA 和琥珀酰 CoA 等。

在生物体内除了 ADP 和 ATP 外，其他核苷酸 GMP、CMP、UMP 也同样可以进一步磷酸化形成核苷二磷酸和核苷三磷酸，即 GDP、CDP、UDP 和 GTP、CTP、UTP。脱氧核苷酸 dGMP、dCMP、dTMP 也可以进一步磷酸化形成脱氧核苷二磷酸和脱氧核苷三磷酸。即 dGDP、dCDP、dTDP 和 dGTP、dCTP、dTTP。它们在能量的贮存、转移和利用以及生物合成方面也起着重要作用。

细胞内的核苷三磷酸都是高能磷酸化合物，在生化反应中作为能量和磷酸基团的供体(以 ATP 为最重要)，也是合成核酸和其他有机物的原料。dATP、dGTP、dCTP 和 dTTP 是合成 DNA 的原料，ATP、GTP、CTP 和 UTP 是合成 RNA 的原料。

2. 环化核苷酸

在动植物和微生物细胞中还发现存在有环化核苷酸，比较重要的有 3′,5′-环化腺苷酸(cAMP)和 3′,5′-环化鸟苷酸(cGMP)，其结构式如下：

cAMP 是 ATP 经腺苷酸环化酶催化生成的，cGMP 是 GTP 经鸟苷酸环化酶催化生成的。这两种环化核苷酸在细胞中的含量很少，但在细胞的代谢中有重要的生理作用，是生物体内的基本调节物质之一，是传递激素作用的媒介物。cAMP 能放大激素作用的信号，从而对酶促反应发挥调节作用，通常把二者称为激素作用的第二信使。

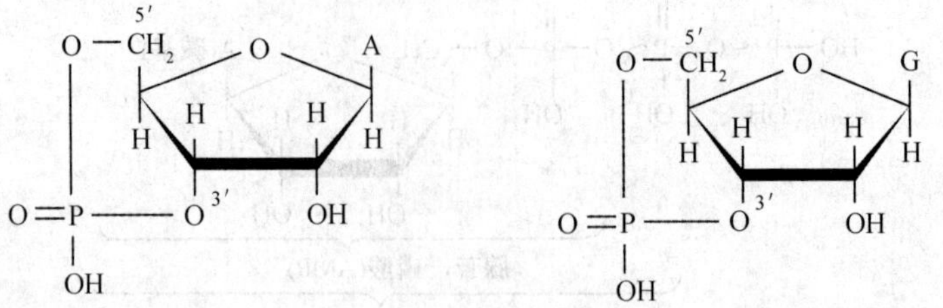

二、核酸的分子结构

核酸分子是核苷酸的聚合体，常称为多聚核苷酸。核酸的结构相当复杂，目前将核酸的结构按层次分为一级结构和空间结构。核酸分子中的核苷酸排列顺序及空间结构都与其功能有着密切的关系。下面分别讨论 DNA 和 RNA 的结构。

（一）DNA 的结构

1. 核苷酸的连接方式

DNA 是由四种脱氧核苷酸（dAMP、dGMP、dCMP、dTMP）按照一定排列顺序连接而成的长链，这种长链是由一个脱氧核苷酸 3′-位羟基与另一个脱氧核苷酸 5′-位磷酰基之间脱水以酯键相连构成的，这样一个磷酸就形成了两个酯键，一端连在 3′位，一端连在 5′位，这种共价键称为 3′，5′-磷酸二酯键。核酸就是由 3′，5′-磷酸二酯键连接而成的多核苷酸链，其中在 5′位有游离磷酰基的一端叫 5′末端，在 3′位有游离羟基的一端叫 3′末端。如图 3-2A 是 DNA 分子中多脱氧核苷酸链的一个片段。

多脱氧核苷酸链还可以用简单的结构来表示，图 3-2B 是多脱氧核苷酸片段结构的简化式。式中的垂直线表示戊糖，上端 1′位与碱基相连，P 表示磷酰基，从垂直线中部与 P 之间的斜线表示 3′位的磷酸酯键，P 与垂直线底部的斜线表示 5′位的磷酯键。简式书写的方向从核苷酸链 5′端开始到 3′端终止。这种简式还可简化为…$d_PA_PC_PG_PT$…或…d_PACGT…形式。

由于多脱氧核苷酸链中只有碱基排列顺序不同，所以多脱氧核苷酸链也可以只写出碱基的顺序，如 AGCTCG。

2. DNA 的一级结构

DNA 的一级结构是指 DNA 中脱氧核苷酸的排列顺序。由于不同的脱氧核苷酸链只是碱基不同，所以 DNA 的一级结构也指脱氧核苷酸链中碱基的排列顺序。

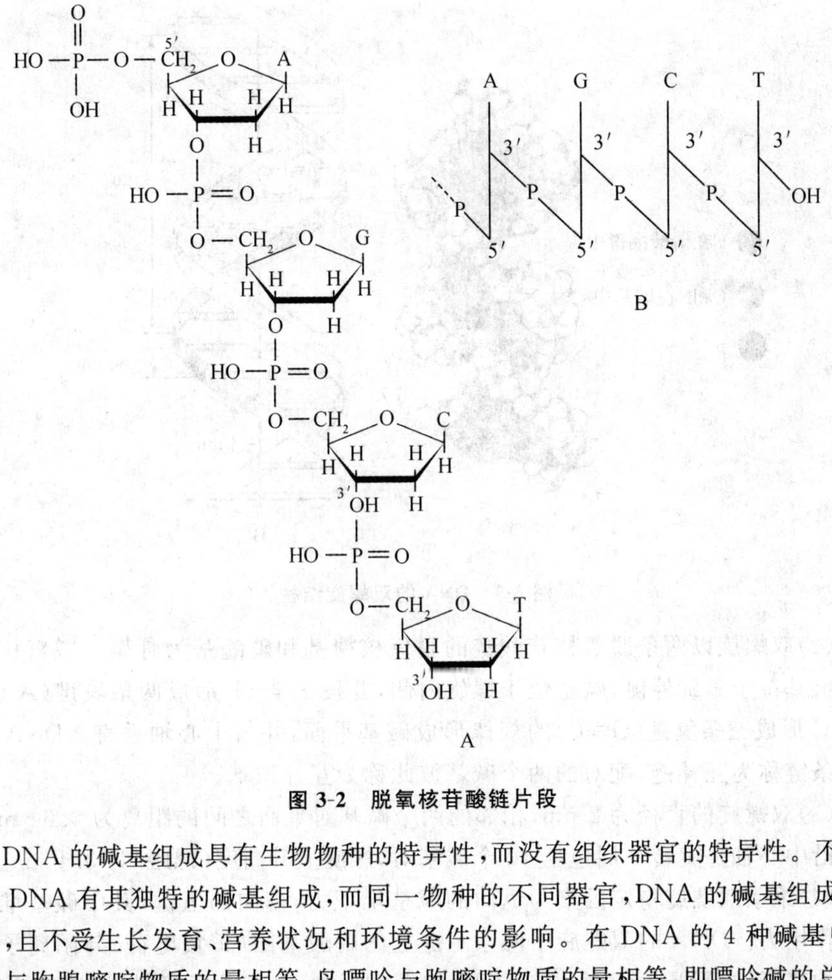

图 3-2 脱氧核苷酸链片段

DNA 的碱基组成具有生物物种的特异性，而没有组织器官的特异性。不同物种的 DNA 有其独特的碱基组成，而同一物种的不同器官，DNA 的碱基组成是相同的，且不受生长发育、营养状况和环境条件的影响。在 DNA 的 4 种碱基中，腺嘌呤与胸腺嘧啶物质的量相等，鸟嘌呤与胞嘧啶物质的量相等，即嘌呤碱的总量等于嘧啶碱的总量(A+G = T+C)，这一规律称为查加夫(Chargaff)规律。

3. DNA 的二级结构

DNA 的二级结构是由两条脱氧核苷酸链形成的双螺旋结构。1953 年华特生和克里克根据 X-射线衍射图样及各种化学分析数据，提出了 DNA 的双螺旋结构模型，如图 3-3 所示。

(1)DNA 分子由两条脱氧核苷酸链组成，两条链围绕同一个“中心轴”向右盘绕形成右手螺旋结构，两条链的走向相反，一条链为 5′→3′走向，另一条链为 3′→5′走向，称为互补链，其中一条链的碱基顺序可以决定另一条链的碱基顺序。

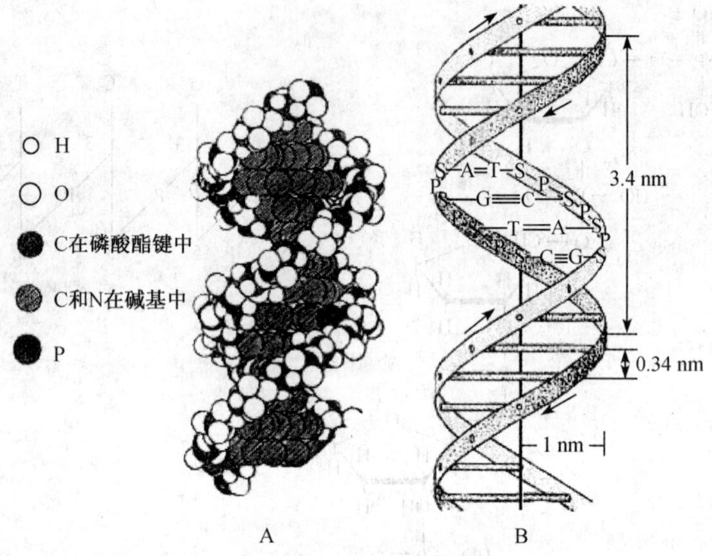

图 3-3 DNA的双螺旋结构

(2)双螺旋以两条脱氧核苷酸链的脱氧核糖基和磷酰基为骨架。脱氧核糖基和磷酰基位于螺旋外侧，碱基位于螺旋内侧，并按A与T形成两条氢键(A=T)、G与C形成三条氢键(G≡C)的规律形成碱基平面，并与中心轴垂直。DNA分子的两条链称为互补链，配对的两个碱基彼此称为互补碱基。

(3)双螺旋的直径为2 nm，相邻的两个碱基对平面之间的距离为0.34 nm，双螺旋沿中心轴每旋转一周包括10个碱基对，螺旋上升高度(螺距)为3.4 nm。

(4)维系双螺旋稳定因素为纵向的碱基堆积力，横向的氢键，其中碱基堆积力是主作用力。DNA的双螺旋中两条主链上的磷酸基团(带负电荷)与阳离子之间形成的离子键，因减少了两条链之间负电荷的斥力，也有助于双螺旋结构的稳定。

(5)DNA双螺旋结构中，形成大小不等的两条凹沟，较大的一条称为大沟，较小的一条称为小沟。每个碱基都有部分在大沟或小沟中暴露出来，以便和其他生物分子接触与识别。

4. DNA的三级结构

DNA的三级结构是指双螺旋结构的DNA通过进一步扭曲和折叠形成的更高层次的空间结构。DNA的三级结构有多种类型，其中超螺旋是最常见的三级结构。如细菌质粒、某些病毒及线粒体的环状DNA分子多扭曲成麻花状的超螺旋结构，如图3-4所示。

图 3-4　环状 DNA 及超螺旋结构

(二)RNA 的分子结构

1. RNA 的一级结构

一级结构是指多核苷酸链中 4 种核苷酸的排列顺序，也指多核苷酸链中碱基的排列顺序。核苷酸之间的连接键和 DNA 一样也是 3′,5′-磷酸二酯键，与 DNA 相比，RNA 分子小得多，一般由几十至几千个核苷酸组成，大多数天然 RNA 分子是一条单链。

2. RNA 的二级结构

根据 RNA 的某些性质和 X 射线衍射证明，由单链构成的 RNA 分子，通过自身回折，使互补碱基形成局部的双螺旋，称之为臂，不能配对的碱基则形成突环，如图 3-5 所示。其结果形成了一种多环多臂的二级结构形式。

图 3-5　RNA 形成的突环与二级结构示意图

目前，在三种 RNA 中对 tRNA 的结构了解得最清楚，各种生物的 tRNA 的在结构上有许多共同点。由 70～90 个核苷酸构成，碱基中含有较多的稀有碱基。tRNA 的二级结构很相近，这里仅以 76 个碱基长度的酵母丙氨酸 tRNA 为标准来介绍 tRNA 的三叶草二级结构特征，如图 3-6 所示。

tRNA 三叶草型二级结构具有以下特征：

①tRNA 分子一般由四个臂四个环组成。

②三叶草的叶柄叫做氨基酸臂，它包括 3′-端接受氨基酸的部位 CCA-OH。

③反密码环由 7 个核苷酸组成，环中有三个相邻的核苷酸，称为反密码子。它可以按碱基互补的关系识别 mRNA 上的密码子。

④左臂为二氢尿嘧啶臂，其上连接一个二氢尿嘧啶环，环上含有两个二氢尿嘧啶(DHU)。

⑤右臂为 TΨC 臂，其上连接一个 TΨC 环，另外在反密码臂和右臂之间还有一个额外环(可变环)。不同的 tRNA 额外环上核苷酸的数目变化较大。

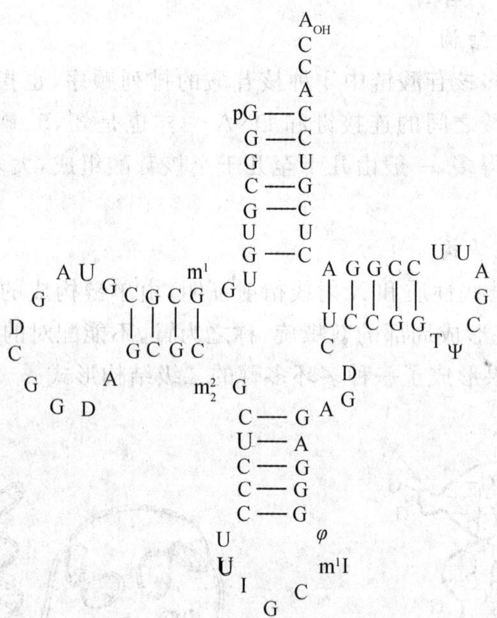

图 3-6 tRNA 三叶草型结构示意图

3. RNA 的三级结构

在二级结构的基础上，进一步扭曲形成更为复杂的三级结构。tRNA 的三级结构为倒 L 型，接受氨基酸的 3′端 CCA-OH 位于倒 L 的一端，反密码环位于另一端。tRNA 在二级结构的基础上进一步折叠，使三叶草型结构发生扭曲，如图 3-7 所示。

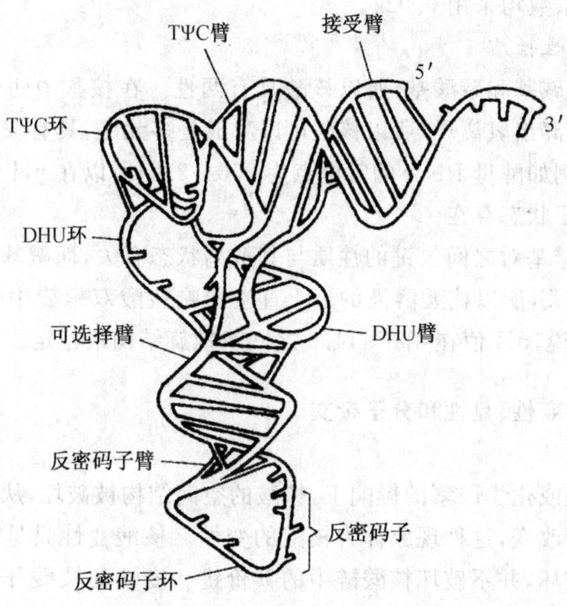

图 3-7　三叶草型结构发生扭曲

三、核酸的性质

(一)核酸的一般性质

1. 核酸的溶解性

DNA 是白色纤维状固体,RNA 为白色粉末或结晶。它们都是极性化合物,微溶于水,不溶于乙醇、乙醚、氯仿等有机溶剂,因此常用酒精从溶液中沉淀核酸。核酸的钠盐比核酸溶解度大。在生物体内核酸与蛋白质结合形成核蛋白,DNA 核蛋白易溶于 2 mol/L 的氯化钠溶液中,几乎不溶于 0.14 mol/L 的稀氯化钠溶液,RNA 核蛋白的溶解性与之相反。利用此性质,可以把生物样品中的 DNA 核蛋白与 RNA 核蛋白以及其他杂质区分开。

2. 核酸的紫外吸收

核酸分子中的嘌呤碱和嘧啶碱具有共轭双键,其共轭体系能强烈吸收紫外光,最大吸收峰在 260 nm 附近,常利用其紫外吸收特性对核酸进行样品纯度的鉴定和定量测定。

核酸的比吸光系数是指浓度为 1 μg/mL 的核酸水溶液在 260 nm 处的吸光度,天然状态的双链 DNA 的比吸光系数为 0.020,变性 DNA(即单链 DNA)和

RNA 的比吸光系数均采用 0.022。

3.核酸的两性性质

核酸中具有碱基和磷酸基，所以核酸具有两性。在核酸中两个单核苷酸间的磷酸基很容易电离出氢离子，所以核酸可以看成是多元酸，具有较强的酸性。核酸的等电点较低，例如酵母 RNA 的等电点为 2.0～2.8，所以在 pH 值近中性的条件下，核酸以阴离子状态存在。

在核酸中，碱基对之间氢键的性质与其解离状态有关，而碱基的解离状态又与溶液的 pH 值有关，所以核酸溶液的 pH 直接影响核酸双螺旋中碱基间氢键的稳定。对 DNA 来说，pH 值在 4.0～11.0 之间双螺旋结构最稳定。

(二)核酸的变性、复性和分子杂交

1.核酸的变性

在一些物理或化学因素的影响下，核酸的空间结构被破坏，从而引起理化性质和生物学功能的改变，这种现象称为核酸的变性。核酸变性只是碱基间的氢键和碱基堆积力被破坏，并不破坏核酸链中的共价键。变性的核酸分子由双螺旋结构转变为无规则的线团状，因此核酸的变性又称为螺旋→线团转变。核酸变性后，溶液的黏度降低，易于沉淀，而最重要的是失去生理活性。核酸变性过程如图 3-8 所示。

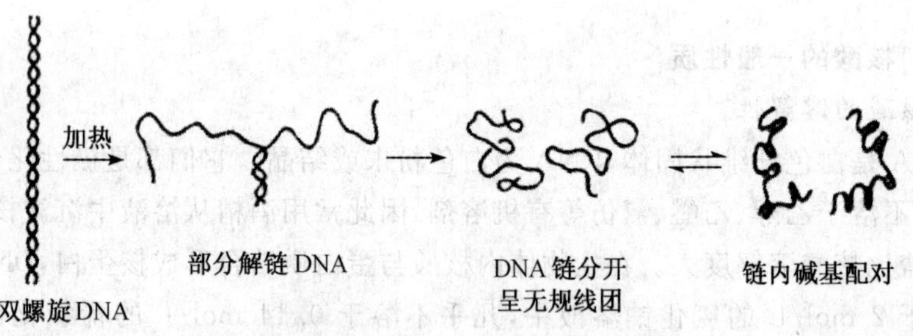

图 3-8 DNA 的变性过程

引起核酸变性的因素有物理因素和化学因素，如加热、有机溶剂、甲醛、溶液 pH 值改变等。其中加热引起的变性称为热变性。当 DNA 的稀溶液加热至 80～100℃，核酸的双螺旋结构即发生解离，使核酸变性。DNA 的热变性不是随温度升高逐渐进行的，而是“突变”式的，变性发生在很窄的温度范围内并很快完成，所以通常将加热变性使 DNA 双螺旋结构破坏一半(即变性达到 50%)时的温度称为 DNA 的解链温度，又称熔解温度或熔点，用 T_m 表示。

DNA变性后双螺旋结构被破坏，双螺旋内部的碱基暴露出来，因此变性后的DNA对260 nm紫外光的吸收值明显增加，这种现象称为增色效应。常用增色效应跟踪DNA的变性过程，了解DNA的变性程度。

2.复性

变性DNA的两条互补单链，在适当条件下重新缔合成双螺旋结构，其理化性质和生物学活性也随之恢复，这一过程称为DNA的复性。热变性DNA的两条互补单链，在缓慢冷却的条件下，可以重新缔合成双螺旋结构，这种过程称为退火。复性是变性的一种逆过程，DNA片段越大，复性越慢；DNA的浓度越大，复性越快。将热变性的DNA骤然冷却，DNA不可能复性。

DNA复性后重新恢复双螺旋结构，其碱基又藏匿于双螺旋内部，碱基对又呈堆积状态，DNA溶液在260 nm处的吸收值逐渐变小，这种现象称为减色效应。可通过减色效应判断DNA的复性程度。

3.分子杂交

DNA加热变性后，缓慢冷却，不完全互补的两条多核苷酸链，根据碱基互补配对原则部分相互结合的现象，称为分子杂交。不同来源的DNA只要两条多核苷酸单链之间有一定数量的碱基彼此互补，经退火处理就可以形成双螺旋结构。分子杂交是以DNA的变性和复性为理论基础。其中的一条单链杂交前要进行标记，称为探针。杂交过程是高度特异性的，可以根据所使用的探针已知序列进行特异性的靶序列检测。即使两种生物DNA分子之间形成百万分之一的双链区，也能够被检出。

分子杂交技术目前已广泛应用于核酸结构和功能的研究。在鉴定物种之间亲缘关系、遗传性疾病的诊断、肿瘤病因学的研究、遗传育种及基因工程上，分子杂交技术是重要手段。

四、核酸的化学检测技术

核酸是高分子化合物，用硫酸水解后，即可游离出磷酸、嘌呤碱、嘧啶碱和戊糖这4类物质，利用核酸的颜色反应可分别对这几类物质进行定性鉴定。也可用定磷法、分光光度法等对核酸进行定量测定。

（一）定性检测技术

1.钼酸铵法鉴定磷酸

在强酸性条件下，核酸经消化后，消化液中的磷酸与钼酸铵作用可生成磷钼酸，再加入还原剂抗坏血酸或氯化亚锡等，磷钼酸可被还原为蓝色化合物，这个反应称为钼蓝反应，利用此反应可用于核酸的定性鉴定。

2.硝酸银法鉴定嘌呤碱

硝酸银与核酸水解液中嘌呤碱反应生成灰褐色的絮状嘌呤银化合物，利用此反应可用于鉴定核酸中的嘌呤碱。

3.二苯胺法鉴定脱氧核糖

DNA 在酸性条件下与二苯胺在沸水浴中一起加热生成蓝色化合物。

$$\text{DNA}+\text{浓硫酸}+\text{C}_6\text{H}_5\text{–NH–C}_6\text{H}_5 \xrightarrow{100℃} \text{蓝色化合物}$$

利用此反应可用于鉴定 DNA 中的脱氧核糖。

4.3,5-二羟基甲苯(苔黑粉)法鉴定核糖

RNA 与浓盐酸及 3,5-二羟基甲苯和三氯化铁(作催化剂)在沸水浴中加热，即生成绿色化合物，利用此反应可用于鉴定 RNA 中的核糖。

$$\text{RNA}+\text{浓硫酸}+\text{CH}_3\text{C}_6\text{H}_3(\text{OH})_2 \xrightarrow[\text{FeCl}_3]{100℃} \text{绿色化合物}$$

(二)定量检测技术

1.定磷法

核酸用强酸(5 moL/H_2SO_4 或 60%过氯酸)消化后，生成无机磷酸，无机磷酸在酸性条件下与钼酸铵作用可生成磷钼酸，再加入还原剂抗坏血酸或氯化亚锡等，磷钼酸可被还原为钼蓝。钼蓝的最大吸收峰在 650～660 nm 波长处，可通过测定 A_{650} 来测定磷的含量，进一步计算核酸的含量，其操作过程为核酸的消化—磷的测定—核酸含量的计算。

不同来源的核酸含磷量有所差别，一般 DNA 含磷量为 9.9%，即 1 g 磷相当于 10.5 g 核酸，RNA 含磷量为 9.5%，即 1 g 磷相当于 10.9 g 核酸，在定量分析中，可通过测定生物样品中磷的含量来估算样品中核酸的含量，这种方法称为定磷法。

$$\text{RNA 含量} = (\text{总磷量}-\text{无机磷量})\times\frac{100}{9.2} = \text{含磷量}\times 10.9$$

$$\text{DNA 含量} = (\text{总磷量}-\text{无机磷量})\times\frac{100}{9.5} = \text{含磷量}\times 10.5$$

2. 二苯胺法

DNA 中的脱氧核糖与二苯胺一起加热生成蓝色化合物。该蓝色化合物对波长为 595 nm 的光有最大吸收峰。在 40～400 μg 范围内，A_{595} 与 DNA 的浓度成正比，可用比色法测定样品中 DNA 的含量。

3. 3,5-二羟基甲苯法

RNA 与盐酸及 3,5-二羟基甲苯一起加热生成绿色化合物。该绿色化合物对波长为 660 nm 的光有最大吸收峰。在 40 ～400 μg 范围内，A_{660} 与 RNA 的浓度成正比，可用比色法测定样品中 RNA 的含量。

4. 紫外吸收法

核酸分子中的嘌呤碱和嘧啶碱能强烈吸收 260 nm 波长处的紫外光，常利用其紫外吸收特性对核酸进行样品纯度的鉴定和定量测定。

对核酸进行定量测定时，对于纯的核酸溶液，测定其 $A_{260\ nm}$，即可利用核酸的比吸光系数计算核酸样品的纯度和溶液中核酸的含量。核酸的比吸光系数是指浓度为 1 μg/mL 的核酸水溶液在 260 nm 处的吸光度，天然状态的双链 DNA 的比吸光系数为 0.020，变性 DNA(即单链 DNA)和 RNA 的比吸光系数均采用 0.022。若样品中混有大量的能吸收紫外光的物质，测定误差较大，应设法事先除去。

阅读材料

克隆、种质资源、品种选育

克隆，原是英文 clone 的音译，意为生物体细胞通过无性繁殖形成的基因型完全相同的后代个体组成的种群，简称为“无性繁殖”。

广泛意义上的“克隆”其实是我们的日常生活中经常遇到的。春天，人们剪下植物枝条，扦插到土里，不久就会发芽，长出新的植株，这些植株是和亲代遗传物质组成完全相同的植株，这就是“克隆”。还有将马铃薯等植物的块茎切成许多小块进行繁殖，由此长出的后代也是“克隆”。在自然界，有不少植物具有先天的克隆本能，如番薯、玫瑰等插枝繁殖的植物。而动物的克隆技术，则经历了由胚胎细胞到体细胞的发展过程。

1997 年，英国苏格兰罗斯林研究所的研究小组利用山羊的体细胞成功地“克隆”出一只基因结构与供体完全相同的小羊“多莉”(Dolly)，而“多莉”的基因组，全都来自单亲。其特点就在于“多莉”与为它提供遗传物质的那头 6 岁母羊具有完全相同的基因，可谓是它母亲的复制品，是真正的无性繁殖。“多莉”的诞生，意味着人类可以利用动物的一个组织细胞，像翻录磁带或复印文件一样，大量生产出相同的生物体，这无疑是基因工程研究领域的一大突破。

克隆技术还可用来大量繁殖许多有价值的基因，如治疗糖尿病的胰岛素、使侏儒症患者重新长高的生长激素和能抗多种疾病感染的干扰素等。近年来，中国科学家作为“基因联合国”中的主力成员，完成了克隆该项研究的758个新基因。克隆的新基因主要来自于造血干细胞、分泌系统和免疫系统等细胞，此次研究成果对攻克某些疾病的诊断与治疗方法、加快重组蛋白药物的研究将有促进作用。基因克隆技术的突破，对种群的扩展、物种的优化、优良品种的培育，特别是濒危动植物的种质资源的保存等提供了重要途径。

种质资源是育种工作的基础，没有好的种质资源，就不可能有好的品种。所谓种质，又叫遗传质，是能从亲代传递给子代的遗传物质。携带种质的载体可以是群体、个体，也可以是部分器官、组织、细胞，还可以是个别染色体和DNA片段。因此，种质资源应该包括群体、个体及DNA分子等不同水平上的种质。种质资源是选育新品种的基础材料，包括植物的栽培种、野生种的繁殖材料以及利用上述繁殖材料人工创造的各种植物的遗传材料。具体包括粮、棉、油、麻、桑、茶、糖、菜、烟、果、药、花卉、牧草、绿肥及其它们的籽粒、果实和根、茎、苗、芽等繁殖材料以及人工创造的各种遗传材料。

近年来，我国不少地方启动农业种质资源基因库建设工作，先后在水稻、小麦、棉花、油菜、小杂粮、生猪、地方家禽、花卉、林木种苗等领域择优扶持建设很多农业种质资源基因文库。利用基因文库技术保存种质，为种质资源提供了一种有效的保存途径。基因文库保存技术是从资源植物提取大分子的DNA，用限制性内切酶切成许多DNA片段。再通过一系列步骤把连接在载体上的DNA片段转移到繁殖速度快的大肠杆菌中，增殖成大量可保存在生物体中的基因，以备需要时应用。这个工作类似将文献资料贮存于图书馆中一样，所以称为基因文库。这样建立起来的基因文库不仅可以长期保存该种类的遗传资源，而且还可以通过反复的培养增殖、筛选来获得各种需要的基因。建立和发展基因文库技术，为抢救种质和培育新品种提供了一条有效的途径。

近年来，基因工程技术的应用在确定种质亲缘关系和遗传多样性的研究中发挥着快速、准确的优势，为现阶段育种中种质资源的收集和保存、减少杂交组合数目、有效划分杂交优势群、提高品种质量及育种效率等提供了有力依据。尤其在育种上，有利于快速、准确地从大量的种质资源中选取各具特色，遗传差异大的亲本，通过分子杂交实现基因重组，形成杂种个体，从而分离出更多的变异类型，为优良品种的选育提供更多的机会。

习题

一、名词解释

1. 核苷 2. 核苷酸 3. DNA 一级结构 4. 超螺旋结构

5. 核酸的两性性质 6. DNA 变性 7. DNA 的复性 8. 分子杂交

二、填空

1. 高等动植物细胞中,DNA 主要分布在________中,少量存在于________和________中。

2. 生物体中贮存遗传信息的核酸是________,传递遗传信息的核酸是________,转运氨基酸的核酸是________。

3. DNA 分子中含的嘧啶碱基是________和________。RNA 分子中是________和________。

4. DNA 的碱基配对规律是________、________。已知某 DNA 的碱基组成中,A 的含量为 32.8%,则 T、G 和 C 的含量分别为________%、________%和________%。

5. DNA 中存在的四种核苷酸是________、________、________和________;RNA 中存在的四种核苷酸是________、________、________和________。

6. DNA 双螺旋结构稳定的力是________、________和________。

7. 某 DNA 片段 ATGATCTGAC 的互补序列是________。

8. 提取 DNA 时加入________可使 DNA 酶失活。

三、选择题

1. 下列在 DNA 中不存在的脱氧核苷酸是( )。

A. dUMP B. dTMP C. dAMP D. dGMP

2. 在 DNA 和 RNA 中不相同的碱基有( )。

A. A 和 T B. U 和 T C. A 和 G D. C 和 G

3. 下列物质在生物体中贮存遗传信息的是( )。

A. 蛋白质 B. DNA C. 糖类 D. 脂类

4. 在 DNA 中使双螺旋结构稳定的主要因素是( )。

A. 碱基堆积力和氢键 B. 离子键

C. 3′,5′-磷酸二酯键 D. 氢键和疏水相互作用

5. 在 DNA 中碱基间的数量关系正确的是( )。

A. A+C=G+T B. A+T=G+C C. A=G;C=T D. 无法确定

6. 将单核苷酸连接起来组成 DNA 和 RNA 的化学键是（　　）。

A. 3′,5′-磷酸二酯键　　B. 盐键和氢键

C. 肽键　　D. 氢键

7. DNA 的一级结构是（　　）。

A. DNA 中碱基排列顺序　　B. 双螺旋

C. 超螺旋结构　　D. 三叶草形结构

8. 具有三叶草型结构的是（　　）。

A. tRNA　　B. rRNA　　C. mRMA　　D. DNA

9. tRNA 3′-末端的氨基酸臂碱基为（　　）。

A. CCA　　B. GAA　　C. TTA　　D. AAA

10. 在生物体中贮存和传递能量的核苷酸主要是（　　）。

A. ATP　　B. AMP　　C. dATP　　D. GMP

11. DNA 变性后（　　）。

A. 破坏一级结构　　B. 结构不变

C. 破坏空间结构　　D. 断裂共价键

12. RNA 在浓盐酸中与间苯二酚反应，溶液呈（　　）。

A. 绿色　　B. 红色　　C. 黄色　　D. 无色

四、问答题

1. 从核酸的结构说明核酸为什么呈酸性？

2. DNA 双螺旋结构有何特点？

3. RNA 包括哪几种？它们的主要功能分别是什么？

4. tRNA 二级结构有何特点？

5. 什么是核酸的变性？DNA 变性后结构和性质发生什么变化？

6. 提取 DNA 时要注意什么？

7. 如何分离 DNA 和 RNA？

实训 3.1　定磷法测定核酸的含量

一、能力目标

①掌握定磷法定量测定核酸的原理和方法。

②学会 722 型或 721 型分光光度计的使用方法。

二、基本原理

核酸包括核糖核酸(RNA)和脱氧核糖核酸(DNA)两类。核酸分子中磷含量比较固定,DNA 中含磷约 9.9%,RNA 含磷 9.5%。通过测定核酸中磷的含量即可换算出样品中粗核酸的含量。

核酸中的磷可以通过水解变为无机磷酸,磷酸与钼酸铵结合成磷钼酸铵。当有还原剂氯化亚锡或维生素 C 存在时,磷钼酸铵被还原为钼蓝。在一定浓度范围内蓝色深浅与磷的含量成正比,可以用比色法测定磷的含量。

三、仪器和试剂

1.仪器

克氏烧瓶 2 个(50 mL);小漏斗(100 mL);容量瓶(100 mL;50 mL);移液管(5 mL);吸量管(1 mL);试管(11 支);722(或 721)型分光光度计;电炉;水浴锅。

2.试剂

(1)粗核酸样品。

(2)5%氨水:用 25%~30%氨水稀释 5~6 倍。

(3)30%H_2O_2。

(4)27%的硫酸溶液: 27 mL 浓硫酸溶于 71 mL 水中。

(5)2.5%钼酸铵:称取 2.5 g 钼酸铵定溶至 100 mL。

(6)10%维生素 C 溶液:称取 10 g 维生素 C 溶于 100 mL 水中。

(7)磷酸标准溶液:将磷酸二氢钾在 100℃烘至恒重,准确称取 0.175 5 g 在少量蒸馏水中溶解,加 5 mL 5 mol/L 的硫酸及 3 滴氯仿,在 100 mL 溶量瓶中定容。此溶液的浓度为 400 μg/mL。使用时准确稀释 20 倍,使浓度为 20 μg/mL。

(8)定磷试剂:按体积比 17%硫酸溶液∶2.5%钼酸铵溶液∶10%维生素 C∶水=1∶1∶1∶2 的比例配制(用时现配)。

四、操作步骤

1.标准曲线的绘制

在 9 支试管中按表 3-3 加入试剂,混匀后在 45℃恒温水浴中加热 10 min,冷至室温分别测定在 660 nm 波长处的吸光度,绘制标准曲线。

试 剂	试管号								
	1	2	3	4	5	6	7	8	9
磷标准溶液(mL)	0	0.05	0.1	0.2	0.3	0.4	0.5	0.6	0.7
蒸馏水(mL)	3.0	2.95	2.9	2.8	2.7	2.6	2.5	2.4	2.3
定磷试剂	3.0	3.0	3.0	3.0	3.0	3.0	3.0	3.0	3.0
含磷质量(μg)	0	1	2	4	6	8	10	12	14
吸光度(A)									

2. 样品溶液的配制

称取粗核酸样品 0.1 g,在 50 mL 容量瓶中定容。定容时加氨水调节 pH 值为 7,促进溶解,此样品溶液浓度为 2 mg/mL。

3. 无机磷的测定

吸取没有消化的粗核酸样品 1.0 mL 在 100 mL 容量瓶中定容,取此溶液 3.0 mL 于比色管中,加定磷试剂 3.0 mL,45℃水浴加热 10 min,冷却后在 660 nm 处测吸光度 A(无机磷)。

4. 样品的消化

取样品溶液 1.0 mL(含粗核酸样品 2 000 μg)置于 50 mL 克氏烧瓶中,加 1.0 mL 浓硫酸和沸石,在克氏烧瓶上插一小漏斗,在通风橱中消化至黄色。稍冷后加入 2～3 滴 30%的 H_2O_2 继续消化至微黄色或无色透明。将消化液冷却后在 100 mL 容量瓶中定容。

5. 样品总磷吸光度的测定

取定容后的样品消化液 3.0 mL,加定磷试剂 3.0 mL,45℃水浴中加热 10 min,冷却至室温在 600 nm 处测定总磷吸光度 A(总磷)。

6. 结果计算

$$A(\text{核酸磷}) = A(\text{总磷}) - A(\text{无机磷})$$

在标准曲线上查出核酸中磷的质量(μg),按下式计算核酸的质量分数 W(%):

$$W = \frac{\dfrac{\text{标准曲线上查得磷微克数}}{\text{测定时取消化液毫升数}} \times \text{稀释倍数} \times 10.5}{\text{样品质量}(\mu g)} \times 100\%$$

即 $$W = (m \times 100)/(3 \times 2\,000 \times 9.5\%)$$

五、思考题

绘制标准曲线时应注意哪些事项?

实训 3.2　紫外吸收法测定核酸纯度

一、能力目标

①掌握紫外吸收法测定核酸含量的原理和方法。

②学会紫外分光光度计的使用方法。

二、提示

(1)核酸分子中的嘌呤碱和嘧啶碱的共轭双键能强烈吸收 260 nm 处的紫外光,对于纯的核酸溶液,测定其 A_{260},即可利用核酸的比吸光系数计算核酸样品的纯度和溶液中核酸的含量。

(2)配制一定浓度的核酸样品溶液,测定其纯度。

三、思考题

核酸样品中若含有蛋白质杂质时,应如何除去?

实训 3.3　酵母 RNA 的提取、分离及成分测定

一、能力目标

①掌握从酵母中提取 RNA,会对沉淀物进行分离。

②能用适当方法对核酸进行水解并鉴定其成分。

二、提示

(1)酵母中含 RNA 2.67%~10.0%,含 DNA 很少(0.03%~0.516%),而且菌体容易收集,RNA 也易于分离。因此,酵母是提取 RNA 的好材料。

(2)常用的提取方法有稀碱法和浓盐法。前者利用稀碱溶解细胞壁,使 RNA 释放出来,这种方法提取时间短,但 RNA 在此条件下不稳定,有不同程度的降解;后者在加热的条件下,利用高浓度的盐改变细胞膜的透性,使 RNA 释放出来,此法易掌握,产品颜色较好。

(3)注意调节等电点,可采用离心分离。

(4)选择适当溶剂沉淀 RNA,对 RNA 进行水解,对其成分进行定性鉴定。

(5)用浓盐法提取 RNA 时应避免在 20～27℃停留时间过长,这时核糖核酸酶活性高,RNA 易分解。加热到 100℃可灭活酶,避免 RNA 降解,有利于 RNA 提取。

第四章 酶与维生素

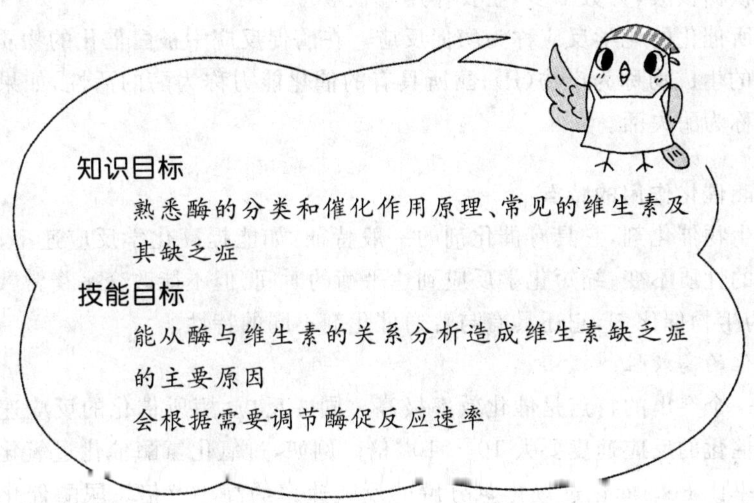

生物体生命活动的基本特征之一是不断地进行新陈代谢，而新陈代谢是由为数众多的各式各样的化学反应所组成。这些化学反应都是在常温、常压、酸碱适中的温和条件下进行，其主要原因就是由于生物体内含有一类特殊的催化剂——酶。生物体内多种复杂的反应几乎都是在酶的催化下进行的。

维生素是生物体内不可缺少的生理活性物质，它对生物体的新陈代谢起促进和调节作用。维生素的生理作用经常和酶联系在一起，这是因为许多维生素是辅酶或辅基的组成成分，参与酶的催化作用。因此，认识酶的本质及作用机理，了解维生素与辅酶的关系，对于我们了解生命的规律，进而指导生产实践具有非常重要的意义。

一、酶的概述

(一)酶的概念

酶是由生物体活细胞产生的，在生物体内外对其特异底物都有催化活性的蛋白质或核糖核酸，是机体内催化各种代谢反应最主要的催化剂。

人们对酶的认识来源于生产和生活实践。1926 年美国化学家 James B. Sumner

首次从刀豆中提取制备出脲酶结晶，并证明了脲酶由蛋白质组成。后来人们相继得到了胃蛋白酶、胰蛋白酶、胰凝乳蛋白酶的结晶，并通过实验证明酶的本质是蛋白质。直到1982年，Thomas Cech在四膜虫rRNA前体的加工中首次发现rRNA前体本身具有自我催化作用，从而提出了核酶的概念。核酶(ribozyme)是具有催化作用的核糖核酸，为数不多，主要作用于核酸。

由酶所催化的化学反应称为酶促反应。在酶促反应中被酶催化的物质叫底物(S)；反应的生成物称为产物(P)；酶所具有的催化能力称为酶的活性，如果酶失去催化能力称为酶失活。

(二)酶催化作用的特点

酶是生物催化剂，它具有催化剂的一般特征：如能提高化学反应速率，而反应前后本身的性质不变；缩短化学反应到达平衡的时间，但不能改变平衡常数等。但是，酶作为生物催化剂，它还具有与普通催化剂不同的特性。

1. 催化的高效性

酶的一个突出的特点是催化效率极高。同一反应，酶所催化的反应速度比一般催化剂催化的反应速度要大$10^7 \sim 10^{13}$倍。例如，过氧化氢酶催化过氧化氢分解的反应速率比Fe^{2+}催化过氧化氢分解的反映速率约高10^{10}倍。尿酶催化尿素水解的反应比用酸催化效率高7×10^{12}倍。

2. 催化的高度专一性

酶对所催化的反应和底物(反应物)有严格的选择性。一种酶只作用于一种或一类化合物或一定的化学键，进行一种类型的反应，得到一定结构的产物，这种现象称为酶的专一性或特异性。分为绝对专一性，相对专一性和立体异构专一性。

(1)绝对专一性。一种酶只作用于一种底物发生一定的化学反应，并生成一定的产物。如脲酶只能催化尿素水解生成NH_3和CO_2，而对尿素的衍生物则无作用。麦芽糖酶只能催化麦芽糖水解成葡萄糖，而对其他双糖不起作用。

(2)相对专一性。一种酶只作用于一类化合物或一种化学键，这种对底物不甚严格的选择性称为相对专一性。例如脂肪酶不仅能水解脂肪，也能水解简单的酯类化合物。

(3)立体异构专一性。当底物具有立体异构现象时，一种酶只催化一种立体异构体进行反应，酶对立体异构体的选择性称为立体异构专一性。例如乳酸脱氢酶只能催化*L*-乳酸生成丙酮酸，而不能作用于*D*-乳酸。

3. 高度不稳定性

由于酶是蛋白质或核糖核酸，所以凡是引起蛋白质或核糖核酸变性的一切理化因素都可以使酶变性。如高温、强酸、强碱、重金属盐等理化因素都能使酶变性而失去催化活性。所以，酶催化的反应一般在常温、常压、pH 接近中性的温和的条件下进行。

4. 酶活性受到调节和控制

酶促反应受多种因素的调控，以适应机体不断变化的内外环境和生命活动的需要。这种调控主要有 2 种，即酶浓度的调节和酶活性的调节。酶浓度调节主要通过激素等因素诱导酶的合成或促进酶的分解。酶的活性调节方式很多，包括抑制剂及激活剂调节、反馈抑制调节、共价修饰调节和别构调节等。

(三)酶的分类和命名

1. 酶的分类

酶的种类很多，到目前为止已发现的酶有 4 000 多种。随着生命科学的发展还会发现更多的新酶。为了研究使用的方便，有必要对酶进行科学的分类和命名。1961 年国际酶学委员会制定了一套系统的命名方法及分类方案，其中将酶分为 6 大类。

(1)氧还原酶类。氧化还原酶是能催化底物发生氧化还原反应的酶类。常见的氧化还原酶有脱氢酶、加氧酶、还原酶等。其中最多的是脱氢酶。这类反应可用通式表示为：

$$AH_2+B \rightleftharpoons A+BH_2$$

脱氢酶一般以辅酶Ⅰ(NAD^+)或辅酶Ⅱ($NADP^+$)作为传递氢的辅因子。例如乳酸脱氢酶催化乳酸脱氢生成丙酮酸。

$$\underset{\displaystyle CH_3}{\overset{\displaystyle COOH}{H-\overset{|}{\underset{|}{C}}-OH}} + NAD^+ \xrightleftharpoons{\text{乳酸脱氢酶}} \underset{\displaystyle CH_3}{\overset{\displaystyle COOH}{\overset{|}{\underset{|}{C}}=O}} + NADH + H^+$$

(2)转移酶类。凡能催化底物发生基团转移或交换的酶称为转移酶。常见的转移酶有氨基转移酶、甲基转移酶、酰基转移酶、激酶等。转移酶可用反应式表示为：

$$A-X+B \rightleftharpoons A+B-X$$

(3)水解酶类。水解酶是能催化底物发生水解反应的酶，水解酶根据水解化学键的类型分 9 个亚类。常见的水解酶有淀粉酶、蛋白酶、酯酶、磷酸酯酶、羧肽酶等。

$$AB+H_2O \rightleftharpoons AH+BOH$$

(4)裂合酶类。裂合酶是催化底物共价键断裂,使一分子底物生成两分子产物的酶。裂合酶所催化的反应大多数是可逆的。如脱羧酶、醛缩酶等。

$$AB \rightleftharpoons A+B$$

(5)异构酶类。异构酶是催化同分异构体之间相互转化的酶。常见的异构酶有顺反异构酶、分子内基因转移酶和分子内氧化还原酶等。例如,糖代谢中的磷酸葡萄糖变位酶,磷酸葡萄糖异构酶、磷酸丙糖异构酶。

$$A \rightleftharpoons B$$

(6)合成酶类。合成酶也称连接酶,与 ATP 的一个焦磷酸键相偶联,催化两个分子合成一个分子的反应。合成酶类是催化有腺苷三磷酸(ATP)参加的化合反应的一类酶。合成酶催化的反应一般为不可逆反应。例如,丙酮酸羧化酶、谷氨酰胺合成酶等是合成酶。

$$A+B+ATP \longrightarrow A-B+ADP+PPi$$

2.酶的命名

酶的命名法有习惯命名法和系统命名法两种。

(1)习惯命名法。习惯命名法是根据酶所催化底物的名称或反应性质命名,有时加上酶的来源加以区别。例如催化淀粉和蛋白质水解的酶分别称为淀粉酶和蛋白酶,催化脱氢反应的酶叫脱氢酶。同一类酶可加上来源予以区别,如胃蛋白酶、胰蛋白酶等。

习惯命名法简单,使用方便,但缺乏系统性。常出现"一酶多名"或"多酶一名"的情况。因此,国际生物化学协会酶学委员会于 1961 年提出了系统命名法原则。

(2)系统命名法。系统命名法是以酶催化的整体反应为基础,规定每种酶的名称应明确标明底物名称及反应性质。若底物是两个或多个,通常用":"号将它们隔开,作为供体的底物名字在前,作为受体的底物名字排在后面。若底物之一是水,可以略去不写。酶的系统命名法与习惯命名法区别见表 4-1。

表 4-1 酶的系统命名法与习惯命名法

习惯名称	系统名称	催化的反应
乳酸脱氢酶	*L*-乳酸:NAD^+ 氧化还原酶	乳酸+NAD^+ → 丙酮酸+NADH+H^+
己糖激酶	ATP:己糖磷酸基转移酶	ATP+葡萄糖→6-磷酸葡萄糖+ADP
谷丙转氨酶	丙氨酸:*α*-酮戊二酸氨基转移酶	丙氨酸+*α*-酮戊二酸→丙酮酸+谷氨酸
脂肪酶	脂肪:水解酶	脂肪+H_2O→脂肪酸+甘油

系统命名法科学严谨,通过名称即可知道酶所催化的反应。但因名字较长,使

用不便，因此，在大多数情况下使用酶的习惯名称。

二、酶的结构与催化作用机理

(一)酶的结构与酶原激活

大多数酶的化学本质是蛋白质，为什么构成酶的蛋白质有催化活性而非酶蛋白质就没有呢？大量事实说明酶之所以具有催化活性是和它的结构分不开的。

1. 酶的组成

根据酶的组成成分，可分为单纯酶和结合酶两类。

(1)单纯酶。单纯酶是完全由氨基酸组成的一类酶。它的催化活性仅仅决定于它的蛋白质结构。脲酶、消化道蛋白酶、淀粉酶、酯酶、核糖核酸酶等均属此类。

(2)结合酶。结合酶是由蛋白质和非蛋白质两部分组成。蛋白质部分称为酶蛋白，酶蛋白决定酶对底物的专一性和催化的高效性。非蛋白质部分称为辅助因子，辅助因子则决定催化反应的类型。生物体内多数酶是结合酶。

结合酶(全酶)＝酶蛋白＋辅助因子

有活性　　无活性　无活性

酶的辅助因子可以是金属离子，也可以是小分子有机化合物。根据辅助因子与酶蛋白结合的紧密程度不同分成辅酶和辅基两大类。辅酶与酶蛋白结合疏松，可以用透析或超滤方法除去；辅基与酶蛋白结合紧密，不易用透析或超滤方法除去，辅酶和辅基的差别仅仅是它们与酶蛋白结合的牢固程度不同，而无严格的界限。

现知大多数维生素(特别是B族维生素)是组成许多酶的辅酶或辅基的成分。体内酶的种类很多，而辅酶(基)的种类却较少，通常一种酶蛋白只能与一种辅酶结合成为一种特异的酶，但一种辅酶往往能与不同的酶蛋白结合构成许多种特异性酶。

2. 酶的必需基团和活性中心

酶是具有一定空间结构的大分子。它的表面分布着许多化学集团。其中有些化学基团与酶的催化活性有密切的关系，有些与酶的催化活性没有直接关系。例如木瓜蛋白酶是含有180个氨基酸残基的多肽链。若从氨基末端水解掉120个氨基酸残基，剩余的短肽部分仍有水解蛋白质的作用。可见酶分子中只有一部分结构与酶的催化活性有关，这种与酶的催化活性有关的化学基团成为酶的必需基团。常见的必需基团有组氨酸残基上的咪唑基，丝氨酸残基上的羟基，半胱氨酸残基上的巯基和酸性氨基酸残基上的羧基等。这些必需基团虽然在一级结构上可能相距很远，但是通过多肽链的盘绕折叠，使它们在空间结构上相互靠近，占据一定的空间部位。我们把这种由必需基团相互靠近所构成的，能直接结合底物并催化底物转变为产物的空间部位称为酶的活性中心。

构成酶活性中心的必需基团可分为两种，与底物结合的必需基团称为结合基团，促进底物发生化学变化的基团称为催化基团。活性中心中有的必需基团可同时具有这两方面的功能。还有些必需基团虽然不参加酶的活性中心的组成，但是维持酶活性中心应有的空间构象所必需，这些基团是酶的活性中心以外的必需基团，图 4-1 为活性中心与必需基示意图。

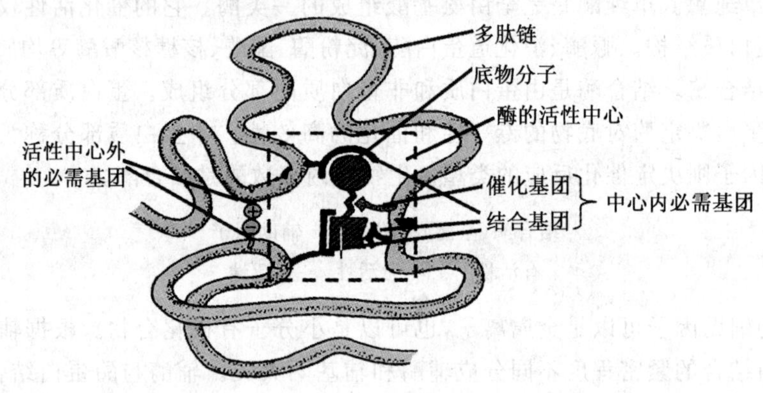

图 4-1 酶活性中心与必需基团示意图

3. *酶原的激活*

体内大多数酶一旦生成即具有活性。但也有少部分酶，特别是与消化作用有关的酶，在最初合成和分泌时，没有催化活性，需要在一定条件下才能转化为有活性的酶，这种没有活性的酶的前体称为酶原。酶原转变成酶的过程称为酶原的激活。这个过程实际上是酶的活性中心形成或者暴露的过程。例如，胰蛋白酶原进入小肠后，受肠激酶或胰蛋白酶本身的激活，第 6 位赖氨酸与第 7 位异亮氨酸残基之间的肽键被切断，水解掉一个六肽，酶分子空间构象发生改变，产生酶的活性中心，于是胰蛋白酶原变成了有活性的胰蛋白酶，如图 4-2 所示。

酶原激活的生理意义在于避免细胞内产生的酶对机体自身产生影响，并可使酶在特定的部位和环境中发挥作用，保证体内代谢的正常进行。如血液中参与凝血过程的酶，正常情况下是以酶原形式存在，使血流畅通；在出血时，凝血酶原被激活，使血液凝固，抑制了继续出血。胰蛋白酶原能和胰凝乳蛋白酶原需在肠道内激活才催化蛋白质水解，这样也就保护了胰腺不酶的破坏。

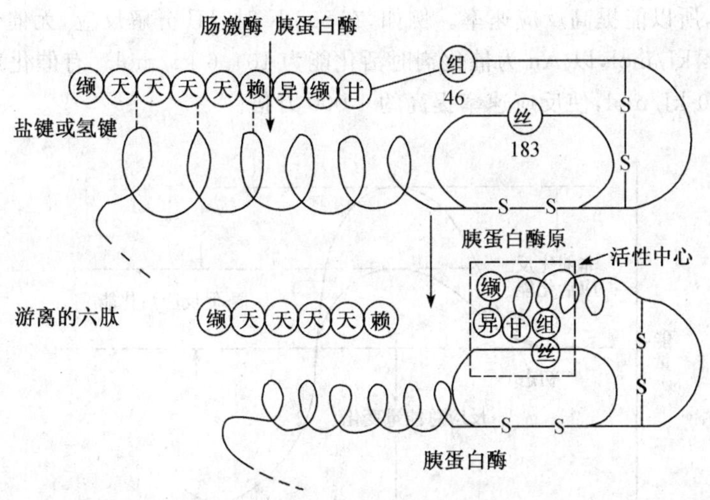

图 4-2　胰蛋白酶原激活示意图

4. 同工酶

同工酶是指催化的化学反应相同，但酶蛋白的分子结构、理化性质乃至免疫学性质不同的一组酶。这类酶存在于生物的同一种属或同一个体的不同组织、甚至同一组织或细胞的不同亚细胞结构中。

现已发现有百余种同工酶。其中乳酸脱氢酶最为大家所熟悉，乳酸脱氢酶(LDH)有五种同工酶，它们都由四个亚基组成。LDH 的亚基可以分为两型：骨骼肌型(M 型)和心肌型(H 型)。M、H 亚基的氨基酸组成有差别。两种亚基以不同比例组成五种四聚体即为一组 LDH 同工酶 $LDH_1(H_4)$、$LDH_2(H_3M)$、$LDH_3(H_2M_2)$、$LDH_4(HM_3)$和 $LDH_5(M_4)$。这五种同工酶电泳时都移向正极，其速度以 LDH_1 为最快，依次递减，以 LDH_5 为最慢。可以通过测定血清 LDH 同工酶电泳图谱来诊断何种组织有病变。

(二)酶的催化作用和分子活化能

酶催化作用的原理是极大降低化学反应的能阈。

在一个化学反应体系中，反应物的每一个分子所含的能量并不相同，因此，不是所有的反应物分子间都能反应生成产物。只有能量较高的分子间才能发生反应，这样的分子称为“活化分子”。活化分子的数量决定反应速率，活化分子数量越多，反应速率越快。分子由常态变为活化状态所需要的能量称为活化能。显然活化能越低，反应物中的活化分子越多，反应速率就越快。催化剂能降低反应的活化能(图 4-3),所以能提高反应速率。例如,在 503 K 时,HI 分解反应,无催化剂时活化能 为 184 kJ/mol,以 Au 为催化剂时活化能为 104.6 kJ/mol。有催化剂使活化能降低约 80 kJ/mol,使反应速率提高约 1 000 万倍。

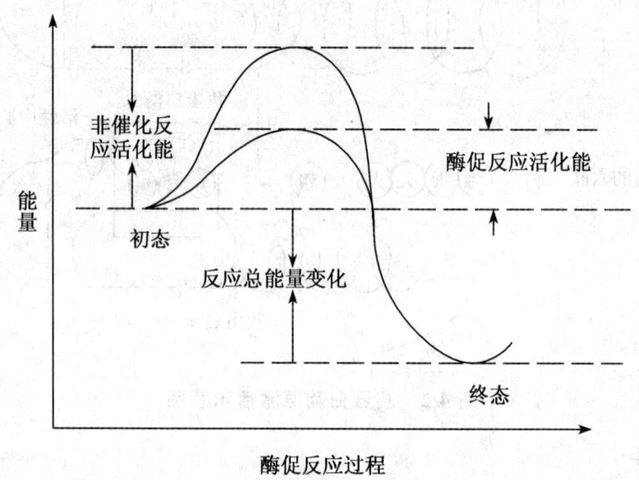

图 4-3 酶对反应活化能的影响

酶能够大幅度降低反应的活化能,所以酶有很高的催化效率。例如 H_2O_2 分解无催化剂时,活化能为 75 kJ/mol,用 Pd 作催化剂时,活化能为 50 kJ/mol,当有过氧化氢酶催化时活化能下降到 23.1 kJ/mol。由此可见,酶能极大地提高化学反应速率。

(三)中间产物学说

酶能够降低化学反应的活化能,极大地提高化学反应速率,是由酶的催化作用机理所决定的。为了解释酶的催化机理,人们提出了酶促反应的中间产物学说。现在中间产物学说已被实验所证实。中间产物学说认为,在酶促反应中,酶(E)总是与底物(S)形成不稳定的中间产物(ES),不稳定的中间产物迅速转变成产物(P)和原来的酶(E)。这一过程可用反应式表示为:

$$S+E \rightleftharpoons E-S \longrightarrow P+E$$

在没有酶存在的条件下,底物转变为产物需要较高的活化能。在酶的催化下,反应按两步进行,每一步反应所需的活化能都较低,所以反应速度自然加快了。酶促反应与非酶促反应的活化能可用图 4-4 表示。

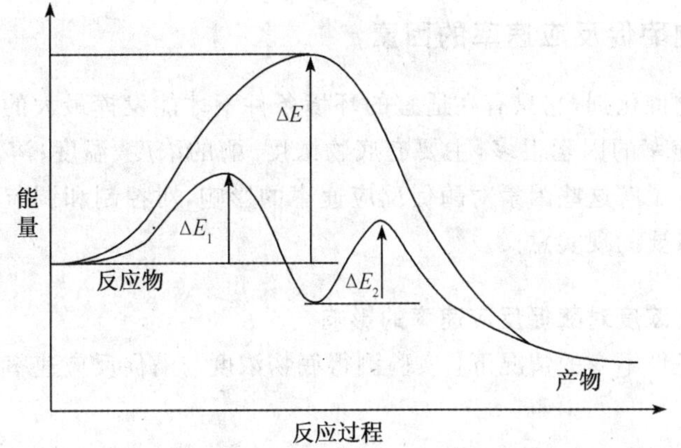

图 4-4　酶促反应与非酶促反应的活化能

ΔE 是无酶催化时的活化能；ΔE_1、ΔE_2 是酶促反应分步进行时的活化能

(四)诱导契合学说

已经知道，酶在催化化学反应时要和底物形为中间产物，但是酶和底物如何结合成中间产物？又如何完成其催化作用？1958 年科什兰德(D. E. Koshland)提出了诱导契合学说。他认为酶的结构是可变的。当底物与酶接近时，在底物的诱导下，酶活性中心的结构发生变化。活性中心的催化基团和结合基团与底物的空间结构相适应。这样酶就能与底物相结合生成中间产物。

在酶和底物的相互影响中，主要是底物对酶的“诱导”，但也有酶对底物的“诱导”。在互相“诱导”下，酶和底物的结构都会发生变化，见图 4-5。

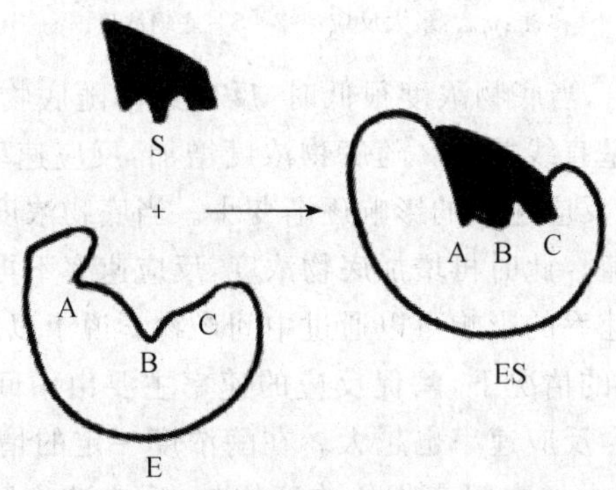

图 4-5　酶与底物诱导契合示意图

三、影响酶促反应速率的因素

酶是生物催化剂,它只有在适宜的环境条件下才能发挥最大的催化能力。影响酶促反应速率的因素很多,主要有底物浓度、酶的浓度、温度、溶液 pH、激活剂和抑制剂等。了解这些因素对酶促反应速率的影响,对控制和调节生物体正常生长发育有着重要的现实意义。

(一)底物浓度对酶促反应速率的影响

在其他条件不变的情况下,实验测得底物浓度与酶促反应速率的关系如图 4-6 所示。

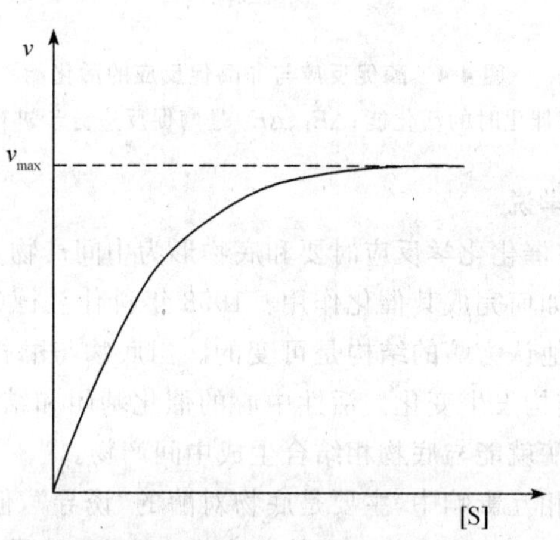

图 4-6 底物浓度对反应速率的影响

注:v_{max}:最大反应速率 [S]:底物浓度

从图 4-6 可以看出,当底物浓度很低时,反应速率随底物浓度的增加而加快,反应速率与底物浓度呈直线关系。随底物浓度增加,反应速率随底物浓度增加的程度变小,底物浓度对反应速率的影响逐渐变小。当底物浓度增大到一定程度后,反应速率则达到最大值。此时再增加底物浓度,反应速率不再改变。

底物浓度对反应速率的影响可以通过中间产物学说予以解释。根据中间产物学说,在其他条件一定的情况下,酶促反应的速率主要由中间产物(ES)的浓度决定,中间产物浓度越大,反应速率也越大。在酶浓度一定的情况下,当底物浓度很低时,随着底物浓度的增加中间产物的浓度增加,反应速率随底物浓度增加而加快。随着底物浓度的继续增加,酶的浓度减少,中间产物浓度的增加逐渐减少,所以底物浓度对反应速率的影响减小。当底物浓度增大到一定程度时,所有的酶都变成中间产物，这时再增大底物浓度，中间产物的浓度也不会增加，反应达到最大反应速率，底物浓度对反应速率无影响。

1. 米-曼氏方程式

为了解释上述现象，说明酶促反应速率与底物浓度间量的关系，L. Michaelis 和 M. L. Menten 做了大量的定量研究，并将图 4-6 归纳为反应速率与底物浓度的数学表达式——米氏方程式：

$$v=\frac{v_{max}[S]}{K_m+[S]}$$

式中：v 为反应速率；[S]为底物浓度；v_{max} 为反应的最大速率；K_m 为米氏常数。

2. K_m 与 v_{max} 的意义

当酶促反应速率为最大反应速率的一半时（$v=1/2\ v_{max}$），米氏常数与底物浓度相等。

$$\frac{1}{2}v_{max}=\frac{v_{max}[S]}{K_m+[S]}$$

$$K_m=[S]$$

[S]值是最大反应速率一半时的底物浓度（单位：mol/L）。K_m 值是酶的特征常数，通常只与酶的性质、酶所催化的底物和反应环境有关，而与酶的浓度无关。v_{max} 是酶完全被底物饱和时反应速率，与酶浓度成正比。

（二）酶浓度的影响

在其他条件不变，底物浓度足够大时，酶促反应的反应速率随酶浓度增大而增大，见图 4-7。

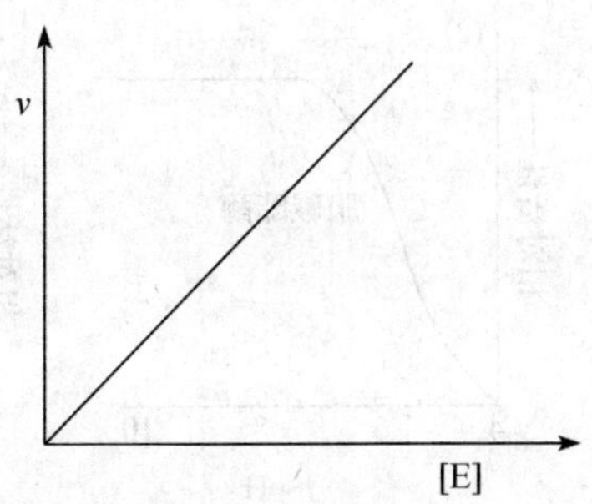

图 4-7　酶浓度对酶促反应速率的影响

在酶促反应中，底物与酶形成中间产物，当底物浓度足够大时，随着酶浓度的增加，中间产物的浓度也增加，反应速率随酶浓度的增大而增大。当底物浓度很小时，底物与酶全部变成中间产物，这时增加酶的浓度，中间产物也不会增加，所以，反应速率不会增大。

（三）pH的影响

酶活性受pH的影响较大。在一定pH下酶表现最大活性，高于或低于此pH，活性均降低。酶具有最大活性时环境的pH称为酶的最适pH。

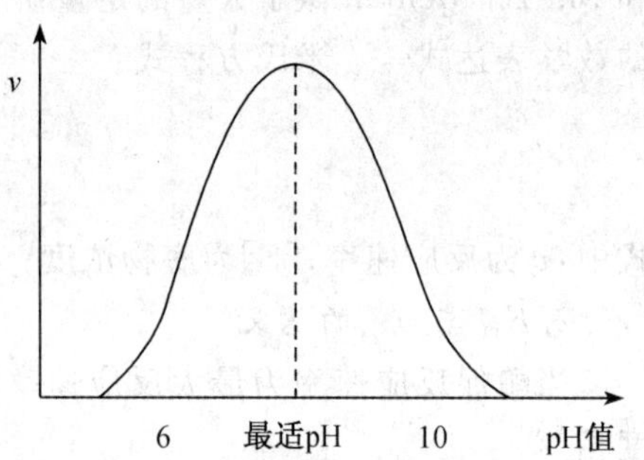

图4-8 pH对反应速率的影响

pH对酶活性影响的根本原因是pH影响了酶活性中心或与之有关的基团的解离状态。酶要表现活性，酶活性部位有关基团都必须有一定的解离形式，其中任何一种基团的解离形式发生变化都将使酶转入“无活性”状态。在一定pH范围内时，酶的解离状态最适宜与底物结合，形成的中间产物再生成产物。pH对酶促反应速率的影响见图4-8。

不同的酶有不同的最适pH，生物体内多数酶的最适pH在5～8之间，动物体中酶的最适pH一般在6.5～8.0之间，植物和微生物中酶的最适pH一般在4.5～6.5之间。

虽然多数酶都有最适pH，但并不是所有的酶都如此，如图4-9所示，木瓜蛋白酶在较大pH范围内活性不受影响。同一种酶的最适pH可因底物种类及浓度不同，或所用的缓冲剂不同而稍有改变，所以最适pH不是酶的特征常数。

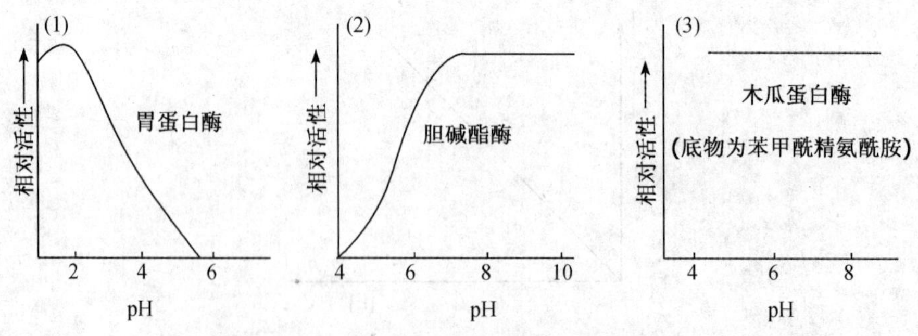

图4-9 某些酶的pH活性曲线

(四)温度的影响

温度对酶促反应速率的影响通过两方面发挥作用。一方面与一般化学反应相同,随温度升高化学反应速率加快;另一方面温度上升到一定程度,酶蛋白变性失活,化学反应速率减慢,两个因素综合作用的结果使酶促反应有最适宜温度。温度对反应速率的影响如图 4-10 所示。

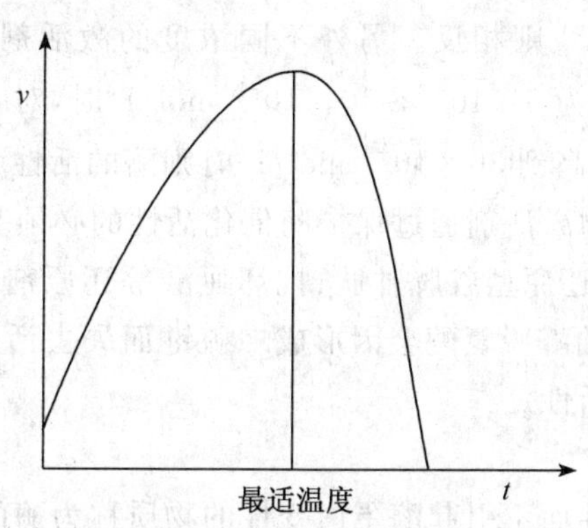

图 4-10　温度对反应速率的影响

温度与反应速率关系曲线是倾斜的钟罩形。当温度低于最适温度时,随温度升高反应速率增大,但达到最适温度后,由于酶变性失活反应速率迅速下降。曲线上的最大反应速率所对应的温度即是最适温度。在一定条件下,每种酶都有一定的最适温度。人体内酶的最适温度多在 37℃,动物体内酶的最适温度一般为 35～45℃,植物体内酶最适温度为 40～55℃。大部分酶在 60℃以上即变性失活。少数酶能耐受较高的温度,如细菌淀粉酶在 93℃时活性最高。

临床上低温麻醉就是利用酶的这一性质以减慢组织细胞代谢速度,提高机体对氧和营养物质缺乏的耐受力,有利于进行手术治疗。

酶的最适温度不是酶的特征性常数,这是因为它与反应所需时间有关,不是一个固定的值。酶可以在短时间内耐受较高的温度,相反,延长反应时间,最适温度便降低。

(五)激活剂和抑制剂的影响

1. 激活剂的影响

能提高酶的活性的物质称为激活剂。常见的激活剂是无机离子或简单的有机化合物。作为激活剂的离子有 K^+、Na^+、Ca^{2+}、Mg^{2+}、Zn^{2+}、Fe^{2+}、Cl^-、Br^-、I^-、PO_4^{3-}等。例如经透析过的唾液淀粉酶活力不高,若加入少量 NaCl,则酶的活力大大增加，因此氯化钠(更准确地说是 Cl^-)是唾液淀粉酶的激活剂；Mg^{2+} 是多数激酶及合成酶的激活剂。激活剂一般通过与酶分子中侧链基团相结合，稳定酶的空间结构或作为酶辅因子的组成部分而起作用。

激活剂对酶的作用有一定的选择性，即一种激活剂对某种酶有激活作用，对另一种酶却有抑制作用。例如，Mg^{2+} 对脱羧酶有激活作用，而对肌球蛋白腺苷三磷酸酶却有抑制作用，Ca^{2+} 则相反。另外不同浓度的激活剂对酶的影响也可能不同。例如当 Mg^{2+} 浓度为 $5\times10^{-3}\sim10\times10^{-3}$ mol/L 时，对 $NADP^+$ 合成酶有激活作用。当 Mg^{2+} 浓度升高到 30×10^{-3} mol/L 时则酶的活性下降。

小分子有机化合物激活剂通过保护酶催化活性的必须基团而起作用。这些激活剂常常是半胱氨酸、还原型谷胱甘肽、抗坏血酸等还原剂。例如，含有巯基的木瓜蛋白酶和 3-磷酸甘油醛脱氢酶会因形成二硫键而失去活性，可加入还原型谷胱甘肽等还原剂保护其活性。

2.抑制剂的影响

凡能降低酶的活性而不引起酶蛋白变性的物质称为酶的抑制剂。使酶变性失活的因素如强酸、强碱等不属于抑制剂。抑制剂对酶具有一定的选择性，一种抑制剂只能使一种或一类酶产生抑制作用。

根据抑制剂与酶的作用方式及抑制作用是否可逆，将抑制作用分为不可逆抑制和可逆抑制两大类。

(1)不可逆抑制。抑制剂与酶以共价键相结合，不能用透析，超滤等物理方法除去抑制剂而使酶恢复活性，称为不可逆抑制。不可逆抑制作用随抑制剂浓度增加而增加，当抑制剂的量大到足以与所有酶相结合时，酶的活性就被完全抑制。

在不可逆抑制中，要使酶从抑制剂中释放出来，必须通过其他化学反应，这种抑制解除称为酶"复活"。利用酶复活的原理可以对药物中毒进行解毒。

有机磷农药是一类不可逆抑制剂，它能抑制某些蛋白酶及胆碱酯酶的活性。抑制剂与胆碱酯酶活性中心丝氨酸的羟基以共价键结合使酶失活，引起神经中毒症状。有机磷农药中毒后可用解磷定(碘化醛肟甲基吡啶)或氯磷定(氯化醛肟甲基吡啶)除去有机磷农药而使酶复活。

有机砷、汞化合物与酶中半胱氨酸的巯基相结合，使酶失去活性。例如，路易斯毒气与酶的巯基结合使人畜中毒，可用二巯基丙醇(BAL)使酶复活而解毒。

$$E\begin{matrix}\diagup SH\\ \diagdown SH\end{matrix} + \begin{matrix}Cl\diagdown\\ Cl\diagup\end{matrix}As{-}CH{=}CH{-}Cl \longrightarrow E\begin{matrix}\diagup S\diagdown\\ \diagdown S\diagup\end{matrix}As{-}CH{=}CH{-}Cl + 2HCl$$

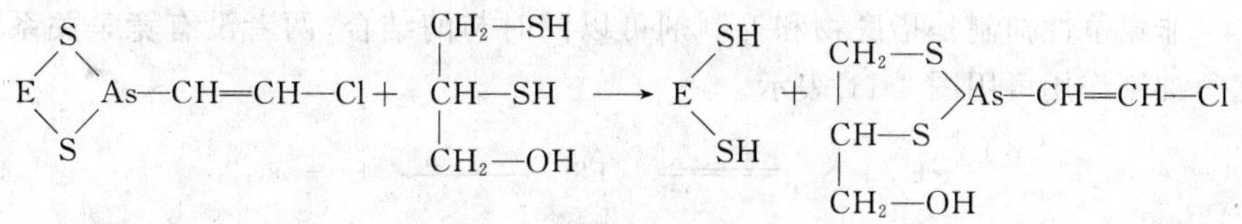

$$E\begin{matrix}S\\ \\S\end{matrix}As—CH{=}CH—Cl + \begin{matrix}CH_2—SH\\ |\\ CH—SH\\ |\\ CH_2—OH\end{matrix} \longrightarrow E\begin{matrix}SH\\ \\SH\end{matrix} + \begin{matrix}CH_2—S\\ |\\ CH—S\\ |\\ CH_2—OH\end{matrix}As—CH{=}CH—Cl$$

青霉素是一种不可逆抑制剂,可与糖肽转肽酶活性中心丝氨酸上的羟基以共价键相结合,使酶失活。酶失活后细菌细胞壁合成受阻,抑制细菌生长。利用不可逆抑制作用原理可以开发设计新农药及抗菌剂。

(2)可逆抑制。抑制剂与酶以非共价键相结合,可以用透析、超滤等简单物理方法除去抑制剂使酶复活,这种抑制称为可逆抑制。根据可逆抑制与底物的关系,可逆抑制可分为竞争性抑制、非竞争性抑制和反竞争性抑制三种类型。

在竞争性抑制中,抑制剂(I)与底物(S)结构相似,都能与酶的活性部位相结合。因为酶的活性部位不能同时与底物和抑制剂相结合,因而底物和抑制剂呈竞争关系。抑制剂与底物的关系可用下式表示。

$$E+\begin{cases}S \rightleftharpoons ES \longrightarrow E+P\\ I \rightleftharpoons EI(\text{不能分解成产物})\end{cases}$$

竞争性抑制剂对酶的抑制程度取决于抑制剂与底物的相对浓度。竞争性抑制作用可以通过增加底物的浓度予以解除。例如,丙二酸与琥珀酸的结构相似,丙二酸是琥珀酸脱氢酶的竞争性抑制剂。增加底物琥珀酸的浓度,丙二酸的抑制可被解除。

竞争性抑制作用的原理可以用于药物的选择。例如,磺胺类药物与对氨基苯甲酸结构相似,是对氨基甲苯酸的竞争抑制剂。

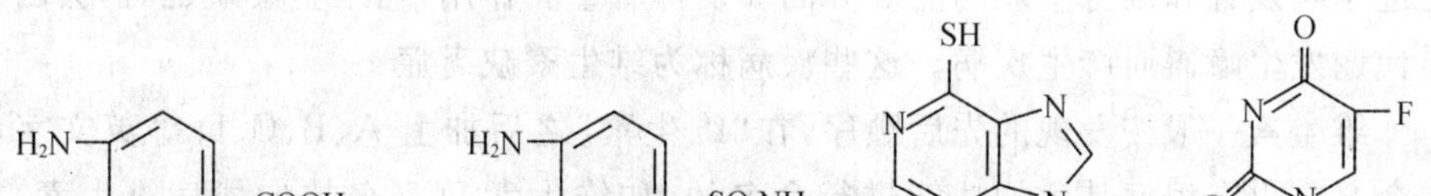

H_2N—⟨苯环⟩—COOH　　H_2N—⟨苯环⟩—SO_2NH_2　　（6-巯基嘌呤结构式，含SH）　　（5-氟尿嘧啶结构式，含O、F）

对氨基苯甲酸　　对氨基苯磺酰胺　　6-巯基嘌呤　　5-氟尿嘧啶

对氨基苯甲酸是细菌合成二氢叶酸的原料,磺胺药物与对氨基苯甲酸相互竞争,抑制二氢叶酸合成酶的活性,影响二氢叶酸的合成,从而抑制细菌的生长繁殖。

某些碱基类似物可以竞争性地抑制核苷酸合成代谢有关的酶类,干扰核苷酸的合成,具有抗癌作用。例如,6-巯基嘌呤和5-氟尿嘧啶就是碱基类似物。

非竞争性抑制是指底物和抑制剂可以同时与酶结合,两者没有竞争关系。非竞争抑制作用可用图 4-11 表示。

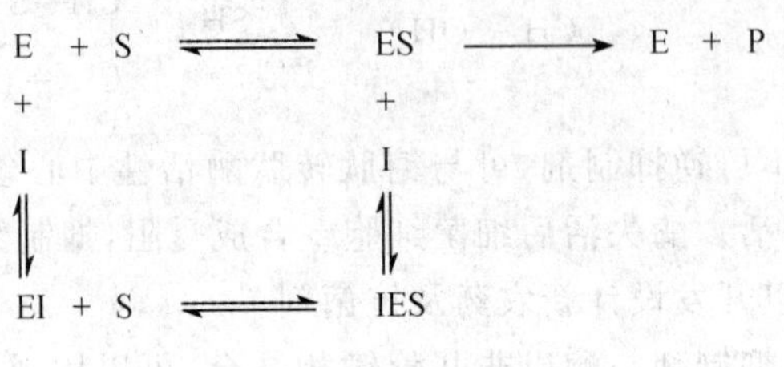

图 4-11 非竞争抑制作用

非竞争抑制剂一般与活性中心以外的必须基团结合而影响酶的活性。由于非竞争性抑制剂和底物与酶结合时互不排斥,无竞争性,所以不能用增加底物浓度的方法解除抑制。某些金属离子抑制剂属于非竞争性抑制剂。

反竞争性抑制是指抑制剂(I)不与游离酶(E)结合,而与酶底物复合物(ES)结合生成酶、底物、抑制剂复合物(IES),但 IES 不能释放出产物。反竞争抑制作用常见于多底物反应中。例如,肼类化合物抑制胃蛋白酶就是反竞争抑制。

四、维生素和辅酶

(一)维生素概述

维生素是人和动物维持正常生命活动和生理功能不可缺少的,必须从食物中获得的一类小分子有机物。人对维生素的每日需要量很少(常以毫克或微克计),它们既不是构成机体组织的原料,也不是体内供能的物质,然而在调节物质代谢、促进生长发育和维持生理功能等方面却发挥着重要作用,当维生素缺乏时,会因物质代谢发生障碍而产生疾病。这些疾病称为维生素缺乏症。

维生素一般按发现的先后顺序,在“维生素”之后加上 A、B、C、D 等英文字母来命名。也有根据其生物功能进行命名的,如维生素 D 又名抗佝偻病维生素,维生素 C 又名抗坏血酸等。也可根据其化学结构特点进行命名,如维生素 B_1 是含硫的胺类,故又称硫胺素。此外,还有初发现时以为是一种,其后证明是几种维生素的混合物,于是便在字母下方注以 1、2、3 等数字加以区别,如 B_1、B_2、B_6、B_{12} 等。

维生素常根据溶解性分为水溶性维生素和脂溶性维生素两类。水溶性维生素除维生素 C 外统称 B 族维生素。B 族维生素大多数是辅酶或辅基的组成成分。

脂溶性维生素包括:维生素 A、维生素 D、维生素 E、维生素 K 等。

(二)水溶性维生素

B族维生素是一个大家族,至少包括十余种维生素。其共同特点是:①在自然界常共同存在,最丰富的来源是酵母和肝脏;②从低等的微生物到高等动物和人类都需要它们作为营养要素;③同其他维生素比较,B族维生素作为酶的辅基而发挥其调节物质代谢作用,了解得更为清楚;④从化学结构上看,除个别例外,大都含氮;⑤从性质上看此类维生素大多易溶于水,对酸稳定,易被碱破坏。

1. 维生素 B_1

维生素 B_1 又称硫胺素或抗脚气病维生素。白色晶体。耐热耐酸,在碱中易破坏,在酸中稳定,加热到120℃也不被破坏。

(1)化学本质和来源。维生素 B_1 由含硫的噻唑环和含氨基的嘧啶环组成。它主要存在于种子外皮及胚芽中,在米糠、麦麸、黄豆、花生、瘦肉、大蒜等含量丰富。

(2)生理功能。维生素 B_1 在体内的活性形式为硫胺素焦磷酸(TPP^+)。硫胺素焦磷酸是α-酮戊二酸脱氢酶系、丙酮酸脱氢酶系和转酮酶的辅酶。

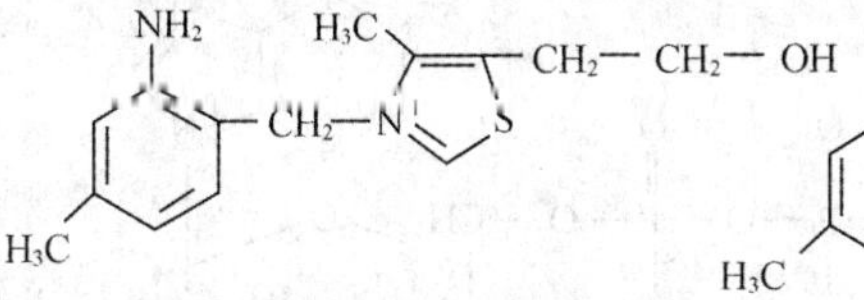

维生素B_1 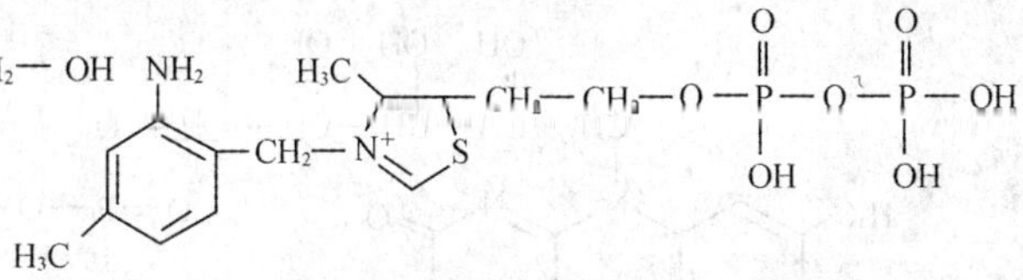　　　　硫胺素焦磷酸(TPP)

①维生素 B_1 影响神经组织的功能。当维生素 B_1 缺乏时,以 TPP^+ 为辅酶的酶活性受到抑制,丙酮酸、α-酮戊二酸等在体内堆积,糖代谢不能正常进行。使机体尤其是神经组织的能量来源发生障碍。可出现多发性神经炎、皮肤麻木、四肢无力、心力衰竭、肌肉萎缩、下肢浮肿等。维生素 B_1 缺乏引起的这些症状临床上称为脚气病。

②维生素 B_1 抑制胆碱酯酶活性。当维生素 B_1 缺乏时,胆碱酯酶的活性增高,乙酰胆碱分解加快,使乙酰胆碱含量下降,而影响神经传导功能;引起胃肠蠕动减慢,消化液分泌减少,出现食欲不振,消化不良等症状。

2. 维生素 B_2

维生素 B_2 也称核黄素,呈黄色荧光,微溶于水,在中性或酸性溶液中稳定,在碱性溶液中极易变质,对光敏感。

(1)化学本质和来源。维生素 B_2 是核糖醇和6,7-二甲基异咯嗪的缩合物。维生素 B_2 广泛存在于动物性和植物性食物中,以肉、蛋黄、肝、肾、玉米、糙米、大蒜和豆制品含量较多。结构式如图 4-12 所示：

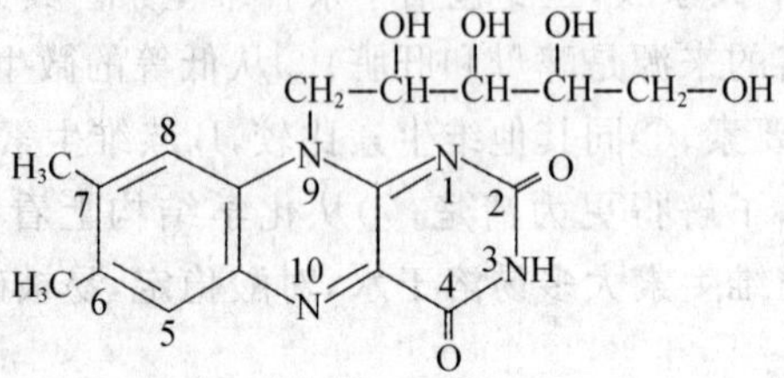

图 4-12 核黄素(维生素 B_2)

(2)生理功能。维生素 B_2 在体内以黄素单核苷酸(FMN)和黄素腺嘌呤二核苷酸(FAD)两种活性形式存在(图 4-13)，它们是生物体多种氧化还原酶的辅基，在氧化还原反应中传递氢原子，参与生物氧化的过程，在糖、脂肪和蛋白质代谢中起重要作用。

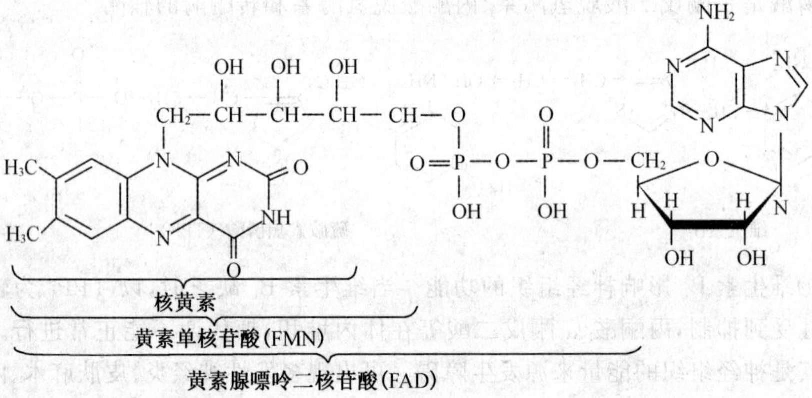

核黄素

黄素单核苷酸(FMN)

黄素腺嘌呤二核苷酸(FAD)

图 4-13 FMN 和 FAD 的分子结构

在生物氧化过程中，FMN 和 FAD 通过分子中异咯嗪环上的 1 位和 10 位氮原子的加氢和脱氢，把氢从底物传递给受体。

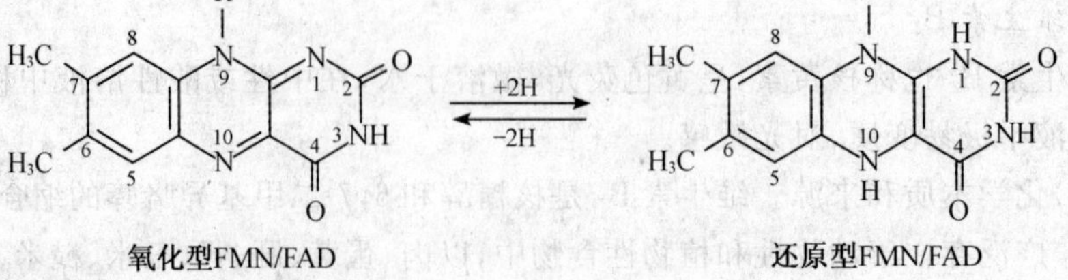

氧化型FMN/FAD 还原型FMN/FAD

可以简写为：

$$\mathrm{FAD(FMN)} \underset{-2\mathrm{H}}{\overset{+2\mathrm{H}}{\rightleftharpoons}} \mathrm{FADH_2(FMNH_2)}$$

维生素 B_2 缺乏时，引起口角炎、舌炎、唇炎、眼睑炎等各种黏膜及皮肤炎症。

3. 维生素 B_3

维生素 B_3 常称泛酸或遍多酸，因自然界存在广泛并且显酸性而得名。泛酸为淡黄色油状物，在酸性溶液中易分解。

(1)化学本质和来源。泛酸由 α,γ-二羟基-β,β-二甲基丁酸与 β-丙氨酸通过酰胺键结合而成。泛酸广泛存在于酵母、肝、肾、蛋、花生、豆类中，蜂王浆中含量最多。

(2)生理功能。泛酸在体内的活性形式为辅酶 A(CoA-SH 或 CoA)和酰基载体蛋白(ACP)。

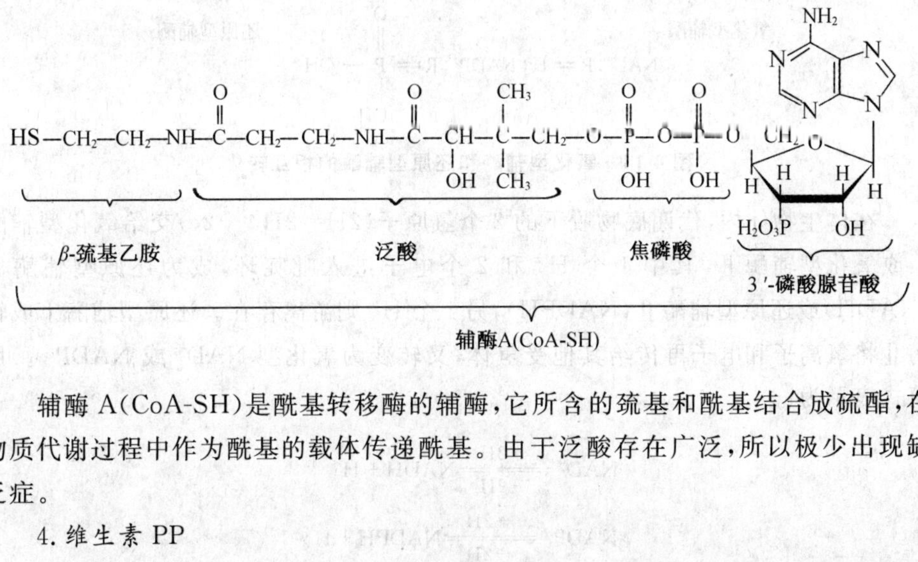

$$\mathrm{HS{-}CH_2{-}CH_2{-}NH{-}\overset{O}{\overset{\|}{C}}{-}CH_2{-}CH_2{-}NH{-}\overset{O}{\overset{\|}{C}}{-}\underset{OH}{\underset{|}{CH}}{-}\overset{CH_3}{\overset{|}{\underset{CH_3}{\underset{|}{C}}}}{-}CH_2{-}O{-}\overset{O}{\overset{\|}{\underset{OH}{\underset{|}{P}}}}{-}O{-}\overset{O}{\overset{\|}{\underset{OH}{\underset{|}{P}}}}{-}O{-}CH_2}$$

β-巯基乙胺　泛酸　焦磷酸　3′-磷酸腺苷酸

辅酶A(CoA-SH)

辅酶 A(CoA-SH)是酰基转移酶的辅酶，它所含的巯基和酰基结合成硫酯，在物质代谢过程中作为酰基的载体传递酰基。由于泛酸存在广泛，所以极少出现缺乏症。

4. 维生素 PP

维生素 PP 又称维生素 B_5，包括尼克酸(又称烟酸)和尼克酰胺(又称烟酰胺)。尼克酸和尼克酰胺的性质都较稳定，不易被酸、碱及热破坏。

(1)化学本质和来源。维生素 PP 在体内有两种活性形式，即烟酰胺腺嘌呤二核苷酸(辅酶Ⅰ NAD^+)和烟酰胺腺嘌呤二核苷酸磷酸(辅酶Ⅱ $NADP^+$)。维生素 B_5 存在广泛，在花生、豆类、谷类、肉类和动物肝脏中含量丰富。

(2)生理功能。辅酶Ⅰ和辅酶Ⅱ都是脱氢酶的辅酶，在许多氧化还原反应中传递氢原子，与糖、脂肪、蛋白质代谢的关系密切。起作用的部位是烟酰胺的吡啶环，其递氢的变化方式如图 4-14 所示：

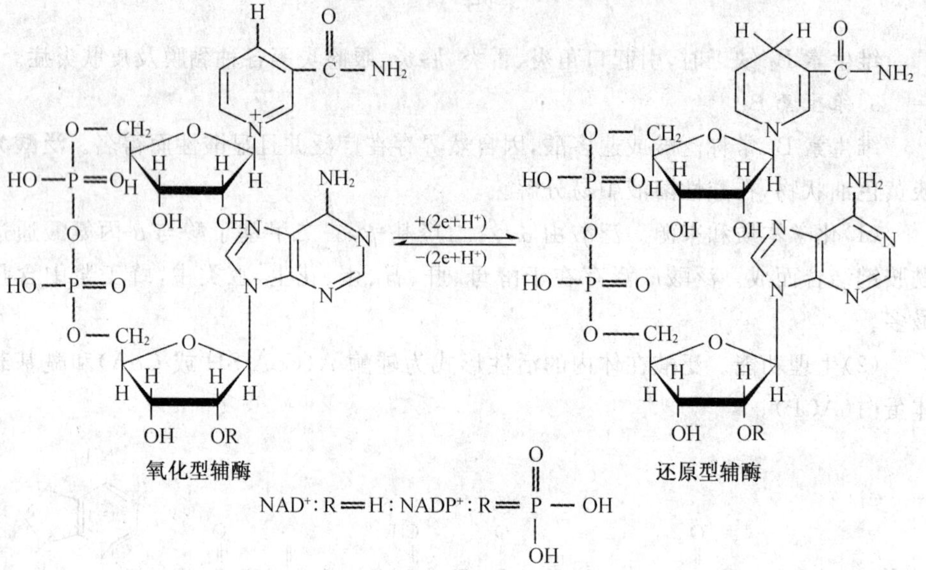

氧化型辅酶 $\underset{-(2e+H^+)}{\overset{+(2e+H^+)}{\rightleftharpoons}}$ 还原型辅酶

NAD^+: R＝H; $NADP^+$: R＝$-P(=O)(OH)-OH$

图 4-14 氧化型辅酶和还原型辅酶的相互转化

在体生物体内，代谢底物脱下的 2 个氢原子($2H=2H^++2e$)交给氧化型辅酶Ⅰ或氧化型辅酶Ⅱ，其中 1 个 H^+ 和 2 个电子进入吡啶环，成为还原型辅酶Ⅰ(NADH)或还原型辅酶Ⅱ(NADPH)，另 1 个 H^+ 则游离存在。还原型辅酶Ⅰ或辅酶Ⅱ将氢离子和电子再传给其他受氢体，又转变为氧化型 NAD^+ 或 $NADP^+$。用简式表示为：

$$NAD^+ \underset{-2H}{\overset{+2H}{\rightleftharpoons}} NADH + H^+$$

$$NADP^+ \underset{-2H}{\overset{+2H}{\rightleftharpoons}} NADPH + H^+$$

大剂量烟酸具有扩张血管的作用及降低血浆胆固醇和脂肪的作用，如维生素 E 烟酸酯胶囊就是利用烟酸的此功能。抗结核药物异烟肼的结构和维生素 PP 十分相似，故二者有拮抗作用，若长期服用异烟肼应注意适当补充维生素 PP。

一般饮食条件下，很少缺乏维生素 PP。当维生素 PP 缺乏时，主要表现为癞皮病，所以维生素 PP 又称抗癞皮病维生素。其特征是体表暴露部分出现对称性皮炎，此外还有消化不良，精神不安等症状，严重时可出现顽固性腹泻和精神失常。但是这些症状与维生素PP在代谢中所起的作用有何联系，目前尚不十分清楚。

5.维生素B_6

维生素B_6是无色晶体，对酸稳定，在碱中易被破坏。

(1)化学本质和来源。维生素B_6是吡啶的衍生物，包括吡哆醇、吡哆醛和吡哆胺三种，它们在体内可相互转化。酵母、蛋黄、肝脏、肉类含维生素B_6丰富。

(2)生理功能。维生素B_6在体内的活性形式是磷酸吡哆醛和磷酸吡哆胺。维生素B_6的结构如下：

吡哆醇　　吡哆醛　　吡哆胺

磷酸吡哆醛和磷酸吡哆胺是氨基酸转氨酶、脱羧酶的辅酶，催化氨基酸的分解代谢。因食物中富含维生素B_6。同时肠道细菌又可以合成维生素B_6。因此，人类未发现典型的维生素B_6缺乏症。

6.生物素

生物素又称维生素B_7或维生素H。是无色针状晶体，对热和酸碱均稳定，易被氧化剂破坏。

(1)化学本质和来源。生物素是由带有戊酸侧链的噻吩环和尿素结合成的双环化合物，肝、肾、蛋黄、谷类、蔬菜都含有生物素。其结构如下：

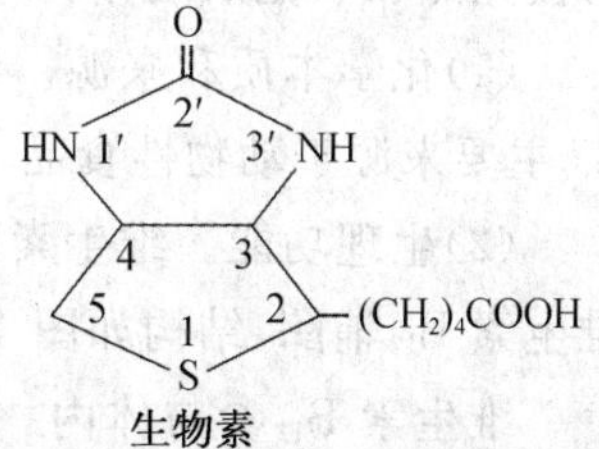

生物素

(2)生理功能。生物素作为羧基的载体，是多种羧化酶如丙酮酸羧化酶、乙酰CoA羧化酶、丙酰CoA羧化酶等的辅酶，催化底物发生羧化反应。

生物素对某些微生物如酵母、细菌等的生长有强烈的促进作用，所以微生物制药工业如发酵生产抗生素，培养基中常需加入生物素。

人缺乏生物素不是由于食物中缺乏，而是由于利用障碍引起。鸡蛋中有不耐热的抗生物素蛋白，影响生物素的吸收。因此，常吃生鸡蛋会导致生物素缺乏。其症状有抑郁、幻觉、肌肉疼痛、毛发脱落和皮炎。

7. 叶酸

叶酸因绿叶中含量丰富而得名。它是黄色结晶，微溶于水，易被光破坏。

(1)化学本质和来源。叶酸由2-氨基-4-羟基-6-甲基喋啶、对氨基苯甲酸和*L*-谷氨酸三部分组成。主要存在于新鲜绿叶蔬菜、动物肝、肾和酵母中。叶酸的结构如图4-15所示：

(2-氨基-4-羟基-6-甲基蝶呤啶)　(对氨基苯甲酸)　(*L*-谷氨酸)

图 4-15　叶酸结构式

(2)生理功能。叶酸在体内的活性形式是四氢叶酸，称为辅酶F(CoF)。四氢叶酸参与体内"一碳基团"的转移，是一碳基团转移酶系统的辅酶。蛋氨酸、嘌呤和胸腺嘧啶的合成需要四氢叶酸催化，缺乏叶酸，将影响DNA的合成，会产生巨幼红细胞性贫血。

8. 维生素B_{12}

维生素B_{12}因其分子中含有金属钴和许多酰氨基，故又称为钴胺素，是唯一一种含金属元素的维生素。红色结晶，在中性溶液中耐热，在强酸、强碱溶液中分解，易被光照和氧化剂破坏。

(1)化学本质和来源。维生素B_{12}结构复杂，含有咕啉环、核糖等成分。维生素B_{12}主要来源于动物性食品，在肝、肉类、鱼类含量丰富。

(2)生理功能。维生素B_{12}在体内主要以5′-脱氧腺苷钴胺素的形式存在，又称维生素B_{12}辅酶，结构如图4-16所示。

维生素B_{12}参与体内一碳单位的代谢，因此与四氢叶酸的作用相关联。维生素B_{12}参与DNA的合成，对红细胞的成熟很重要。当维生素B_{12}缺乏时，DNA合成障碍导致巨幼红细胞性贫血。由于人体对维生素B_{12}的需要量甚少，并且它可以在体内长期贮存，人肠道细菌也可以合成维生素B_{12}，所以一般情况下不会出现缺乏症。

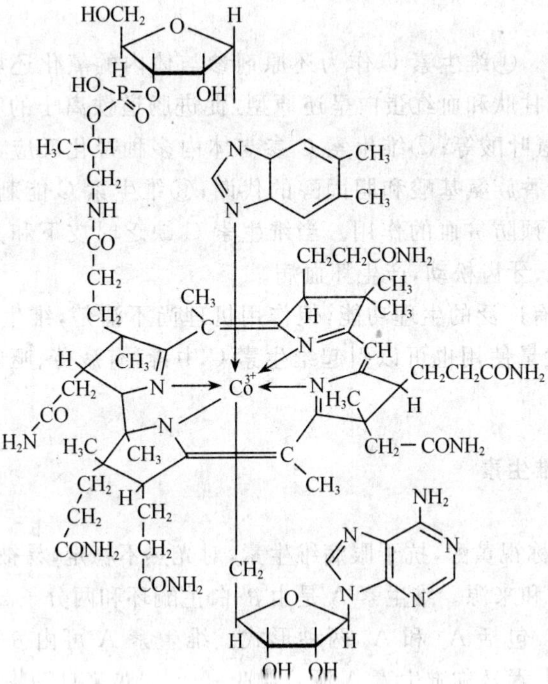

图 4-16　维生素 B_{12} 辅酶

9. 维生素 C

维生素 C 又称抗坏血酸，无色片状结晶，呈酸性，在碱性溶液中不稳定，易被热、光和氧化剂破坏。

(1)化学本质和来源。维生素 C 是含 6 个碳原子的多羟基化合物，因双键相连的两个羟基能电离出氢离子而呈酸性，容易被氧化成氧化型的维生素 C，结构如下：

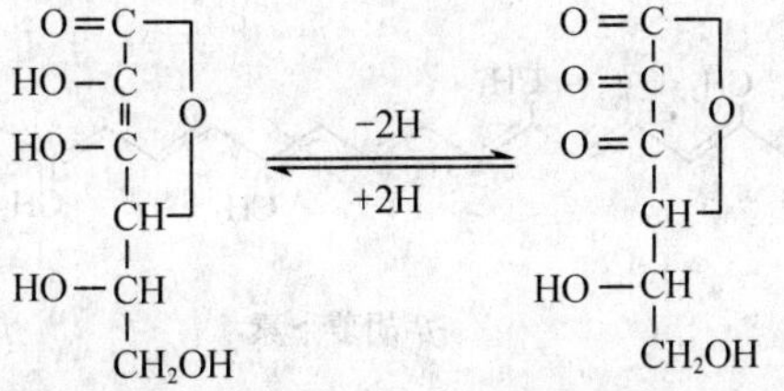

还原型抗坏血酸　$\underset{+2H}{\overset{-2H}{\rightleftharpoons}}$　氧化型抗坏血酸

维生素 C 广泛存在于水果、蔬菜中，番茄、青椒、柑橘、大枣、山楂、猕猴桃中含量丰富。

(2)生理功能。①维生素 C 作为还原剂参与体内的氧化还原反应,保护巯基酶的活性,使谷胱甘肽和血红蛋白呈还原型,促进肠道铁离子的吸收,使叶酸变为有生物活性的四氢叶酸等;②维生素 C 参与体内多种羟化反应,促进胶原蛋白的合成,参与体内芳香族氨基酸和胆固醇的代谢;③维生素 C 能刺激免疫系统防止和治疗感染,具有预防贫血的作用。当维生素 C 缺乏时皮下和其他部位出血、肌肉无力、牙龈肿胀、牙齿松动,产生坏血病。

维生素 C 具有广泛的生理功能,但作用机理尚不清楚,维生素 C 对人体是很重要的,但长期大量使用也可以引起维生素 C 中毒,有疲劳、呕吐、荨麻疹、腹痛、尿结石等现象。

(三)脂溶性维生素

1. 维生素 A

维生素 A 又称视黄醇,抗干眼病维生素,对光热不稳定,易被氧化破坏。

(1)化学本质和来源。维生素 A 是由 β-白芷酮环和两分子 2-甲基丁二烯构成的不饱和一元醇。包括 A_1 和 A_2 两种形式。维生素 A 可由 β-胡萝卜素转化得到,因此,β-胡萝卜素又称维生素 A 源。维生素 A 主要来自动物食品,肝脏、鸡蛋、牛奶等含量丰富。植物性食物如胡萝卜、玉米、绿叶蔬菜等含有 β-胡萝卜素。

(2)生理功能。维生素 A 在体内的活性形式是 11-顺视黄醛。维生素 A 和 β-胡萝卜素的结构如下:

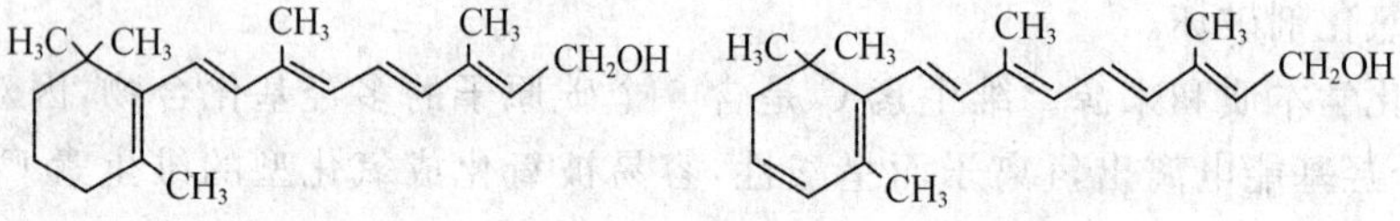

H_3C CH_3 CH_3 CH_3 CH_2OH CH_3

维生素A_1

H_3C CH_3 CH_3 CH_3 CH_2OH CH_3

维生素A_2

H_3C CH_3 CH_3 CH_3 CH_3 CH_3 CH_3 H_3C H_3C CH_3

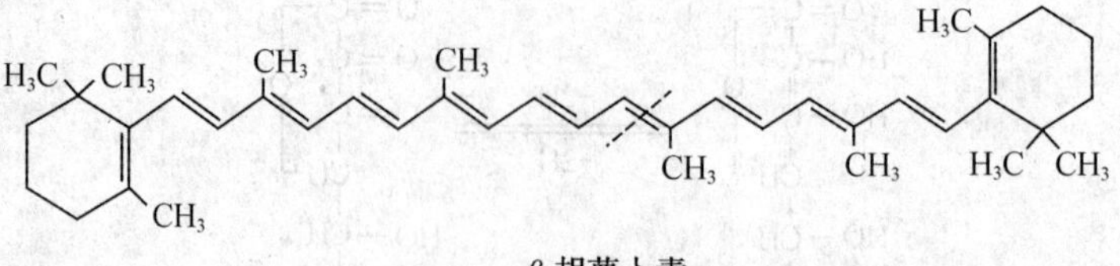

β-胡萝卜素

①维生素 A 是构成视觉细胞内感光物质的成分,当维生素 A 缺乏时,感光物质合成受阻,暗适应能力降低,会导致夜盲症;②维生素 A 参与膜糖蛋白的合成,与细胞的结构和分泌功能有关,缺乏导致上皮组织不健全,出现上皮干燥、角化、脱

屑，如果泪腺上皮受波及，会造成干眼症，所以维生素 A 也称抗干眼病维生素。上皮组织不健全，抵抗微生物侵袭能力降低，易感染疾病。同时缺乏维生素 A 还可引起生长停顿、发育不良。

2. 维生素 D

维生素 D 又称抗佝偻病维生素。无色晶体，不易被酸、碱或氧化破坏。

(1)化学本质和来源。维生素 D 是类固醇的衍生物，具有维生素 D 活性的化合物有十几种，但主要的为维生素 D_2 和维生素 D_3。在动物体内 7-脱氢胆固醇在紫外线照射下，可转变成维生素 D_3，因此只要充分接受阳光照射，即完全可以满足生理需要。维生素 D 主要存在于肝、奶及蛋黄中，鱼肝油中含量最丰富。

(2)生理功能。在机体内维生素 D_3 本身并无生物活性，维生素 D_3 在肝脏羟化成 25-OH-D_3，再在肾脏羟化 1,25-二羟维生素 D_3，才具有生物活性，结构如下：

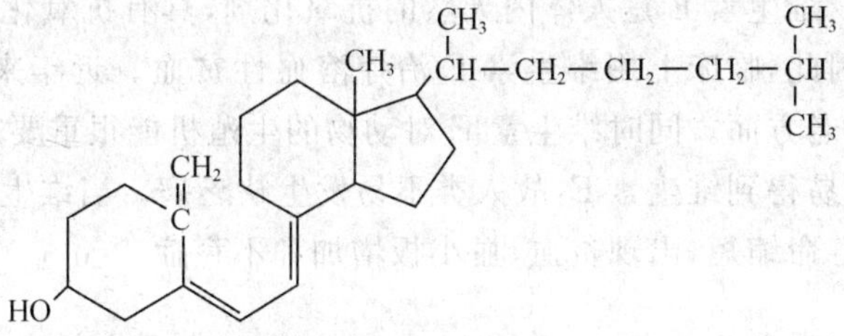

维生素D

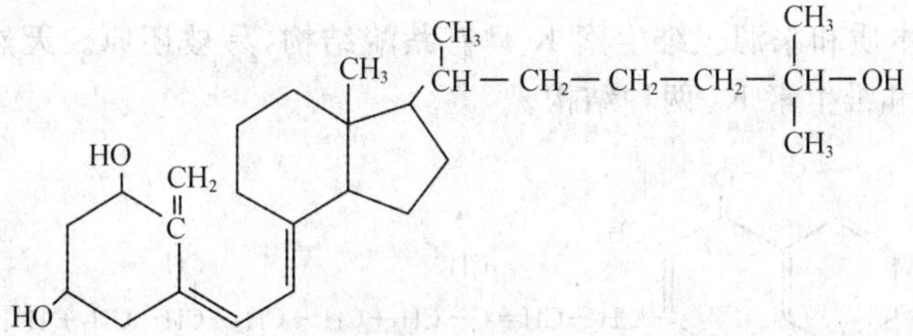

1,25-二羟维生素D_3

活性维生素 D 在体内调节钙磷平衡，促进钙磷的吸收，提高血钙和血磷浓度，有利于新骨的形成与钙化。

当维生素 D 缺乏时，儿童可出现佝偻病，成人会引起软骨病和手足抽搐等症状。维生素 D 缺乏时，应与钙同时补充。需要指出，若维生素 D 吸收过多，会出现表皮脱屑，内脏有钙盐沉淀，肾功能也可受损；当儿童补钙过量时，也会造成骨钙化过度，出现生长缓慢现象。维生素 D 目前还被公认为最能有效延长寿命的维生素。

3.维生素 E

维生素 E 又称生育酚，是淡黄色油状液体，对酸、碱、热稳定，易被氧化。

(1)化学本质和来源。维生素 E 是苯骈二氢吡喃的衍生物，天然存在的维生素 E 有 8 种，其中 α-生育酚的活性最强。维生素 E 主要存在于植物油中，豆类及蔬菜中也含有维生素 E，冷冻贮存食物时维生素 E 大量丢失。

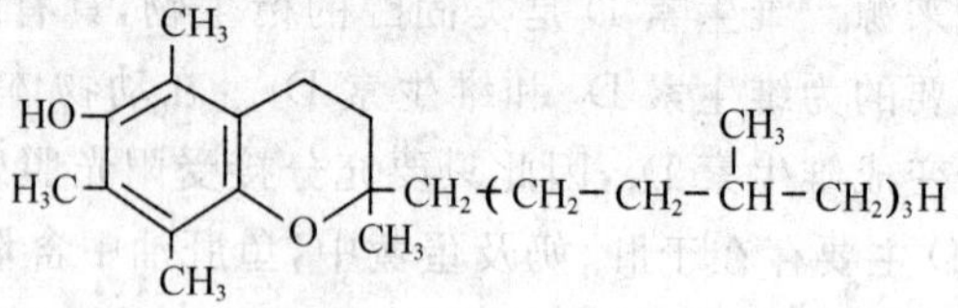

α-生育酚

(2)生理功能。维生素 E 是人体内天然的抗氧化剂，具有抗氧化作用，能保持红细胞的完整性，因此，临床上用维生素 E 治疗溶血性贫血。近年来维生素 E 还被广泛应用于抗衰老方面。同时维生素 E 对动物的生殖机能很重要。

由于食物中极易得到维生素 E，故人类不易发生缺乏病。当维生素 E 缺乏时，红细胞数量减少，寿命缩短，出现贫血、血小板增加和不育症。

4.维生素 K

维生素 K 又称凝血维生素，对热稳定，但易被光和碱所破坏。

(1)化学本质和来源。维生素 K 具有萘醌结构，易被还原。天然的维生素 K 有维生素 K_1 和维生素 K_2 两种结构。

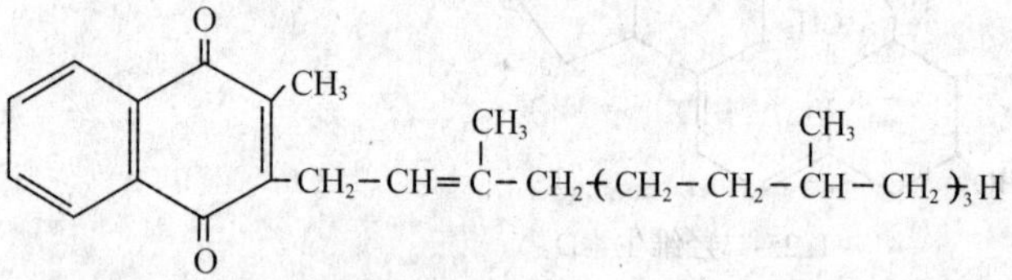

维生素K_1

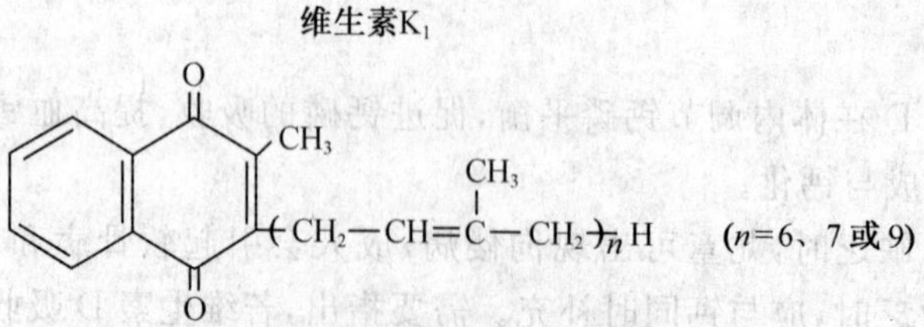

(n=6、7或9)

维生素K_2

维生素 K 分布较广，维生素 K_1 在绿叶植物及动物肝脏中含量较多，维生素

K_2 是人体肠道内细菌的代谢产物。

(2)生理功能。肝脏中存在凝血酶原前体，维生素 K 能促进凝血酶原的合成，并使凝血酶原转变为凝血酶，从而加速血液凝固，因此，当维生素 K 缺乏时，凝血时间延长，严重时发生胃、肠道出血。最新的证据指出，维生素 K 在骨骼蛋白合成中也有作用。

习题

一、填空

1. 国际生物化学学会酶学委员会将酶分为________、________、________、________、________和________六大类。
2. 影响酶促反应速率的因素主要有________、________、________、________和________。
3. 在动物体内酶的最适温度一般为________最适 pH 一般为________。植物内酶的最适温度一般为________、最适 pH 一般为________。
4. 1 份淀粉酶能催化 100 万份淀粉水解为麦芽糖，这是酶的________性；在小肠内胰麦芽糖酶只能催化麦芽糖水解为葡萄糖，这是酶的________性。
5. 维生素可分为________和________两大类。
6. 请把维生素缺乏症和对应的维生素连线：

脚气病　　维生素 C

夜盲症　　维生素 B_2

口角炎　　维生素 B_1

佝偻病　　维生素 D

坏血病　　维生素 A

二、选择题

1. 下列关于辅基的叙述哪项是正确的(　　)

A. 是一种结合蛋白质

B. 只决定酶的专一性，不参与化学基因的传递

C. 与酶蛋白的结合比较疏松

D. 一般不能用透析和超滤法与酶蛋白分开

2. 酶促反应中决定酶专一的部分是(　　)。

A. 酶蛋白　　B. 底物　　C. 辅酶或辅基　　D. 催化基团

3. 酶具有高度催化能力的原因是(　　)。

A. 酶能降低反应的活化能

B. 酶能催化热力学上不能进行的反应

C. 酶能改变化学反应的平衡点

D. 酶能提高反应物分子的活化能

4. NAD^+ 在酶促反应中转移(　　)。

A. 氨基　　B. 氢原子　　C. 氧原子　　D. 羧基

5. 下列关于酶的叙述中,不正确的是(　　)。

A. 酶的催化效率很高

B. 酶的催化效率下受外界条件的影响

C. 酶在反应过程中本身不发生变化

D. 一种酶只催化一种或一类物质的化学反应

6. 蛋白酶使蛋白质水解为多肽,但不能使多肽水解为氨基酸,这一事实说明了酶的(　　)。

A. 专一性　　B. 高效性　　C. 多样性　　D. 特异性

7. 人在发热时食欲较差,其直接的病理可能是(　　)。

A. 胃不能及时排空

B. 摄入的食物未能被消化

C. 消化酶活性受影响

D. 完全抑制了消化酶的分泌

8. 下列说法正确的是(　　)。

A. 竞争抑制可以通过增加底物浓度解除

B. 非竞争抑制可以通过增加底物浓度解除

C. 竞争抑制可以通过增加抑制剂浓度解除

D. 非竞争抑制不可能解除

9. 不可逆抑制作用中,抑制剂与酶以(　　)。

A. 离子键结合　　B. 共价键结合　　C. 氢键结合　　D. 无法确定

10. 催化葡萄糖和果糖间相互转化的酶是(　　)。

A. 异构酶　　B. 氧化还原酶　　C. 转移酶　　D. 水解酶

11. 抗脚气病维生素是(　　)。

A. 维生素 A　　B. 维生素 B_1　　C. 维生素 C　　D. 维生素 B_2

12. 辅酶 A 中含有的维生素是(　　)。

A. 泛酸　　B. 叶酸　　C. 生物素　　D. 维生素 B_{12}

13. 辅酶 FMN 和 FAD 中含有的维生素是(　　)。

A. 维生素 B_6　　B. 维生素 B_2　　C. 维生素 B_{12}　　D. 维生素 E

14. 辅酶Ⅰ和辅酶Ⅱ中含有的维生素是(　　)。

A. 维生素 B_5　　B. 维生素 D　　C. 维生素 E　　D. 维生素 B_6

15. 在体内通过光照由胆固醇转化成的维生素是(　　)。

A. 维生素 A　　B. 维生素 D　　C. 维生素 E　　D. 维生素 K

三、名词解释

1. 酶原　　2. 反应活化能　　3. 激活剂　　4. 抑制剂

5. 酶　　6. 酶的活性中心　　7. 辅酶　　8. 辅基

9. 同工酶　　10. 维生素

四、问答题

1. 影响酶促反应的因素有哪些？用曲线表示并说明它们各有什么影响？

2. 如何证明酶的本质是蛋白质？

3. 酶催化反应有何特点？

4. 酶分为哪几类？各催化什么样的反应？

5. TPP、FMN 、NAD^+ 、CoA 等符号各代表什么物质？是何种酶的辅酶？各含哪种维生素？

实训 4.1　酶的专一性及酶促反应速率影响探讨

一、能力目标

①通过实训测出各种因素是如何对酶活性进行影响的。

②找到唾液淀粉酶各种单因素影响的最佳条件。

二、基本原理

酶与一般催化剂最主要的区别之一是酶具有高度特异(专一)性，即一种酶只能对一种底物或一类底物(此类底物在结构上通常具有相同的化学键)起催化作用，对其他底物无催化反应。淀粉在唾液淀粉酶作用下水解，经过一系列被称为糊精的中间产物，最后生成麦芽糖。碘液可指示淀粉的水解程度。唾液淀粉酶对淀粉的水解过程如下：

	淀粉	→	蓝色糊精	→	红色糊精	→	无色糊精	→	麦芽糖
遇碘	蓝色		蓝色		红色		无色		无色

淀粉酶只对淀粉起作用,不能水解蔗糖。淀粉、蔗糖与糊精无还原性或还原性很弱,对班氏试剂呈阴性反应;麦芽糖、葡萄糖、果糖是还原糖,与班氏试剂共热后生成红棕色 Cu_2O_2 沉淀。

通过比较淀粉酶在不同 pH 值、不同温度以及有无抑制剂或激活剂时水解淀粉的差异,说明这些环境因素与酶活性的关系。

三、试剂和器材

1. 试剂

(1)2%蔗糖溶液:用分析纯蔗糖新鲜配制。

(2)1%淀粉溶液:1 g 淀粉和 0.3 g NaCl,用 5 mL 蒸馏水悬浮,慢慢倒入60 mL煮沸的蒸馏水中,煮沸 1 min,冷却至室温,加水到 100 mL,冰箱贮存。

(3)0.1%淀粉溶液:0.1 g 淀粉,以 5 mL 水悬浮,慢慢倒入 60 mL 煮沸的蒸馏水中,煮沸 1 min,冷却至室温,加水到 100 mL,冰箱贮存。

(4)本乃狄(Benedict)试剂:17.3 g $CuSO_4 \cdot 5H_2O$,加 100 mL 蒸馏水加热溶解,冷却;173 g 柠檬酸钠和 100 g $Na_2CO_3 \cdot 2H_2O$,以 600 mL 蒸馏水加热溶解,边加边搅匀,最后定容至1 000 mL 。如有沉淀可过滤除去,此试剂可长期保存(根据需要量配制)。

(5)碘液:3 g KI 溶于 5 mL 蒸馏水中,加 1 g I_2,溶解后再加 295 mL 水,混匀贮存于棕色瓶中。

(6)磷酸缓冲液:

①A 液:0.2 mol/L Na_2HPO_4。

称取 28.40 g Na_2HPO_4(或 71.64 g $Na_2HPO_4 \cdot 12H_2O$)溶于 1 000 mL 水中。

②B 液:0.1 mol/L 柠檬酸。

称取 21.01 g 柠檬酸($C_6H_8O_7 \cdot H_2O$)溶于 1 000 mL 水中。

③pH 5.0 缓冲液:10.30 mL A 液+9.70 mL B 液。

④pH 7.0 缓冲液:16.47 mL A 液+3.53 mL B 液。

⑤pH 8.0 缓冲液:19.45 mL A 液+0.55 mL B 液。

(7)1% $CuSO_4 \cdot 5H_2O$ 溶液。

(8)1% NaCl。

2. 材料

(1)唾液淀粉酶溶液。先用蒸馏水漱口,再含 10 mL 左右蒸馏水,轻轻漱动,2 min 后吐出收集在烧杯中,即得清澈的唾液淀粉酶原液,根据酶活高低稀释 50 倍,即为唾液淀粉酶溶液。

(2)蔗糖酶溶液。取1 g鲜酵母或干酵母放入研钵中,加入少量石英砂和水研磨,加50 mL蒸馏水,静置片刻,过滤即得。

3. 仪器

恒温水浴(37℃,70℃)、沸水浴(100℃)、冰浴(0℃),试管18×180共19支,吸管1 mL 7支、2 mL 3支、5 mL 5支,量筒100 mL 1个,白瓷板,胶头滴管3支。

四、操作步骤

1. 酶催化的专一性

取6支干净试管,按表4-2操作。

表4-2　酶催化的专一性操作步骤　mL

操作项目	管号					
	1	2	3	4	5	6
1%淀粉	1	1	0	0	1	0
2%蔗糖	0	0	1	1	0	1
唾液淀粉酶原液	1	0	1	0	0	0
蔗糖酶溶液	0	1	0	1	0	0
蒸馏水	0	0	0	0	1	1
酶促水解	摇匀,37℃水浴中保温10 min					
本乃狄试剂	2	2	2	2	2	2
反应现象	摇匀,沸水浴中加热5~10 min					

2. 温度对酶活力的影响

取3支试管,按表4-3操作。

表4-3　温度对酶性力影响操作表　mL

操作项目	管号		
	1	2	3
唾液淀粉酶溶液	1	1	1
pH 7.0磷酸缓冲液	2	2	2
温度预处理5 min(℃)	0	37	70
1%淀粉溶液	2	2	2
现象			

摇匀,保持各自温度继续反应,5 min后每隔1 min从第2号管吸取1滴反应液于白瓷板上,用碘液检查反应进行情况,直至反应液不再变色(只有碘液的颜色),立即取出所有试管,流水冷却2 min,各加1滴碘液,混匀。观察并记录各管

反应现象,解释之。

3. pH对酶活力的影响

取3支试管,按表4-4操作。

表4-4 pH对酶活力影响操作表 mL

操作项目	管号		
	1	2	3
pH 5.0磷酸缓冲液	3	0	0
pH 7.0磷酸缓冲液	0	3	0
pH 8.0磷酸缓冲液	0	0	3
1%淀粉溶液	1	1	1
预保温	混匀,37℃水浴中保温2 min		
唾液淀粉酶溶液	1	1	1
检查淀粉水解程度	摇匀,置37℃水浴中继续反应2 min,每隔1 min从第2号管中取出1滴反应液于白瓷板上,加碘液检查反应进行情况,直至反应液不再变色,即可停止反应,取出所有试管		
碘液(滴)	1	1	1
现象			

4. 酶的抑制与激活

取3支试管,按表4-5操作。

表4-5 酶的抑制与激活操作表 mL

操作项目	管号		
	1	2	3
1% NaCl	1	0	0
1% $CuSO_4$	0	1	0
蒸馏水	0	0	1
唾液淀粉酶溶液	1	1	1
0.1%淀粉溶液	3	3	3
保温反应并检查淀粉水解程度	摇匀,37℃水浴反应1 min左右即可用碘液检查1号试管淀粉水解程度,待1号试管的反应液不再变色时取出所有试管		
碘液(滴)	1	1	1
现象			

五、注意事项

(1)各人唾液中淀粉酶活力不同,因此实验2、3、4应随时检查反应进行情况。如反应进行得太快,应适当稀释唾液;反之,则应减少唾液淀粉酶稀释倍数。

(2)酶的抑制与激活最好用经透析的唾液,因为唾液中含有少量Cl^-。另外,注意不要在检查反应程度时使各管溶液混杂。

六、思考题

(1)何谓酶的最适pH和最适温度?

(2)说明底物浓度、酶浓度、温度和pH对酶反应速度的影响。

(3)酶作为一种生物催化剂,有哪些催化特点?

实训4.2　淀粉酶活力测定

、能力目标

①掌握α-淀粉酶活力测定的原理、方法。

②了解小麦萌发前后淀粉酶活力的变化。

③熟练掌握分光光度计的使用。

二、基本原理

淀粉酶是水解淀粉中糖苷键的一类酶的总称。按其水解方式可分为α-淀粉酶、β-淀粉酶等。α-淀粉酶随机作用于直链淀粉和支链淀粉的直链部分,水解α-1,4-糖苷键,单独使用时最终生成寡聚葡萄糖、α-极限糊精和少量葡萄糖。Ca^{2+}能使α-淀粉酶活化和稳定,它比较耐热但不耐酸,pH 3.6以下可使其钝化。β-淀粉酶从非还原端作用于α-1,4-糖苷键,遇到支链淀粉的α-1,6-糖苷键时停止。单独作用时产物为麦芽糖和β-极限糊精。β-淀粉酶是一种巯基酶,不需要Ca^{2+}及Cl^-等辅助因子,最适pH偏酸,与α-淀粉酶相反,它不耐热但较耐酸,70℃保温15 min可使其钝化。通常酶提取液中α-淀粉酶和β-淀粉酶同时存在。可以先测定(α+β)淀粉酶总活力,然后在70℃加热15 min,钝化β-淀粉酶,测出α-淀粉酶活力,用总活力减去α-淀粉酶活力,就可求出β-淀粉酶活力。

实验证明,在小麦、大麦等的休眠种子中只含有β-淀粉酶,α-淀粉酶是在发芽的过程中形成的，所以在禾谷类种子和幼苗中，这两类淀粉酶都存在。其活性随萌发时间的延长而增高。

淀粉酶活力大小可用其作用于淀粉生成还原糖的量来衡量，还原糖的量可用3,5-二硝基水杨酸的显色反应来测定。还原糖作用于黄色的3,5-二硝基水杨酸生成棕红色的3-氨基-5-硝基水杨酸，生成物颜色的深浅与还原糖的量成正比。以每克样品在一定时间内生成的还原糖（麦芽糖）量表示酶活力大小。

三、实验器材和药品

(1)实验器材：电子天平；研钵；100 mL容量瓶2个；25 mL比色管15支；试管8支；吸管1 mL 3支，2 mL 12支，5 mL 1支；离心机；离心管；恒温水浴箱；分光光度计。

(2)药品：

①1%淀粉溶液。

②0.4 mol/L氢氧化钠。

③pH 5.6柠檬酸缓冲液：称取柠檬酸20.01 g，溶解后定容至1 000 mL，为A液。称取柠檬酸钠29.41 g，溶解后定容至1 000 mL，为B液。取A液13.7 mL与B液26.3 mL混匀，即为pH 5.6的缓冲液。

④3,5-二硝基水杨酸：精确称取1 g 3,5-二硝基水杨酸溶于20 mL 1 mol/L氢氧化钠溶液中，加入50 mL蒸馏水，再加30 g酒石酸钾钠，待溶解后用蒸馏水稀释至100 mL，盖紧瓶塞，防止CO_2进入。

⑤麦芽糖标准液1 mg/ mL：称取0.100 g麦芽糖，溶于少量蒸馏水，定容至100 mL。

(3)材料：萌发3 d的小麦芽。

四、操作步骤

1. 酶液提取

称取2 g萌发3天的小麦种子（芽长1 cm左右），置研钵中加少量石英砂和2 mL左右蒸馏水，研成匀浆，全部转入100 mL容量瓶中，用蒸馏水定容至100 mL。每隔数分钟振荡1次，提取20 min。3 000 r/min离心10 min，倾出上清液备用。

2. α-淀粉酶活力测定

(1)取试管4支，标明2支为对照管，2支为测定管。

(2)于每管中各加酶液1 mL，在70℃±0.5℃恒温水浴中准确加热15 min，钝化β-淀粉酶。取出后迅速用流水冷却。

(3)在对照管中加入 4 mL 0.4 mol/L 氢氧化钠。

(4)在 4 支试管中各加入 1 mL pH 5.6 柠檬酸缓冲液。

(5)将 4 支试管置于恒温水浴中,在 40℃±0.5℃保温 5 min,再向各管分别加入 40℃下预热的 1%淀粉液 2 mL,摇匀,立即放入 40℃恒温水浴准确计时保温 5 min。取出后向测定管迅速加入 4 mL 0.4 mol/L 氢氧化钠,终止酶活动,准备测糖。

3.淀粉酶总活力测定

取酶液 10 mL,用蒸馏水稀释至 100 mL,为稀释酶液。另取 4 支试管编号,2 支为对照,2 支为测定管。然后加入稀释酶液 1 mL。在对照管中加入 4 mL 0.4 mol/L 氢氧化钠。4 支试管中各加入 1 mL pH 5.6 柠檬酸缓冲液。以下步骤重复 α-淀粉酶测定(5)步的操作,同样准备测糖。

4.麦芽糖的测定

(1)标准曲线的制作。取 25 mL 刻度试管 7 支,编号。分别加入麦芽糖标准液(1 mg/mL)0、0.2、0.6、1.0、1.4、1.8、2.0 mL,然后用吸管向各管加蒸馏水使溶液达 2.0 mL,再各加 3,5-二硝基水杨酸试剂 2.0 mL,置沸水浴中加热 5 min。取出冷却,用蒸馏水稀释至 25 mL。混匀后用分光光度计在 520 nm 波长下进行比色,记录吸光度。以吸光度为纵坐标,以麦芽糖含量(mg)为横坐标,绘制标准曲线。

(2)样品的测定。取步骤 2,3 中酶作用后的各管溶液 2 mL,分别放入相应的 8 支 25 mL 比色管中,各加入 2 mL 3,5-二硝基水杨酸试剂。以下操作同标准曲线制作。根据样品吸光度,从标准曲线查出麦芽糖含量,最后进行结果计算。

五、结果处理

$$\alpha\text{-淀粉酶活力(mg 麦芽糖/g 鲜重,5 min)} = \frac{(A-A_0)\times V_T}{W\times V_U}$$

$$\text{淀粉酶总活力(mg 麦芽糖/g 鲜重,5 min)} = \frac{(B-B_0)\times V_T}{W\times V_U}$$

式中:A 为 α-淀粉酶水解淀粉生成的麦芽糖(mg);A_0 为 α-淀粉酶的对照管中麦芽糖量(mg);B 为($\alpha+\beta$)淀粉酶共同水解淀粉生成的麦芽糖(mg);B_0 为($\alpha+\beta$)淀粉酶的对照管中麦芽糖(mg);V_T 为样品稀释总体积(mL);V_U 为比色时所用样品液体积(mL);W 为样品重(g)。

六、思考题

(1)简述淀粉酶活性测定原理是什么?

(2)酶反应中为什么加 pH 5.6 柠檬酸缓冲液？为什么在 40℃进行保温？

(3)测定酶活力，应注意什么问题？

实训 4.3 直接碘量法测定维生素 C 的含量

一、能力目标

①掌握碘标准溶液的配制与标定方法。

②了解直接碘量法的操作步骤及注意事项。

③掌握直接碘量法的基本操作。

二、原理

电对电位低的较强还原性物质，可用碘标准溶液直接滴定，这种滴定方法，称为直接碘量法。维生素 C($C_6H_8O_6$)又称抗坏血酸，其分子中的烯二醇基具有较强的还原性，能被 I_2 定量氧化成二酮基，所以可用直接碘量法测定其含量。其反应式如下：

$$\underbrace{\overset{}{\underset{\|}{\mathrm{C}}}\!\!-\!\!\underset{|\atop \mathrm{OH}}{\mathrm{C}}\!\!=\!\!\underset{|\atop \mathrm{OH}}{\mathrm{C}}\!\!-\!\!\underset{|\atop \mathrm{H}}{\mathrm{C}}}_{\text{环内 O 连接首尾两个 C}}\!\!-\!\!\overset{\mathrm{OH}\atop |}{\underset{|\atop \mathrm{H}}{\mathrm{C}}}\!\!-\!\!\mathrm{CH_2OH} + I_2 \rightleftharpoons \mathrm{C}(=\mathrm{O})\!-\!\mathrm{C}(=\mathrm{O})\!-\!\mathrm{C}(=\mathrm{O})\!-\!\mathrm{CH}\!-\!\mathrm{CH(OH)}\!-\!\mathrm{CH_2OH} + 2HI$$

从反应式可知，在碱性条件下，有利于反应向右进行。但由于维生素 C 的还原性很强，即使在弱酸性条件下，此反应也能进行得相当完全。在中性或碱性条件下，维生素 C 易被空气中的 O_2 氧化而产生误差，尤其在碱性条件下，误差更大。故该滴定反应在酸性溶液中进行，以减慢副反应的速度。

三、试剂和器材

(1)试剂：维生素 C 注射液(20 mL 2.5 g)，I_2 标准溶液(0.05 mol·L^{-1})，稀醋酸，丙酮，淀粉指示剂。

(2)器材：分析天平，酸式滴定管(25 mL，棕色)，吸量管(2 mL)，量筒(15 mL、5 mL)，锥形瓶(250 mL)。

四、操作步骤

(1)I_2 标准溶液(0.05 mol·L^{-1})的配制：取 KI 10.8 g 于小烧杯中，加水约 15 mL，搅拌使其溶解。再取 I_2 3.9 g，加入上述 KI 溶液中，搅拌至 I_2 完全溶解后，加盐酸 1 滴，转移至棕色瓶中，用蒸馏水稀释至 300 mL，摇匀，用垂熔玻璃滤器过滤。

(2)I_2 标准溶液(0.05 mol·L^{-1})的标定：精密称取在 105℃干燥至恒重的基准物质 As_2O_3 3 份，每份在 0.108 0～0.132 0 g 之间，置于 3 个锥形瓶中，各加 NaOH 溶液(1 mol·L^{-1})4.00 mL 使溶解，加蒸馏水 20.00 mL 与酚酞指示剂 1 滴，滴加 H_2SO_4 溶液(1 mol·L^{-1})至粉红色褪去，再加 $NaHCO_3$ 2 g，蒸馏水 30.00 mL及淀粉指示剂 2 mL，用待标定的 I_2 标准溶液滴定至溶液显浅蓝紫色，即为终点，记录所消耗碘标准溶液的体积。

(3)精密量取维生素 C 注射液 1.6 mL(约相当于维生素 C 0.2 g)，置于 250 mL 锥形瓶中，加新煮沸并放冷至室温的蒸馏水 15 mL与丙酮 2 mL，摇匀，放置 5 min，加稀醋酸 4 mL 与淀粉指示液 1 mL，用 I_2 标准溶液(0.05 mol·L^{-1})滴定，至溶液显蓝色并持续 30 s 不退，即为终点。记录所消耗的 I_2 标准溶液的体积。

(4)平行测定 3 次，取平均值，并计算相对平均偏差。

五、实验结果

1.数据记录

项　目	1	2	3
维生素 C 注射液体积(mL)			
V_{I_2}(mL)			
维生素 C 含量(%)			
维生素 C 平均值			
相对平均偏差			

2.结果计算

$$\text{维生素 C 含量}=\frac{C_{I_2}\times V_{I_2}\times \frac{M_{C_6H_8O_6}}{1\,000}}{2.5/20\times 1.6}\times 100\%$$

$M_{C_6H_8O_6}=176.12$

六、注意事项

(1)在配制 I_2 标准溶液时，将 I_2 加入浓 KI 溶液后，必须搅拌至 I_2 完全溶解后，才能加水稀释。若过早稀释，碘极难完全溶解。

(2)碘有腐蚀性，应在干净的表面皿上称取。

(3)维生素C被溶解后，易被空气氧化而引入误差。所以，应移取1份，滴定1份，不要3份同时移取。

(4)I_2标准溶液浓度的表示方法有两种，较常用的是以I_2的浓度表示，另一种是以I^-的浓度表示(如我国药典)，该实验是以I_2的浓度表示。因为$C_{I_1}=2C_{I_2}$，所以使用I_2标准溶液时，应注意其浓度是以哪种方法表示的。

七、思考题

(1)配制I_2标准溶液时为什么加KI？将称得的I_2和KI一次加水至300 mL再搅拌是否可以？

(2)I_2标准溶液为棕红色，装入滴定管中弯月面看不清楚，应如何读数？

(3)配制I_2标准溶液时，为什么要加入1滴盐酸？

(4)测定维生素C的含量时，为何要用新煮沸并放冷的蒸馏水溶解样品？为何要立即滴定？

第五章　糖　代　谢

糖是多羟基醛或多羟基酮及其衍生物的总称，它是生物体的基本营养物质和重要组成成分。糖代谢，即糖类物质在生物体内所起的一切生物化学变化，包括糖的分解代谢与合成代谢。糖的分解代谢是指糖类物质分解成小分子物质的过程。糖氧化分解过程中可逐步释放能量，以满足机体生命活动的需要。糖的合成代谢是指生物体将某些小分子非糖物质转化为糖或将单糖合成低聚糖及多糖的过程，是生物体贮存能量的过程。

一、糖无氧分解代谢

（一）糖的生理功能

糖类物质广泛分布于动植物体内，动物体的主要糖类物质是糖原和葡萄糖，糖原是糖的贮存形式，葡萄糖是糖的运输形式，此外，糖还参与多种生物膜的构成。动物体的糖含量虽不及蛋白质和脂类多，但同样具有重要的生理功能。

1. 氧化分解供能

糖是动物体内的重要供能物质，1 g 葡萄糖完全氧化分解可释放 16.7 kJ 的能量。动物体中的某些组织或器官以糖为主要供能物质，估计人体生命活动所需能量50%～70%是由糖氧化分解提供的。当机体剧烈运动时，糖可以快速分解为机体提供能量。氧化分解供能的主要糖类是葡萄糖和糖原。

2.具有重要的生理功能

结合糖既是组织细胞的结构成分，又具有重要的生物活性。例如，糖脂是构成神经组织和生物膜的成分，蛋白多糖是结缔组织和细胞间质等重要组成成分，核糖及脱氧核糖则分别是RNA和DNA的组成成分，此外，某些具有运输作用的蛋白质、激素、酶、免疫球蛋白及血型蛋白等都是糖蛋白，这些糖的生物学功能与其分子中的寡糖基相关。

3.转变为其他物质

糖分解代谢过程中的中间产物，在一定条件下可转变为三酯酰甘油，也可转变为某些营养非必须氨基酸。这样糖、脂、氨基酸三者代谢便相互联系起来。

(二)糖的无氧分解

糖的无氧分解代谢又称无氧氧化或糖酵解，是指在不需氧的条件下，体内组织细胞中的葡萄糖或糖原分解为丙酮酸并释放少量能量的过程，糖酵解可用EMP表示。参与糖酵解的酶类均存在于细胞液中，因此无氧分解全过程均在胞液中进行。

1.糖酵解反应过程

糖酵解过程十分复杂，其全过程可分为三个阶段。

第一阶段：已糖磷酸化生成1,6-二磷酸果糖。

这个阶段的主要变化是磷酸化及异构化，经磷酸化的糖不能透过细胞膜，可防止糖渗出细胞膜，是糖的活化过程。

(1)6-磷酸葡萄糖的生成。葡萄糖在ATP和Mg^{2+}存在下，由酶催化生成6-磷酸葡萄糖(G-6-P)。每生成1 mol G-6-P消耗1 molATP，反应不可逆，这是糖酵解过程的第一个限速步骤。

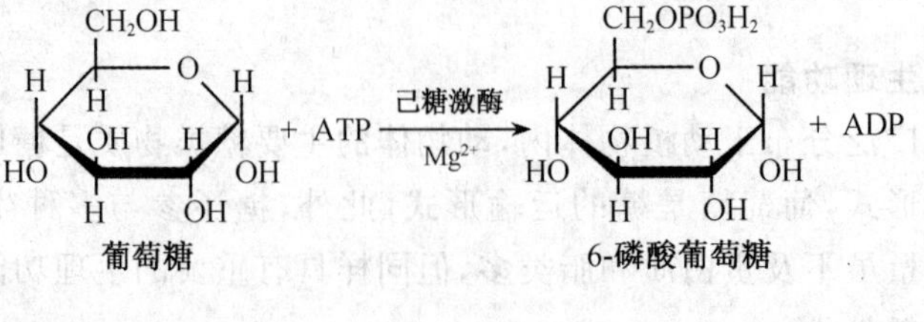

$$\text{葡萄糖} + ATP \xrightarrow[Mg^{2+}]{\text{已糖激酶}} \text{6-磷酸葡萄糖} + ADP$$

催化此反应的酶有两种。一种是已糖激酶，此酶分布广泛，特异性不高，不仅可催化葡萄糖磷酸化，还可催化许多其他已糖及其衍生物磷酸化，但对葡萄糖亲和力高;G-6-P可反馈抑制已糖激酶的活性。另一种是葡萄糖激酶,它只存在于肝脏中。葡萄糖激酶的特异性高,只催化葡萄糖磷酸化,不作用于其他己糖。它对葡萄糖亲和力低,只有葡萄糖浓度高时,才发挥其催化作用。当葡萄糖浓度升高时,葡萄糖激酶发挥作用,使大量的葡萄糖生成G-6-P,进而合成肝糖原贮存,当糖浓度正常时,肝脏葡萄糖磷酸化速度减慢,保证其他组织对葡萄糖的正常利用。

糖无氧分解代谢由细胞内的淀粉或糖原开始时,淀粉或糖原分子中的葡萄糖单位在磷酸化酶催化下,磷酸化成1-磷酸葡萄糖(G-1-P),此过程不消耗ATP。1-磷酸葡萄糖再经磷酸葡萄糖变位酶的催化生成G-6-P。

CH_2OH … OPO_3H_2 ⇌(磷酸葡萄糖变位酶) $CH_2OPO_3H_2$ …

1-磷酸葡萄糖(G-1-P) 6-磷酸葡萄糖(G-6-P)

(2)6-磷酸果糖的生成。6-磷酸葡萄糖在磷酸葡萄糖异构酶的催化下,生成6-磷酸果糖(F-6-P),此反应是可逆反应。

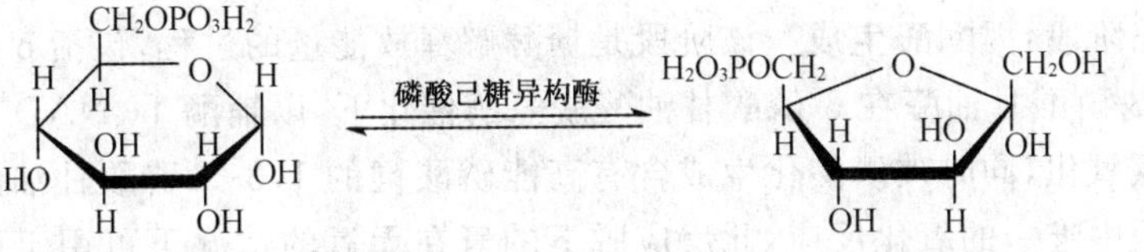

$CH_2OPO_3H_2$ … ⇌(磷酸己糖异构酶) $H_2O_3POCH_2$ … CH_2OH

6-磷酸葡萄糖(G-6-P) 6-磷酸果糖(F-6-P)

(3)1,6-二磷酸果糖的生成。6-磷酸果糖在ATP和Mg^{2+}存在下,由磷酸果糖激酶催化生成1,6-二磷酸果糖(F-1,6-P),此反应消耗一分子ATP。反应不可逆,这是糖酵解过程的第二个限速步骤。

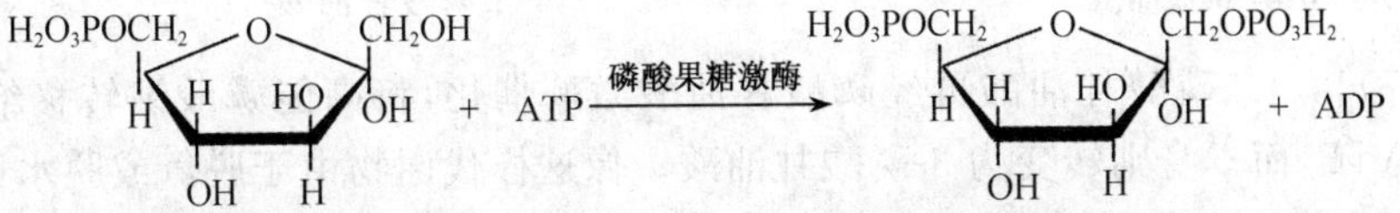

$H_2O_3POCH_2$ … CH_2OH + ATP →(磷酸果糖激酶) $H_2O_3POCH_2$ … $CH_2OPO_3H_2$ + ADP

6-磷酸果糖(F-6-P) 1,6-二磷酸果糖(FBP)

糖酵解第一阶段主要是通过磷酸化使糖活化,消耗ATP。由1 mol葡萄糖转化为 1 mol 1,6-二磷酸果糖共消耗 2 molATP;若由淀粉或糖原的 1 mol 葡萄糖单位生成 1 mol 1,6-二磷酸果糖,只消耗 1 mol ATP。

第二阶段:磷酸丙糖的生成该阶段的两个反应都是可逆反应。

(4)1,6-二磷酸果糖经醛缩酶催化,裂解为 2 分子磷酸丙糖,即 3-磷酸甘油醛和磷酸二羟丙酮。

$$\text{1,6-二磷酸果糖(FBP)} \xrightleftharpoons{\text{醛缩酶}} \underset{\text{磷酸二羟丙酮}}{\begin{matrix} CH_2OPO_3H_2 \\ | \\ C=O \\ | \\ CH_2OH \end{matrix}} + \underset{\text{3-磷酸甘油醛}}{\begin{matrix} CHO \\ | \\ CH-OH \\ | \\ CH_2OPO_3H_2 \end{matrix}}$$

(5)3-磷酸甘油醛和磷酸二羟丙酮在磷酸丙糖异构酶的催化下,可以互相转变。由于 3-磷酸甘油醛不断进入下一步反应,所以磷酸二羟丙酮则很容易经异构反应变为 3-磷酸甘油醛。实际上 1 分子葡萄糖经一系列化学变化转变为 2 分子的 3-磷酸甘油醛。

$$\underset{\text{磷酸二羟丙酮}}{\begin{matrix} CH_2OPO_3H_2 \\ | \\ C=O \\ | \\ CH_2OH \end{matrix}} \xrightleftharpoons{\text{磷酸丙糖异构酶}} \underset{\text{3-磷酸甘油醛}}{\begin{matrix} CHO \\ | \\ CH-OH \\ | \\ CH_2OPO_3H_2 \end{matrix}}$$

第三阶段:丙酮酸生成　该阶段是糖酵解释放能量的过程,包括 5 步反应。

(6)3-磷酸甘油醛在 3-磷酸甘油醛脱氢酶催化下,以辅酶Ⅰ(NAD^+)为受氢体进行脱氢氧化,同时被磷酸化生成含有高能磷酸键的 1,3-二磷酸甘油酸。这是糖酵解过程中唯一的氧化反应,此反应脱下的氢在无氧的情况下可用于丙酮酸的加氢还原(发酵)。

$$\underset{\text{3-磷酸甘油醛}}{\begin{matrix} CHO \\ | \\ CH-OH \\ | \\ CH_2OPO_3H_2 \end{matrix}} + NAD^+ + H_3PO_4 \xrightleftharpoons{\text{脱氢酶}} \underset{\text{1,3-二磷酸甘油酸}}{\begin{matrix} O=C-O\sim PO_3H_2 \\ | \\ CH-OH \\ | \\ CH_2OPO_3H_2 \end{matrix}} + NADH + H^+$$

(7)1,3-二磷酸甘油酸再经磷酸甘油酸激酶催化,将高能磷酸键转移给 ADP 形成 ATP,而本身则转变为 3-磷酸甘油酸。像这样代谢物由于脱氢或脱水引起分子内部能量聚集,所形成的高能磷酸键直接转移给 ADP 而生成 ATP 的过程称为底物水平磷酸化。这是糖无氧分解过程中第一次通过底物水平磷酸化生成 ATP。

$$\begin{array}{l} O{=}C{-}O{\sim}PO_3H_2 \\ \quad | \\ \quad CH{-}OH + ADP \\ \quad | \\ \quad CH_2OPO_3H_2 \end{array} \underset{Mg^{2+}}{\overset{\text{磷酸甘油酸激酶}}{\rightleftharpoons}} \begin{array}{l} COOH \\ | \\ CH{-}OH + ATP \\ | \\ CH_2OPO_3H_2 \end{array}$$

1,3-二磷酸甘油酸　　3-磷酸甘油酸

(8)3-磷酸甘油酸在变位酶的催化下形成 2-磷酸甘油酸。

$$\begin{array}{l} COOH \\ | \\ CH{-}OH \\ | \\ CH_2OPO_3H_2 \end{array} \overset{\text{磷酸甘油酸变位酶}}{\rightleftharpoons} \begin{array}{l} COOH \\ | \\ HCOPO_3H_2 \\ | \\ CH_2OH \end{array}$$

3-磷酸甘油酸　　2-磷酸甘油酸

(9)2-磷酸甘油酸又在烯醇化酶作用下进行脱水反应,同时引起分子内能量重新分配,生成含有高能磷酸键的磷酸烯醇式丙酮酸。

$$\begin{array}{l} COOH \\ | \\ HCOPO_3H_2 \\ | \\ CH_2OH \end{array} \underset{Mg^{+}}{\overset{\text{烯醇化酶}}{\rightleftharpoons}} \begin{array}{l} COOH \\ | \\ C{-}O \sim PO_3H_2 + H_2O \\ \| \\ CH_2 \end{array}$$

2-磷酸甘油酸　　磷酸烯醇式丙酮酸(PEP)

(10)磷酸烯醇式丙酮酸在丙酮酸激酶催化下,将高能磷酸键转移给 ADP 生成 ATP 和烯醇式丙酮酸。这是糖无氧分解过程中第二次底物水平磷酸化生成 ATP。此反应不可逆,这是糖酵解中的第三个限速反应步骤。烯醇式丙酮酸不稳定,可经分子重排转变为丙酮酸。

$$\begin{array}{l} COOH \\ | \\ C{-}O \sim PO_3H_2 + ADP \\ \| \\ CH_2 \end{array} \xrightarrow[Mg^{2+}、K^{+}]{\text{丙酮酸激酶}} \begin{array}{l} COOH \\ | \\ C{-}OH + ATP \\ \| \\ CH_2 \end{array}$$

磷酸烯醇式丙酮酸　　烯醇式丙酮酸

2. 发酵

糖在无氧条件下,分解为丙酮酸,丙酮酸再被还原为乳酸或乙醇的过程叫做发酵。被还原为乳酸叫乳酸发酵,被还原为乙醇叫乙醇发酵。

(1)乳酸发酵。在缺氧情况下,丙酮酸由乳酸脱氢酶催化还原为乳酸。丙酮酸还原为乳酸需要 2H,由 3-磷酸甘油醛的脱氢过程产生的 $NADH+H^{+}$ 提供。

在动物和少数高等植物细胞液中含有乳酸脱氢酶,人和动物在剧烈运动时由于肌肉组织相对缺氧,进行无氧分解形成大量乳酸引起肌肉酸痛。乳酸菌可进行乳酸发酵，把糖转变为乳酸，如酸奶、泡菜等都是利用乳酸发酵。

$$\underset{\text{丙酮酸}}{\begin{matrix}COOH\\|\\C{=}O\\|\\CH_3\end{matrix}} + NADH + H^+ \xrightleftharpoons{\text{乳酸脱氢酶}} \underset{\text{乳酸}}{\begin{matrix}COOH\\|\\H{-}C{-}OH\\|\\CH_3\end{matrix}} + NAD^+$$

(2)乙醇发酵。葡萄糖糖酵解生成的丙酮酸，在无氧条件下，由丙酮酸脱羧酶催化分解为乙醛和 CO_2，乙醛在乙醇脱氢酶作用下，加氢还原成乙醇，氢由 3-磷酸甘油醛的脱氢过程产生的 $NADH+H^+$ 提供。

$$\underset{\text{丙酮酸}}{\begin{matrix}COOH\\|\\C{=}O\\|\\CH_3\end{matrix}} \xrightleftharpoons{\text{丙酮酸脱羟酶}} \underset{\text{乙醛}}{\begin{matrix}CHO\\|\\CH_3\end{matrix}} + CO_2$$

$$\underset{\text{乙醛}}{\begin{matrix}CHO\\|\\CH_3\end{matrix}} + NADH + H^+ \xrightleftharpoons{\text{乙醇脱氢酶}} \underset{\text{乙醇}}{\begin{matrix}CH_2OH\\|\\CH_3\end{matrix}} + NAD^+$$

动物体内不存在乙醇的发酵。高等植物在缺氧条件下能进行乙醇发酵，如水果、蔬菜等在贮藏过程中乙醇发酵强烈会造成霉烂。微生物进行的乙醇发酵较为普遍，乙醇发酵在食品工业中起着关键性作用。

糖无氧分解和发酵过程如图 5-1 所示。

3. 糖的无氧分解的生理意义

糖无氧分解的特点是在氧供应不足情况下分解糖，生成少量能量，供机体需要。1 分子葡萄糖经无氧分解可生成 4 分子 ATP，反应过程消耗 2 分子 ATP，可净剩 2 分子 ATP。如果从淀粉或糖原的葡萄糖单位开始进行无氧分解，也可产生 4 分子 ATP，但仅消耗 1 分子 ATP，所以可净剩 3 分子 ATP。此过程释放能量不多，但仍有重要的生理意义。

(1)糖酵解是机体在缺氧情况下迅速获得能量以供急需的有效方式。例如剧烈运动时，骨骼肌处于相对缺氧状态，则糖酵解过程加强，以补充运动所需的能量。某些病理情况下，如严重贫血、失血、休克、呼吸障碍、循环障碍等，因氧供应不足，组织细胞也可增强糖无氧分解，以获得少量能量。

(2)氧供应充足的条件下，有少数组织细胞，如红细胞、睾丸、视网膜、皮肤、肾髓质、白细胞等，其所需能量仍由糖无氧分解过程中底物水平磷酸化产生的 ATP 提供。红细胞缺少线粒体，不能进行有氧分解，维持红细胞结构和功能所需的能量全部依赖糖无氧分解获得；而神经、白细胞、骨髓等代谢极为活跃的组织，即使不缺氧也常由糖酵解供应能量。

(3)糖的无氧代谢是糖氧化的必经途径，在有氧的情况下，丙酮酸可进一步氧化成 CO_2 和 H_2O。

(4)提供少量还原态氢。1 mol 葡萄糖经酵解过程产生的 2 mol 氢可用于其他物质的合成。

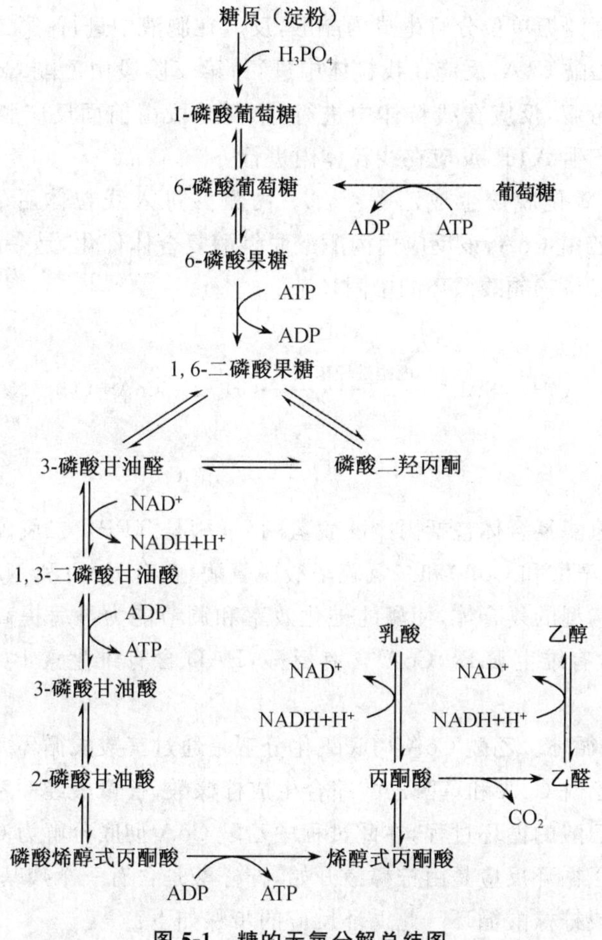

图 5-1　糖的无氧分解总结图

二、糖有氧分解主要代谢途径

(一)糖酵解三羧酸循环代谢途径

糖的有氧代谢释放的能量远大于糖酵解释放的能量,所以糖的有氧分解是体内糖分解产能的主要途径。糖有氧分解代谢包括糖酵解三羧酸循环途径和磷酸戊糖途径。葡萄糖或糖原的葡萄糖单位在有氧情况下氧化生成二氧化碳和水的过程称为糖有氧分解代谢的糖酵解三羧酸循环代谢过程,简称有氧代谢。

1.糖酵解三羧酸循环代谢过程

糖酵解三羧酸循环代谢过程可分为四个阶段,第一阶段与糖酵解相同,即由葡萄糖或糖原的葡萄糖单位分解生成丙酮酸,反应在胞液中进行;第二阶段由丙酮酸氧化脱羧生成乙酰 CoA,反应在线粒体中进行;第三阶段由乙酰 CoA 经三羧酸循环(TCA)氧化分解,反应在线粒体中进行;第四阶段由前面反应脱下的氢经呼吸链氧化成水并产生 ATP,反应在线粒体内进行。

(1)丙酮酸氧化脱羧生成乙酰 CoA。丙酮酸进入线粒体后氧化脱羧,并与 CoA 结合生成乙酰 CoA,该反应由丙酮酸脱氢酶复合体催化,是一个不可逆反应。这是联系糖酵解与三羧酸循环的中间环节。

$$\begin{array}{l}\mathrm{COOH}\\ |\\ \mathrm{C{=}O} + \mathrm{CoASH} + \mathrm{NAD^+} \xrightarrow{\text{丙酮酸脱氢酶系}} \mathrm{CH_3CO\text{-}SCoA} + \mathrm{CO_2} + \mathrm{NADH} + \mathrm{H^+}\\ |\\ \mathrm{CH_3}\\ \text{丙酮酸} \qquad\qquad\qquad\qquad\qquad\qquad\qquad\quad \text{乙酰 CoA}\end{array}$$

丙酮酸脱氢酶复合体包括丙酮酸脱氢酶(辅酶是 TPP)、二氢硫辛酸乙酰基转移酶(辅酶是硫辛酸和 CoA)和二氢硫辛酸脱氢酶(含有 FAD 和 NAD^+)。三者组成一个有一定构型的复合体,使酶的催化效率和调节能力显著提高。在上述酶复合体中,TPP 含有维生素 B_1,CoA 含有泛酸,FAD 含有维生素 B_2,NAD^+ 含有尼克酰胺。

(2)三羧酸循环。乙酰 CoA 彻底氧化分解是通过三羧酸循环完成的。所谓三羧酸循环是指乙酰 CoA 和草酰乙酸缩合生成柠檬酸,柠檬酸经一系列化学反应过程又生成草酰乙酸的循环过程,在此过程中乙酰 CoA 彻底分解为 CO_2 和 H_2O,并产生能量。由于循环反应是由柠檬酸开始,柠檬酸是含有三个羧基的酸,故此循环称三羧酸循环或柠檬酸循环。此循环反应的步骤如下:

①柠檬酸生成。在柠檬酸合成酶催化下,乙酰 CoA 与草酰乙酸缩合生成柠檬酰 CoA,后者再水解成柠檬酸和 CoA,此过程不可逆,是三羧酸循环的第一个限速

步骤。

$$\begin{array}{l}O{=}C{-}COOH\\ \quad | \\ \quad CH_2COOH\end{array} + CH_3COSCoA + H_2O \xrightarrow{\text{柠檬酸合成酶}} \begin{array}{c}CH_2COOH\\ | \\ HO{-}C{-}COOH\\ | \\ CH_2COOH\end{array} + CoASH$$

草酰乙酸　　乙酰辅酶 A　　柠檬酸

②柠檬酸转变为异柠檬酸。柠檬酸在乌头酸酶催化下，先脱水再水化反应生成异柠檬酸，为下一步氧化脱羧做准备。

$$\begin{array}{l}H{-}CHCOOH\\ \quad | \\ HO{-}C{-}COOH\\ \quad | \\ \quad CH_2COOH\end{array} \underset{}{\overset{H_2O}{\rightleftharpoons}} \begin{array}{l}CHCOOH\\ \| \\ CCOOH\\ | \\ CH_2COOH\end{array} \overset{H_2O}{\rightleftharpoons} \begin{array}{l}HO{-}CHCOOH\\ \quad | \\ \quad CHCOOH\\ \quad | \\ \quad CH_2COOH\end{array}$$

柠檬酸　　顺乌头酸　　异柠檬酸

③异柠檬酸氧化脱羧生成 α-酮戊二酸。在异柠檬酸脱氢酶催化下，异柠檬酸脱氢后迅速脱羧生成 α-酮戊二酸。这是三羧酸循环第一次脱羧生成 CO_2 的反应，使六碳化合物转变为五碳化合物，脱下的 2H 由 NAD^+ 传递。

$$\begin{array}{l}HO{-}CHCOOH\\ \quad | \\ \quad CHCOOH\\ \quad | \\ \quad CH_2COOH\end{array} \underset{NAD^+ \quad NADH+H^+}{\overset{\text{异柠檬酸脱氢酶}}{\rightleftharpoons}} \begin{array}{l}O{=}CCOOH\\ \quad | \\ \quad CHCOOH\\ \quad | \\ \quad CH_2COOH\end{array} \xrightarrow{\text{异柠檬酸脱氢酶}} \begin{array}{l}COCOOH\\ | \\ CH_2\\ | \\ CH_2COOH\end{array} + CO_2$$

异柠檬酸　　草酰琥珀酸　　α-酮戊二酸

④α-酮戊二酸氧化脱羧生成琥珀酰 CoA。α-酮戊二酸受 α-酮戊二酸脱氢酶系催化，生成琥珀酰 CoA。这是三羧酸循环的第二次脱羧，使五碳化合物转变为四碳化合物。

$$\begin{array}{l}COCOOH\\ | \\ CH_2\\ | \\ CH_2COOH\end{array} + CoA-SH + NAD^+ \xrightarrow{\alpha\text{-酮戊二酸脱氢酶系}} \begin{array}{l}CH_2COOH\\ | \\ CH_2COSCoA\end{array} + CO_2 + NADH + H^+$$

α-酮戊二酸　　琥珀酸 CoA

⑤琥珀酰 CoA 转变成琥珀酸。此反应由琥珀酰 CoA 合成酶（也称琥珀酸硫激酶）催化，在 H_3PO_4 和 GDP 存在下，琥珀酰 CoA 生成琥珀酸。琥珀酰 CoA 高能硫酯基团的能量转移，使 GDP 生成 GTP。这是三羧酸循环中唯一进行底物水平磷酸化的反应。生成的 GTP 可直接利用，也可转化成 ATP。

$$\begin{array}{l}CH_2COOH \\ | \\ CH_2COSCoA\end{array} + GDP + H_3PO_4 \xrightleftharpoons{\text{琥珀酸硫激酶}} \begin{array}{l}CH_2COOH \\ | \\ CH_2COOH\end{array} + CoASH + GTP$$

琥珀酰 CoA　　　　　　　　　　　　琥珀酸

⑥琥珀酸脱氢生成延胡索酸。琥珀酸在琥珀酸脱氢酶的催化下脱氢生成延胡索酸。琥珀酸脱氢酶的辅酶为 FAD,反应脱下的 2H 由 FAD 传递。琥珀酸脱氢酶是嵌入到线粒体内膜的酶,脱下的氢可直接进入电子传递链。丙二酸是琥珀酸脱氢酶的竞争性抑制剂。

$$\begin{array}{l}CH_2COOH \\ | \\ CH_2COOH\end{array} + FAD \xrightleftharpoons{\text{琥珀酸脱氢酶}} \begin{array}{l}CHCOOH \\ \| \\ CHCOOH\end{array} + FADH_2$$

琥珀酸　　　　　　　　　　延胡索酸

⑦延胡索酸水化生成苹果酸。

$$\begin{array}{l}CHCOOH \\ \| \\ CHCOOH\end{array} + H_2O \xrightleftharpoons{\text{延胡索酸酶}} \begin{array}{l}HO—CHCOOH \\ \quad\;\; | \\ \quad\;\; CH_2COOH\end{array}$$

延胡索酸　　　　　　　　　　苹果酸

⑧苹果酸脱氢生成草酰乙酸。苹果酸在苹果酸脱氢酶的作用下脱氢生成草酰乙酸,脱下的 2H 由 NAD^+ 传递。

$$\begin{array}{l}HO—CHCOOH \\ \quad\;\; | \\ \quad\;\; CH_2COOH\end{array} + NAD^+ \xrightleftharpoons{\text{苹果酸脱氢酶}} \begin{array}{l}O═CCOOH \\ \;\; | \\ \;\; CH_2COOH\end{array} + NADH + H^+$$

苹果酸　　　　　　　　　　草酰乙酸

生成的草酰乙酸再与乙酰 CoA 反应,开始下一轮的三羧酸循环反应。三羧酸循环的反应过程如图 5-2 所示。

三羧酸循环每进行一次使 1 分子乙酰 CoA 氧化分解,产生 2 分子 CO_2、1 分子 GTP、3 分子 $NADH+H^+$ 和 1 分子 $FADH_2$。代谢过程中从底物上脱下的氢原子在线粒体中经呼吸链传递,最终与氧结合生成水,并经氧化磷酸化产生 ATP。实验证明,线粒体内 1 分子 $NADH+H^+$ 经呼吸链氧化可生成 2.5 分子 ATP,1 分子 $FADH_2$ 经呼吸链氧化可生成 1.5 分子 ATP,所以,三羧酸循环每循环一次可产生 10 分子 ATP。

2. 糖酵解三羧酸循环代谢过程的生理意义

(1)氧化供能。1 分子葡萄糖在体内彻底氧化成 CO_2 和 H_2O 时,可净生成 32(或 30)分子 ATP,是机体所需能量的主要来源。因此一般生理条件下,许多组织细胞皆从糖的有氧代谢获得能量。其产能情况见表 5-1。

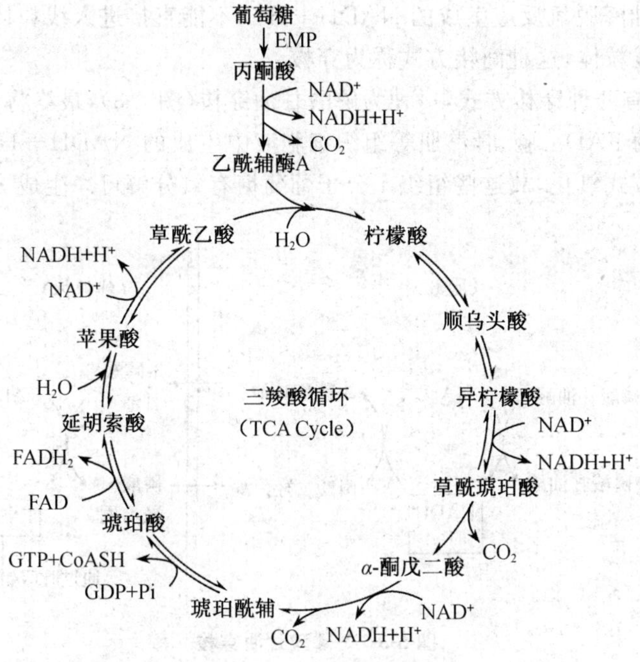

图 5-2　三羧酸循环图

表 5-1　葡萄糖有氧氧化产生 ATP 统计

反应过程	生成 ATP 数	备注
葡萄糖＋ATP→6-磷酸葡萄糖＋ADP	－1	
6-磷酸果糖＋ATP→1,6-二磷酸果糖＋ADP	－1	
3-磷酸甘油醛＋NAD^+＋Pi→1,3-二磷酸甘油酸＋NADH＋H^+	2.5×2(或 1.5×2)	每分子葡萄糖生成两分子磷酸丙糖
1,3-二磷酸甘油酸＋ADP→3-磷酸甘油酸＋ATP	1×2	
磷酸烯醇式丙酮酸＋ADP→烯醇式丙酮酸＋ATP	1×2	
丙酮酸＋NAD^+→乙酰 CoA＋NADH＋H^+＋CO_2	2.5×2	
异柠檬酸＋NAD^+→α-酮戊二酸＋NADH＋H^+＋CO_2	2.5×2	
α-酮戊二酸＋NAD^+→琥珀酰 CoA＋NADH＋H^+＋CO_2	2.5×2	
琥珀酰 CoA＋GDP＋Pi→琥珀酸＋GTP	1×2	
琥珀酸＋FAD→延胡索酸＋$FADH_2$	1.5×2	
苹果酸＋NAD^+→草酰乙酸＋NADH＋H^+	2.5×2	
总　　计	32 或 30	

不同的组织中，1 分子葡萄糖氧化分解，净生成 ATP 分子数稍有差别。原因

是 3-磷酸甘油醛脱氢反应生成的 $NADH+H^+$，不能直接进入线粒体，只有通过间接方式进入线粒体，这种间接方式称为穿梭。

NADH 有两种穿梭方式，一种为磷酸甘油穿梭（图 5-3），最终将氢传递给线粒体内膜的辅酶 FAD。脑、骨骼肌等组织细胞液中生成的 $NADH+H^+$ 是通过 3-磷酸甘油穿梭方式氧化，故这些组织 1 分子葡萄糖有氧分解可净生成 30 分子 ATP。

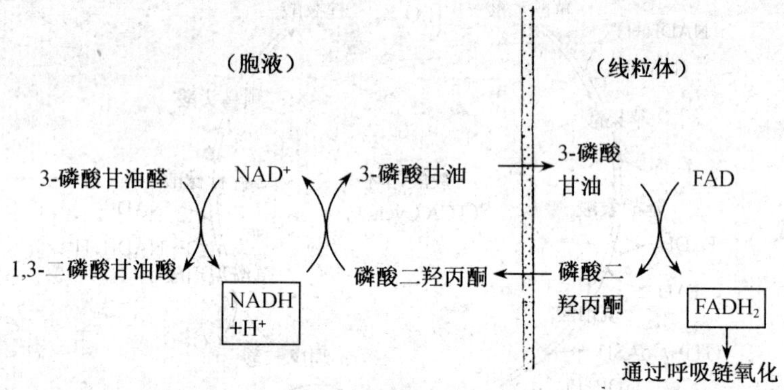

图 5-3 3-磷酸甘油穿梭

另一种是苹果酸-天冬氨酸穿梭（图 5-4），线粒体内最终由 NAD^+ 递氢。肝、肾、心等组织细胞液中生成的 $NADH+H^+$ 是通过苹果酸-天冬氨酸穿梭方式进入线粒体彻底氧化，因此这些组织 1 分子葡萄糖有氧分解可净生成 32 分子 ATP。

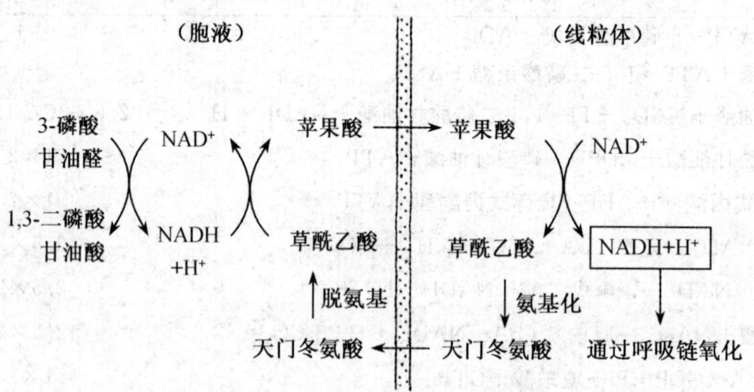

图 5-4 苹果酸-天冬氨酸穿梭

（2）三羧酸循环是糖、脂肪和蛋白质在体内彻底氧化的共同途径。糖和脂肪酸可以转化成乙酰 CoA，经三羧酸循环彻底氧化成 CO_2 和 H_2O。蛋白质水解产物氨基酸可以转化成乙酰 CoA 或三羧酸循环的中间产物，进而经三羧酸循环氧化。

因此，三大营养物质都经三羧酸循环彻底氧化生成 CO_2 和 H_2O，为机体提供能量。

(3)糖酵解三羧酸循环途径是体内物质代谢的主线。糖酵解三羧酸循环途径与糖代谢的其他途径联系密切，如糖无氧代谢、磷酸戊糖途径、糖异生作用等。此外，脂肪的合成和分解，氨基酸的代谢都与此途径的中间产物紧密联结，因此，糖酵解三羧酸循环途径可以看成是机体内物质代谢的中枢。

（二）磷酸戊糖途径

磷酸戊糖途径又叫磷酸己糖旁路，用 HMP 表示。这是糖有氧代谢的另一条重要途径。整个反应过程在胞液中进行。

1. 磷酸戊糖途径的反应过程

磷酸戊糖途径反应从 6-磷酸葡萄糖起始，其反应过程比较复杂，大体可分为氧化阶段与非氧化阶段两个阶段。

(1)氧化阶段包括三步反应。

①6-磷酸葡萄糖氧化。在 6-磷酸葡萄糖脱氢酶（辅酶为 $NADP^+$）催化下，6-磷酸葡萄糖氧化生成 6-磷酸葡萄糖酸内酯。

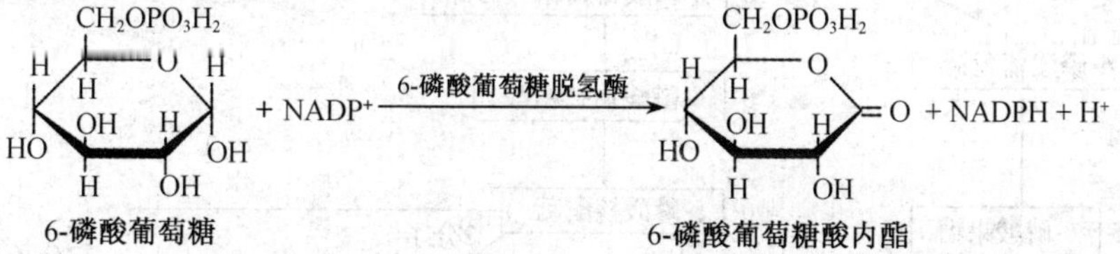

6-磷酸葡萄糖 + $NADP^+$ —(6-磷酸葡萄糖脱氢酶)→ 6-磷酸葡萄糖酸内酯 + $NADPH + H^+$

②6-磷酸葡萄糖酸内酯水解。6-磷酸葡萄糖酸内酯在内酯酶催化下水解生成 6-磷酸葡萄糖酸，此反应是可逆反应。

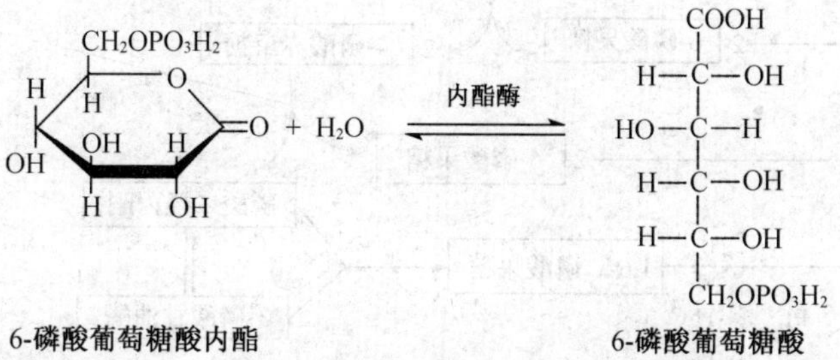

6-磷酸葡萄糖酸内酯 + H_2O ⇌(内酯酶) 6-磷酸葡萄糖酸

③6-磷酸葡萄糖酸氧化。在 6-磷酸葡萄糖酸脱氢酶的催化下，6-磷酸葡萄糖酸氧化脱羧生成 5-磷酸核酮糖和还原型辅酶Ⅱ（$NADPH+H^+$）。

$$
\begin{array}{c} COOH \\ | \\ H-C-OH \\ | \\ HO-C-H \\ | \\ H-C-OH \\ | \\ H-C-OH \\ | \\ CH_2OPO_3H_2 \end{array}
\xrightarrow[NADP^+ \quad NADPH+H^+ \quad CO_2]{\text{6-磷酸葡萄糖酸脱氢酶}}
\begin{array}{c} CH_2OH \\ | \\ C=O \\ | \\ H-C-OH \\ | \\ H-C-OH \\ | \\ CH_2OPO_3H_2 \end{array}
$$

5-磷酸核酮糖

(2)非氧化阶段。此阶段反应都是可逆反应。5-磷酸核酮糖异构为5-磷酸核糖和5-磷酸木酮糖。这些磷酸戊糖相互反应，发生分子间的基团转移和重排，经三、四、五、六、七碳糖等一系列中间物，重新生成6-磷酸葡萄糖(G-6-P)。非氧化阶段的整体反应可以理解为由6分子5-磷酸核酮糖转化为5分子6-磷酸葡萄糖，如图5-5所示。

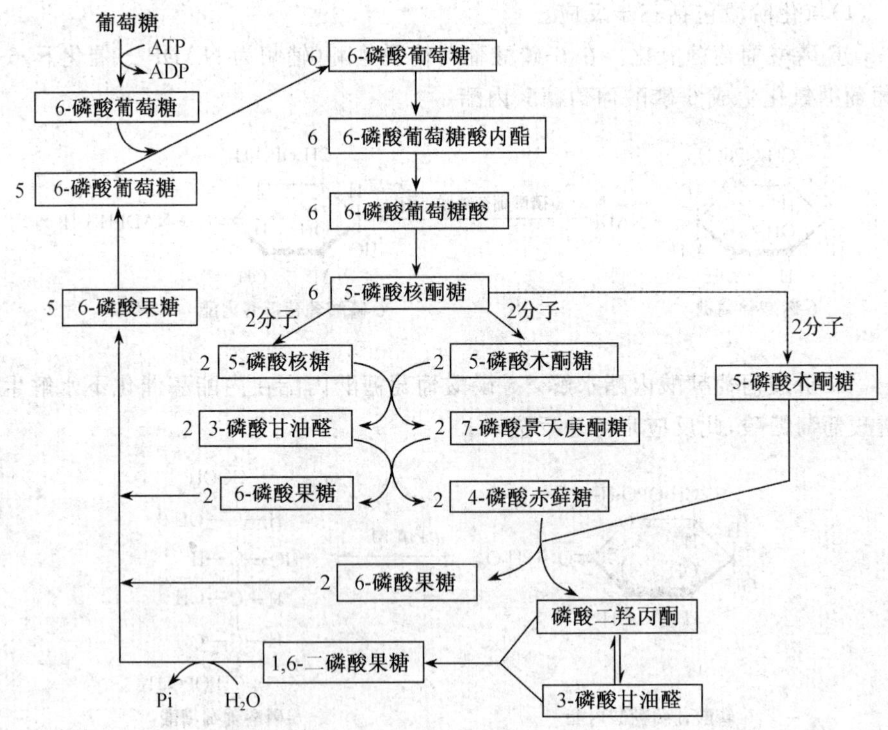

图 5-5　磷酸戊糖途径

由磷酸戊糖途径的反应过程可以看出，6分子6-磷酸葡萄糖(G-6-P)经磷酸戊糖途径(HMP)循环一次，重新生成5分子G-6-P，产生6分子CO_2(相当于彻底消化 1 分子 G-6-P)和 12 分子 NADPH＋H^+，消耗 7 分子 H_2O。磷酸戊糖途径的总反应式如下：

$$6G\text{-}6\text{-}P + 7H_2O + 12NADP^+ \rightarrow 5\ G\text{-}6\text{-}P + 6CO_2 + 12(NADPH + H^+) + H_3PO_4$$

磷酸戊糖途径生成的 6-磷酸果糖和 3-磷酸甘油醛可以进入糖有氧氧化或糖酵解途径，所以，磷酸戊糖途径与糖酵解和三羧酸循环过程是相互联系的。

2. 磷酸戊糖途径的生理意义

(1)普遍存在于生物体内的糖代谢途径，是糖主流代谢的辅助性通路和戊糖降解的途径。高等植物在成熟期磷酸戊糖途径的代谢可达 50%；动物体的某些组织，如肝、脂肪组织、骨髓、肾上腺皮质等磷酸戊糖途径也很活跃，特别是生物体遇到恶劣环境、受到损伤、染病等使主流代谢被阻时，磷酸戊糖途径进行活跃。

(2)提供合成核苷酸及核酸的原料。该途径生成 5-磷酸核糖是体内合成各种核苷酸及核酸的原料。

(3)提供细胞代谢所需的 NADPH。NADPH 有以下三个方面的功用：

①细胞内脂肪酸及胆固醇等物质的生物合成中都需要 NADPH 作为供氢体。因而在脂类及类固醇合成旺盛的组织中，其磷酸戊糖途径都比较活跃。

②NADPH 是谷胱甘肽还原酶的辅酶，它对于维持细胞中还原型谷胱甘肽(G-SH)的正常含量具有重要作用。G-SH 可以与氧化剂如 H_2O_2 起反应，从而保护含巯基的酶和膜蛋白免受氧化剂的损害，对维持红细胞膜完整性有重要作用。体内缺乏 6-磷酸葡萄糖脱氢酶时，NADPH 缺乏，G-SH 含量减少，在某些因素(食入蚕豆或服用抗疟药)诱发下，病人红细胞很易破裂而发生溶血。

③NADPH 参与肝内的生物转化反应。肝细胞内质网含有以 NADPH 为供氢体的加单氧酶体系，该体系与类固醇激素、药物及毒物的生物转化有关。

阅读材料

酒精在人体内的吸收、代谢

饮酒，特别是烈性酒，一般通过口腔、食管、胃、肠黏膜等吸收到体内的各种组织器官中，并于 5 min 即可出现于血液中，待到 30～60 min 时，血液中的酒精浓度就可达到最高点，空腹饮酒比饱腹时的吸收率要高得多。研究表明，胃内可吸收 20%的酒，十二指肠则吸收 80%。一次饮用的酒 60%于 1 h 内吸收。2 h 可全部吸收。1 g 酒精全部氧化可产生 29.7 J 的能量，但这种能量绝大部分以热的形式释放出来，吸收利用相对较困难。

酒精在人体内氧化和排泄速度缓慢，所以被吸收后积聚在血液和各组织中(脑组织中的酒精浓度是血液酒精浓度的10倍)，其中极少量酒精没有氧化分解直接经肾从尿中排出或经肺从呼吸道呼出或经皮肤汗腺随蒸发排除。绝大多数酒精主要在肝脏中代谢，经乙醇脱氢酶(ADH)分解而形成乙醛，然后再由乙醇脱氢酶作为辅酶而转变为乙酰辅酶A，且可进一步降解为醋酸盐而再氧化为CO_2和H_2O；或通过枸橼酸循环而转变为其他生化上重要的化合物，包括脂肪酸在内。当酒精被转变为乙醛并进一步转变为乙酰辅酶A时，NAD是一个辅助因子和氢接受体。产生的NADH改变了NADH与NAD的比例以及肝脏的氧化还原状态，同时半乳糖耐量减少，甘油三酯合成增加，脂质过氧化增加，参与枸橼酸循环活力减低，这可能是脂肪酸氧化减低的原因。NADH可能作为丙酮酸盐转变为乳酸盐的氢载体，饮酒后乳酸盐及尿酸浓度升高。临床上曾有饮酒后的低血糖症及痛风病发作者，便可能用这一机理解释。此外，还有一个微粒体乙醇氧化系统(MEOS)，这一酶系统能被酒精诱导(促进)，可表现为电子显微镜检查见到光面内质网增生。这可能部分解释耐受性嗜酒者，不仅对酒精耐受，亦能耐受由微粒体酶代谢的其他药物。

三、糖异生作用

由非糖物质转变为葡萄糖或糖原的过程称为糖异生作用。能转变为糖的非糖物质主要是生糖氨基酸、乳酸、丙酮酸和甘油等。在生理情况下，肝是糖异生的主要器官，饥饿时，肾也成为糖异生的重要器官，其他组织和器官不能进行糖异生作用。

(一)糖异生途径的反应过程

糖异生途径基本上是糖酵解途径的逆反应。但是，在糖酵解途径中有三步反应是不可逆的(称为能障)，所以，糖异生途径必须通过另外的酶催化，才能绕过能障逆行生成糖原或葡萄糖。

1. 丙酮酸羧化支路

丙酮酸不能直接逆转为磷酸烯醇式丙酮酸。但丙酮酸可以在丙酮酸羧化酶的催化下生成草酰乙酸，然后在磷酸烯醇式丙酮酸羧激酶催化下，草酰乙酸脱羧基并从GTP获得磷酸生成磷酸烯醇式丙酮酸，此过程称为丙酮酸羧化支路，是消耗能量的循环反应。乳酸和三羧酸循环中的成员在转变为糖时，都需通过这条支路，如图5-6所示。

2. 1,6-二磷酸果糖转变为6-磷酸果糖

1,6-二磷酸果糖不能在磷酸果糖激酶的催化下生成6-磷酸果糖，但由于1,6-

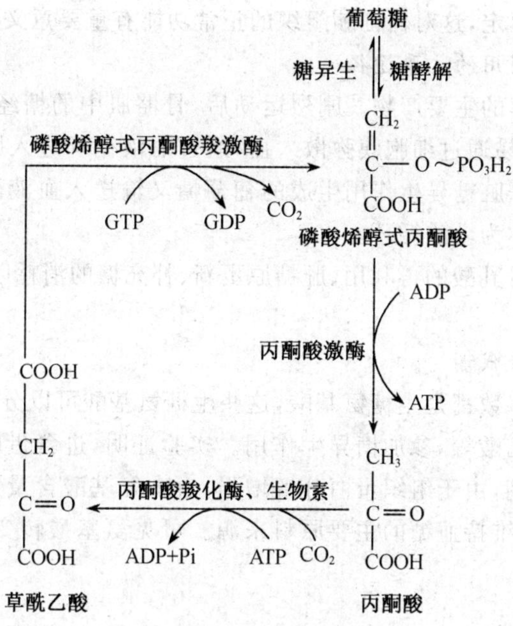

图 5-6 丙酮酸羧化支路

二磷酸果糖酶的存在，使这一反应得以进行。

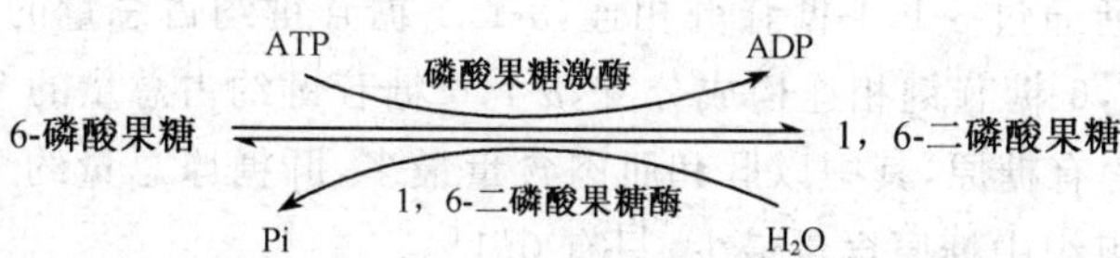

3. 6-磷酸葡萄糖水解生成葡萄糖

在 6-磷酸葡萄糖酶催化下，6-磷酸葡萄糖水解为葡萄糖。

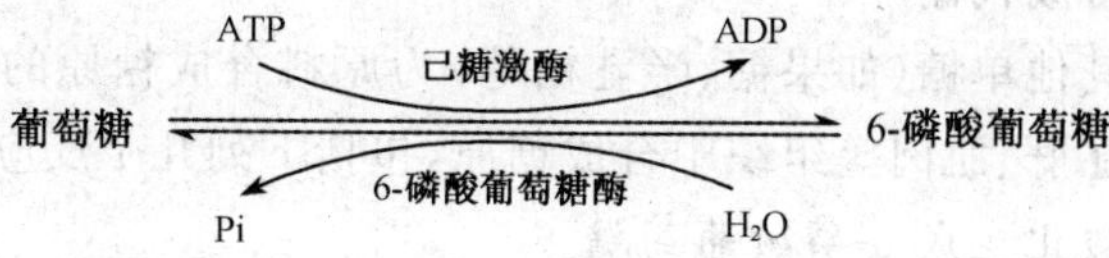

（二）糖异生的生理意义

1. 血糖的重要来源

对维持空腹和饥饿时血糖浓度的相对恒定具有重要作用。在禁食时，仅靠肝糖原分解维持血糖浓度，则只需 10 h 左右糖原即可耗尽。此后机体主要靠糖异生来维持血糖相对恒定，这对保证脑组织的正常功能有重要意义。

2.体内乳酸利用的主要途径

乳酸是糖酵解的主要产物。剧烈运动后，骨骼肌中的糖经无氧代谢产生大量的乳酸，乳酸很容易通过细胞膜弥散入血，通过血液循环进入肝脏，经糖异生作用转变为葡萄糖。肝脏糖异生作用生成的葡萄糖又输送入血液循环，再被肌肉摄取利用。这一过程称为乳酸循环。

糖异生作用对乳酸的再利用、肝糖原更新、补充糖的消耗以及防止乳酸中毒等方面都起作用。

3.协助氨基酸代谢

氨基酸的大多数都是生糖氨基酸，这些生糖氨基酸可以分别转变为丙酮酸、α-酮戊二酸和草酰乙酸等，参加糖异生作用。实验证明，进食蛋白质后，肝糖原的含量增加。禁食晚期，由于组织蛋白分解增强，血中氨基酸含量升高，糖异生作用十分活跃，是饥饿时维持血糖的主要原料来源。可见氨基酸转变为糖是氨基酸代谢的重要途径之一。

四、糖原代谢

糖原是体内糖的贮存形式。糖原是以葡萄糖为单位聚合而成的大分子多糖，分子中的葡萄糖通过 α-1,4-糖苷键相连，α-1,4-糖苷键约占总量的 93%。在链的分支处又以 α-1,6-糖苷键相连构成分支，α-1,6-糖苷键约占总量的 7%。人体内多数组织细胞都含有糖原，其中以肝和肌肉含量最多，肝糖原总量约 70 g，肌糖原总量约 250 g，脑组织中糖原含量最少，只有 0.1%。

参与糖原合成和分解代谢的酶类均存在于细胞液中，所以糖原合成和分解代谢在胞液进行。

(一)糖原的合成代谢

以葡萄糖或其他单糖(如果糖、半乳糖等)为原料合成糖原的过程称为糖原合成代谢。主要是在肝、肌肉等组织中合成糖原，包括下列几个反应步骤。

1.葡萄糖磷酸化生成 6-磷酸葡萄糖

$$\text{葡萄糖}+\text{ATP}\xrightarrow[\text{葡萄糖激酶(肝)}]{\text{己糖激酶(肌肉)}}\text{6-磷酸葡萄糖}+\text{ADP}$$

2. 6-磷酸葡萄糖转变为 1-磷酸葡萄糖

$$\text{6-磷酸葡萄糖}\xrightleftharpoons{\text{磷酸葡萄糖变位酶}}\text{1-磷酸葡萄糖}$$

3. 1-磷酸葡萄糖生成尿苷二磷酸葡萄糖(UDPG)

$$1\text{-磷酸葡萄糖}+\text{UTP}\xrightarrow{\text{UDPG 焦磷酸化酶}}\text{UDPG}+\text{PPi(焦磷酸)}$$

4. 以 α-1,4-糖苷键相连的葡萄糖聚合物的形成

糖原合成时需要体内原有的小分子糖原参与,此小分子糖原称为"引物"。在糖原合酶的催化下,将 UDPG 中的葡萄糖转移至糖原引物上,新加入的葡萄糖残基以 α-1,4-糖苷键和糖原引物连接,每反应一次,糖原引物即增加一个葡萄糖单位。

$$\text{UDPG}+\text{糖原}(G_n)\xrightarrow{\text{糖原合酶}}\text{糖原}(G_n+1)+\text{UDP}$$

n 表示糖原引物中的葡萄糖数目

5. 合成具有 α-1,6-糖苷键分支的糖原

糖原合酶只能催化合成 α-1,4-糖苷键,不能形成分支。分支链形成依赖分支酶的催化。糖原分支酶的作用是将 α-1,4-糖苷键连接的糖链中一段(6 或 7 个葡萄糖单位)转移,并以 α-1,6-糖苷键方式与原糖链中的葡萄糖残基连接形成分支链。如图 5-7 所示,这样就形成了树枝状的糖原分子。

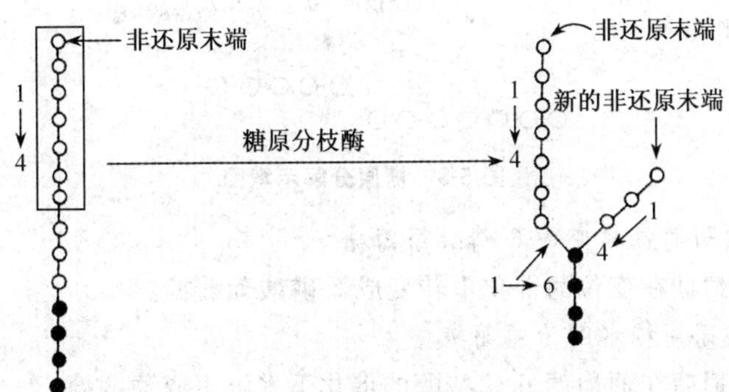

图 5-7　糖原分支形成示意图

(二)糖原的分解代谢

糖原分解为葡萄糖的过程称为糖原分解代谢。糖原分解的步骤并非糖原合成的逆过程,反应过程如下:

1. 糖原分解为 1-磷酸葡萄糖

糖原分解从糖原分子非还原端开始。磷酸化酶作用于 α-1,4-糖苷键,使糖原磷酸解成 G-1-P。由于磷酸化酶不能催化 α-1,6-糖苷键断键,所以磷酸解反应到

距分支点约 4 个葡萄糖残基时，磷酸化酶的催化作用停止。剩下 4 个葡萄糖残基由转移酶催化，将其中 3 个葡萄糖残基转移到邻近的糖链上，并以 α-1,4-糖苷键相连。剩下一个由 α-1,6-糖苷键相连的葡萄糖则由脱支酶(α-1,6-糖苷酶)催化，水解生成游离葡萄糖。如图 5-8 所示。通过磷酸化酶和脱支酶的协同催化，糖原分子中的葡萄糖残基便一个一个脱落生成 G-1-P 和少量的游离葡萄糖。

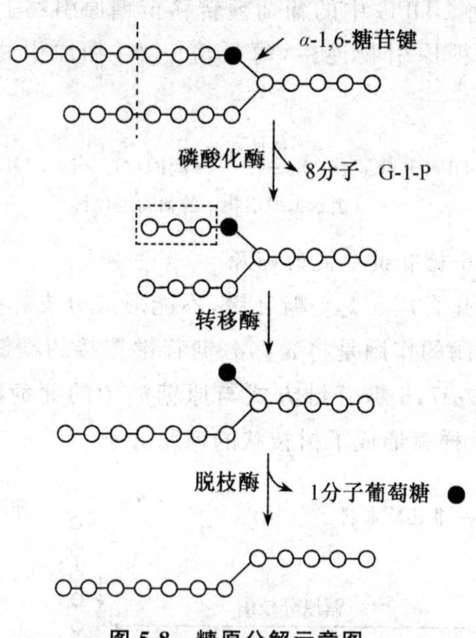

图 5-8 糖原分解示意图

2. 1-磷酸葡萄糖转变成 6-磷酸葡萄糖

1-磷酸葡萄糖在变位酶催化下转变成 6-磷酸葡萄糖。

3. 6-磷酸葡萄糖水解为葡萄糖

6-磷酸葡萄糖在葡萄糖-6-磷酸酶的催化下水解生成葡萄糖。

$$6\text{-磷酸葡萄糖} + H_2O \xrightarrow{\text{葡萄糖-6-磷酸酶}} \text{葡萄糖} + H_3PO_4$$

葡萄糖-6-磷酸酶主要存在肝脏，小部分存在于肾脏。肌肉及脑等组织中无此酶，所以只有肝、肾的糖原可以补充血糖。肌糖原不能直接分解为葡萄糖，它只能通过酵解生成乳酸经血液到肝，再经糖异生作用合成葡萄糖或肝糖原，这是肌糖原间接补充血糖的途径。

糖原合成和糖原分解途径是互相平行又互相对应的化学反应过程，其反应性质及催化的酶类各异，如图 5-9 所示。

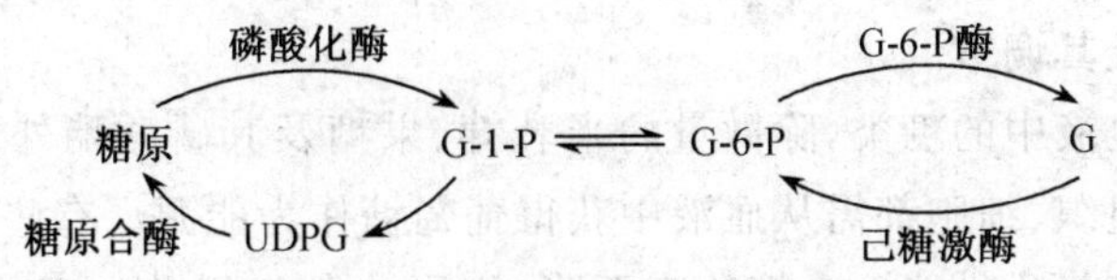

图 5-9 糖原合成和分解简图

(三)糖原代谢的调节

糖原合成和分解代谢速度主要由糖原合酶和磷酸化酶活性控制。这两种酶存在着有活性和无活性两种形式。它们受同一调节系统控制。此调节系统是激素-cAMP-蛋白激酶体系。例如，当血糖降低时，肾上腺素分泌增加，肾上腺素与肝细胞膜表面受体结合，通过细胞膜上的 G 蛋白(鸟苷酸结合蛋白)的转导作用，进而激活腺苷环化酶；腺苷环化酶催化 ATP 转化为 cAMP，使细胞内 cAMP 升高；cAMP 又激活蛋白激酶 A。蛋白激酶 A 对磷酸化酶和糖原合成酶具有共价修饰调节作用。一方面促使磷酸化酶 b(无活性)转变为磷酸化酶 a(有活性)，催化肝糖原分解；另一方面使糖原合酶 I(有活性)转变为糖原合成酶 D(无活性)，抑制糖原合成。结果是糖原合成速度减慢，糖原分解速度加快，使血糖升高(图 5-10)。

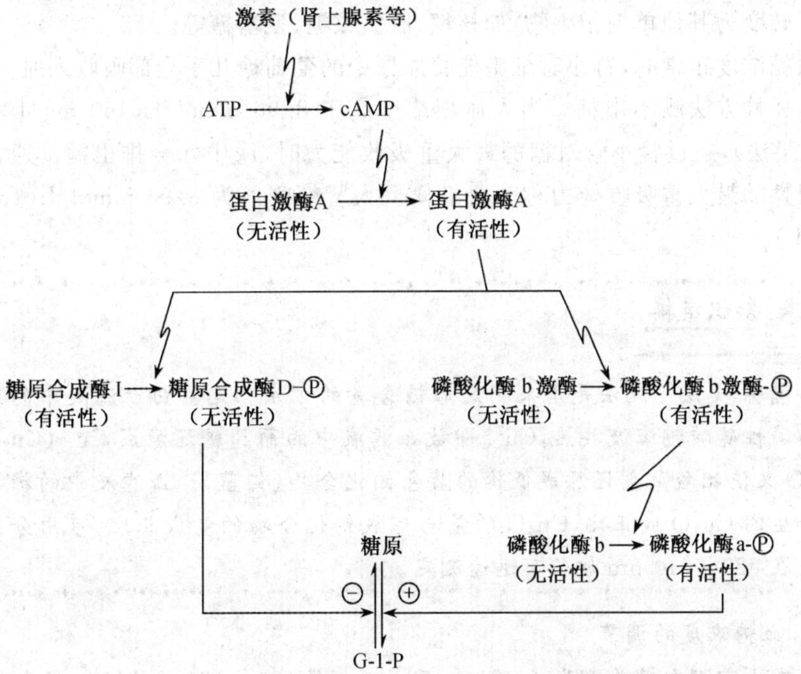

图 5-10 糖原合成和分解的调节作用

(四)血糖及其调节

血糖是指血液中的糖类,除微量的半乳糖、果糖及其磷酸酯外,几乎全部是葡萄糖。体内各组织、细胞都需从血液中获得葡萄糖作为能源。有些组织,如大脑几乎完全靠葡萄糖氧化供能。血糖浓度下降,则影响各组织的生理功能,因此,血糖保持一定水平具有重要意义。

1. 血糖的来源和去路

(1)血糖的来源。

①食物中经消化吸收入血的葡萄糖是血糖的根本来源。

②肝糖原分解生成的葡萄糖是空腹血糖的主要来源。

③糖异生作用转变生成的葡萄糖是长期饥饿时血糖低水平维持的主要来源。

(2)血糖的去路。

①在细胞内氧化分解供能,这是血糖的主要去路。

②在肝、肌肉、肾等组织合成糖原。

③转变为其他物质,如三酯酰甘油和营养非必需氨基酸等。

④转变为其他单糖衍生物,如核糖、脱氧核糖、氨基糖等。

血糖浓度正常时,肾小管细胞能将原尿中的葡萄糖几乎全部吸收入血,所以用一般的尿检方法测不出糖。当人血糖浓度高于 8.96 mmol/L(160 mg/100 mL)(福林-吴法),超过肾小管对糖的最大重吸收能力时,尿中才会排出糖。通常将肾小管对糖的最大重吸收能力称为肾糖阈。人肾糖阈值为 8.96 mmol/L(160 mg/100 mL)。

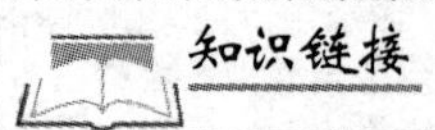
知识链接

福林-吴法 此法是用来测定血糖含量的方法。无蛋白血滤液中的葡萄糖与碱性硫酸铜溶液共热,Cu^{2+} 即被血滤液中的葡萄糖还原成 Cu^{+} (Cu_2O),Cu_2O 又使钼酸试剂还原成低价的蓝色钼化合物(钼蓝)。血滤液中的糖含量和产生的 Cu_2O 成正比,Cu_2O 的量与形成钼化合物的量成正比,可用分光光度法在 620~640 nm 波长下迅速测定。

2. 血糖浓度的调节

正常人空腹血糖浓度为 4.48~6.72 mmol/L(80~120 mg/100 mL),不同动物的血糖含量各不相同,但对每种动物而言血糖浓度是恒定的。人体血糖浓度之所以能维持恒定，是体内各种代谢和器官之间相互协调的结果。这种调节在细胞水平调节的基础上，还受到各种激素和神经的调节，从而使血糖的来源和去路处于动态平衡。

例如，进食后血糖浓度升高，此时肝、肌肉等组织糖原的氧化分解加强，糖可转变为脂肪，糖异生减弱，因而血糖仅暂时升高并很快恢复正常（一般 2 h 左右）。饥饿初期，血糖稍低于正常水平，但不久也可恢复并维持在正常范围；长期饥饿时，肌肉蛋白质分解的氨基酸及甘油、乳酸等异生为糖，以保证脑的需要，而其他组织摄取葡萄糖的能力受到抑制，机体能源主要来自脂肪分解，甚至脑组织的部分能量也可由酮体供应。血糖浓度所以能维持相对恒定，是机体严格调控血液葡萄糖进出量的结果。

调节血糖的激素很多，除胰岛素能降低血糖浓度外，肾上腺素、胰高血糖素、肾上腺皮质激素和生长素等都能使血糖浓度升高。这两类激素的作用相互对立，相互制约。当血糖浓度低于正常时，一方面交感神经兴奋，肾上腺素分泌增加，使血糖浓度升高；另一方面，低血糖本身又可刺激胰岛 α 细胞分泌胰高血糖素，结果血糖升高。当血糖浓度升高时，高血糖可直接刺激胰岛 β 细胞分泌胰岛素，使血糖降低。现将各种激素调节糖代谢的机制列于表 5-2 中。

表 5-2 激素对血糖浓度的调节机制

激素		调节血糖代谢的机制
降低血糖的激素	胰岛素	(1)促进肌肉、脂肪组织细胞转运葡萄糖进入细胞内 (2)促进肝、肌肉的糖原合成及糖有氧氧化 (3)抑制糖异生作用 (4)促进糖转变为脂肪
升高血糖的激素	胰高血糖素	(1)抑制肝糖原合成，促进肝糖原分解 (2)促进糖异生作用
	肾上腺素	(1)促进肝糖原分解 (2)促进肌糖原分解 (3)促进糖异生作用
	糖皮质激素	(1)促进糖异生 (2)促进肝外组织蛋白质分解，生成氨基酸
	生长素	(1)促进糖异生作用 (2)抑制肌肉及脂肪组织利用葡萄糖

3. 高血糖和低血糖

(1)高血糖与糖尿。人空腹血糖高于 7.28 mmol/L(130 mg/100 mL)称为高血糖。血糖浓度超过肾糖阈值时，尿中出现糖，称为糖尿。糖尿可分为高血糖性糖尿和肾性糖尿。

高血糖性糖尿是指血糖浓度高于肾小管对糖最大重吸收能力时出现的糖尿。高血糖性糖尿有生理性的和病理性的。例如，在进食大量糖后，由于血糖浓度大幅度升高出现糖尿，称为饮食性糖尿；情绪激动时，由于交感神经兴奋，肾上腺素分泌增加，加速肝糖原分解，引起的糖尿，称情感性糖尿；临床静点葡萄糖速度超过每千克体重 0.4～0.5 g时，也会引起高血糖及糖尿。这些都属生理性的，其特点是高血糖和糖尿都是暂时的，而且空腹血糖浓度正常。

产生糖尿的原因除高血糖外，还可由于肾小管对糖的重吸收能力降低所引起，称为肾性糖尿。但这类患者空腹血糖正常。

阅读材料

糖 尿 病

糖尿病是由遗传和环境因素相互作用而引起的常见病，临床以高血糖为主要标志，常见症状有多饮、多尿、多食以及消瘦等。糖尿病若得不到有效的治疗，可引起身体多系统的损害。引起胰岛素绝对或相对分泌不足以及靶组织细胞对胰岛素敏感性降低，引起蛋白质、脂肪、水和电解质等一系列代谢紊乱综合征，其中高血糖为主要标志。临床典型病例可出现多尿、多饮、多食、消瘦等表现，即“三多一少”症状。

糖尿病分 1 型糖尿病和 2 型糖尿病。其中 1 型糖尿病多发生于青少年，其胰岛素分泌缺乏，必须依赖胰岛素治疗维持生命。2 型糖尿病多见于 30 岁以后中、老年人，其胰岛素的分泌量并不低甚至还偏高，病因主要是机体对胰岛素不敏感(即胰岛素抵抗)。

胰岛素是人体胰腺 β 细胞分泌的身体内唯一的降血糖激素。胰岛素抵抗是指体内周围组织对胰岛素的敏感性降低，组织对胰岛素不敏感，外周组织如肌肉、脂肪对胰岛素促进葡萄糖摄取的作用发生了抵抗。

研究发现胰岛素抵抗普遍存在于 2 型糖尿病中，几乎占 90％以上，可能是 2 型糖尿病的发病主要因素之一。

1 型糖尿病患者在确诊后的 5 年内很少有慢性并发症的出现，相反，2 型糖尿病患者在确诊之前就已经有慢性并发症发生。据统计，有 50％新诊断的 2 型糖尿病患者已存在一种或一种以上的慢性并发症，有些患者是因为并发症才发现患糖尿病的。

因此，糖尿病的药物治疗应针对其病因，注重改善胰岛素抵抗，以及对胰腺 β 细胞功能的保护，必须选用能改善胰岛素抵抗的药物。一些药物主要是胰岛素增敏剂，使糖尿病患者得到及时有效及根本上的治疗，预防糖尿病慢性并发症的发生和发展。

胰岛素增敏剂可增加机体对自身胰岛素的敏感性，使自身的胰岛素得以“复活”而充分发挥作用，这样就可使血糖能够重新被机体组织细胞所摄取和利用，使血糖下降，达到长期稳定和全面地控制血糖的目的，使人体可长久享用自身分泌的胰岛素。

糖尿病治疗必须以饮食控制、运动治疗为前提。糖尿病人应避免进食糖及含糖食物，减少进食高脂肪及高胆固醇食物，适量进食高纤维及淀粉质食物，进食要少食多餐。运动的选择应当在医生的指导下进行，应尽可能做全身运动，包括散步和慢跑等。在此基础上应用适当的胰岛素增敏剂类药物，而不是过度使用刺激胰岛素分泌的药物，才能达到长期有效地控制血糖的目的。

流行病学调查表明，大约有 75% 不重视血糖控制的糖尿病患者，在发病 15 年内发生糖尿病性视网膜病变。在糖尿病患者中，发生糖尿病视网膜病变者，达 50% 以上。

糖尿病造成机体损害的病理原因是高血糖对微小血管的损伤，它使视网膜毛细血管的内皮细胞与周细胞受损，从而导致毛细血管失去正常的屏障功能，出现渗漏现象，造成周围组织水肿、出血，继而毛细血管的闭塞引起视网膜缺血，血供与营养缺乏，导致组织坏死及新生血管生长因子的释放及因之而产生的新生血管，从而将引起视网膜大量出血与玻璃体的大量积血，产生增殖性玻璃体视网膜病变。年龄愈大，病程愈长，眼底发病率愈高。年轻人较老年人患者危险性更大，预后常不良。若糖尿病能得到及时控制，不仅发生机会少，同时对视网膜损害也较轻，否则视网膜病变逐渐加重，发生反复出血，导致视网膜增殖性改变，甚至视网膜脱离，或并发白内障。

糖尿病性肾病(DN)是糖尿病的常见慢性并发症，也是糖尿病患者死亡的主要原因之一。早期 DN 有 30%～80% 患者发展为临床期 DN ，此时伴有肾小球滤过率进行性下降，最终进入终末期肾病，是肾小球为 1 型糖尿病患者的主要死亡原因，对 2 型糖尿病患者其严重性仅次于冠状动脉和脑血管动脉粥样硬化症。

(2)低血糖与低血糖昏迷。人血糖浓度低于 3.92 mmol/L(70 mg/100 mL)称为低血糖。脑细胞所需能量直接靠摄取血中葡萄糖进行分解。血糖浓度降低后，进入脑组织葡萄糖减少，脑细胞能量供应不足，影响脑细胞正常功能，出现头晕、心悸、手颤、冒冷汗等症状。若血糖降低至 2.52 mmol/L(45 mg/100 mL)时，会严重影响大脑功能，出现惊厥和昏迷，被称为低血糖昏迷或低血糖休克。出现低血糖时可输注葡萄糖液，临床用于输注有 5%～10%葡萄糖液，20%～50%的高渗葡萄糖液。输注葡萄糖液只是急救措施,临床上更重要的是针对病因治本。

低血糖是血糖来源少或血糖去路增加所引起。常见原因有:

①胰岛 β 细胞器质性疾病,如 β 细胞增生或肿瘤等,可导致胰岛素分泌过多。

②严重肝疾病,肝糖原贮存及糖异生作用降低,肝不能有效地调节血糖。

③内分泌紊乱,对抗胰岛素的激素分泌不足。

④长期饥饿、持续剧烈运动、使用胰岛素过量等。

习题

一、填空

1. 糖无氧代谢是在无氧参与下的不彻底分解过程,体内组织细胞中的糖或糖原的葡萄糖单位分解为________并释放________能量的过程,又称为________可用 EMP 表示。参与此过程的酶类均存在于________中。
2. 生物体在有氧条件下,将葡萄糖或________彻底分解为________和________,并释放能量的过程,称为糖的有氧分解。
3. 在有氧条件下,乙酰 CoA 经过一个由________开始又回到柠檬酸的循环反应,使其彻底氧化成水和二氧化碳的过程称为________,是糖类、脂类、蛋白质彻底氧化的共同的途径。
4. 由非糖物质转变为葡萄糖或糖原的过程称为________,主要包括________、________、________三种方式。
5. 糖的分解代谢途径主要包括________、________和________。

二、选择题

1. 一分子葡萄糖进行糖酵解净剩 ATP 分子数为(　　)。

A. 1　　B. 2　　C. 3　　D. 4

2. 三羧酸循环中不提供氢的步骤是(　　)。

A. 柠檬酸→异柠檬酸　　B. 异柠檬酸→α-酮戊二酸

C. α-酮戊二酸→琥珀酰 CoA　　D. 琥珀酸→延胡索酸

E. 苹果酸→草酰乙酸

3. 血糖浓度高于 8.96 mmol/L,超过肾小管对糖的最大重吸收能力,这个最大重吸收能力称为(　　)。

A. 高血糖　　B. 低血糖　　C. 肾糖阈　　D. 糖异生作用

4. 三羧酸循环中直接以 FAD 为辅酶的酶是(　　)。

A. 异柠檬酸脱氢酶　　B. 琥珀酸脱氢酶

C. 苹果酸脱氢酶　　D. 丙酮酸脱氢酶

5. 属于底物水平磷酸化产生 ATP 的反应(　　)。

A. 琥珀酰 CoA—琥珀酸　B. 乳酸—丙酮酸
C. 苹果酸—草酰乙酸　D. 琥珀酸—延胡索酸

6. 1 mol 葡萄糖彻底氧化净生 ATP 的摩尔数是(　　)。
A. 2 或 3　B. 38 或 36　C. 32 或 30　D. 12 或 15

7. 不能直接补充血糖代谢过程是(　　)。
A. 肝糖原分解　B. 肌糖原分解
C. 食物糖类的消化吸收　D. 糖异生作用

8. 能使血糖下降的激素是(　　)。
A. 肾上腺素　B. 胰高血糖素　C. 糖皮质激素　D. 胰岛素

9. 合成糖原(或淀粉)时,葡萄糖的直接提供体是(　　)。
A. G-1-P　B. G-6-P　C. UDPG　D. CDPG

10. 糖原的一个葡萄糖单位无氧分解时净生成(　　)个 ATP。
A. 1 个　B. 2 个　C. 3 个　D. 4 个

11. 成熟红细胞主要以糖酵解供能的原因是(　　)。
A. 缺氧　B. 缺少 TPP　C. 缺少 CoA　D. 缺少线粒体

12. 人体生理活动的主要直接供能物质是(　　)。
A. ATP　B. GTP　C. 脂肪
D. 葡萄糖　E. 磷酸肌酸

13. 糖酵中唯一的氧化步骤的反应是(　　)。
A. 3-磷酸甘油醛→磷酸二羟丙酮
B. 葡萄糖→6-磷酸葡萄糖
C. 3-磷酸甘油醛→1,3-二磷酸甘油酸
D. 丙酮酸→乳酸

14. 在胞浆中进行与能量生成有关的代谢过程是(　　)。
A. 三羧酸循环　B. 氧化磷酸化　C. 电子传递　D. 糖酵解

15. 丙酮酸脱氢酶系包括多种酶和辅助因子,下列不属于丙酮酸脱氢酶系组分的是(　　)。
A. TPP　B. 硫辛酸　C. FMN　D. NAD^+

16. 糖的无氧酵解与有氧分解代谢的交叉点物质是(　　)。
A. 丙酮酸　B. 乳酸
C. 磷酸烯醇式丙酮酸　D. 乙醇

17. 三羧酸循环的第一步反应产物是(　　)。
A. 柠檬酸　B. 草酰乙酸　C. 乙酰 CoA　D. CO_2

18. 糖的有氧氧化的最终产物是(　　)。

A. CO_2＋H_2O＋ATP　　B. 乳酸
C. 丙酮酸　　D. 乙酰 CoA

19. 糖原合成酶催化形成的键是(　　)。
A. α-1,6-糖苷键　　B. β-1,6-糖苷键
C. α-1,4-糖苷键　　D. β-1,4-糖苷键

20. 肌糖原不能直接补充血糖的原因是(　　)。
A. 缺乏葡萄糖-6-磷酸酶　　B. 缺乏磷酸化酶
C. 缺乏脱支酶　　D. 缺乏己糖激酶

21. 下列化学反应中,放能过程是(　　)。
A. 葡萄糖生成 CO_2 和 H_2O　　B. 由氨基酸合成蛋白质
C. 葡萄糖在肝中合成糖原　　D. ADP 磷酸化为 ATP

22. 体内 CO_2 来自(　　)。
A. 碳原子被氧化
B. 呼吸链的氧化还原过程
C. 有机酸的脱羧
D. 糖的无氧酵解

三、问答题

1. 三羧酸循环过程及意义是什么?
2. 糖无氧分解有何生理意义?举例说明。
3. 说明糖原在动物体内的分布及分子结构。
4. 什么是糖的异生作用?主要原料有哪些?在哪个器官中进行?

实训 5.1　邻甲苯胺法测定血糖

一、能力目标

掌握邻甲苯胺法测定血糖的原理和方法。

二、血糖测定原理

葡萄糖在热醋酸溶液中与邻甲苯胺缩合生成蓝绿色西夫氏碱(Schiff base),其颜色的深浅与葡萄糖含量成正比。与同样处理的葡萄糖标准液比色(或根据其光密度查标准曲线)可求得待检血样品中葡萄糖的含量。

血液葡萄糖在进食后明显升高，所以必须采取空腹血做血液葡萄糖测定，血细胞糖酵解作用会降低血液葡萄糖浓度，所以血液抽出后应及时测定，或用含氟化钠的抗凝剂抑制糖酵解，可稳定 24 h。由于邻甲苯胺只与醛糖作用而显色，故此种测定法不受血液中其他还原物质的干扰，测定时也无需去除血浆或血清中的蛋白质，测定结果为真糖值。

三、器材和试剂

(1)器材：试管及试管架，吸量管，水浴锅，721 型分光光度计，方格坐标纸。

(2)试剂：

①邻甲苯胺试剂：称取硫脲(A・R)2.5 g，溶于冰醋酸(A・R)750 mL 中。将此溶液转移入 1 L 容量瓶内，加邻甲苯胺 150 mL，2.4%硼酸溶液 100 mL，再加冰醋酸至 1 L 刻度，置棕色瓶中，至少可应用 2 个月。

②葡萄糖贮存标准液(50 mmol/L)：将少量无水葡萄糖(A・R 或 C・P)置于硫酸干燥器内一夜。精确称取此葡萄糖 0.900 0 g，以饱和苯甲酸溶液溶解并转移入 100 mL 容量瓶内，再以饱和苯甲酸溶液稀释至 100 mL 刻度。置冰箱中可长期保存。

③葡萄糖应用标准液(1.25 mmol/L)：准确吸取葡萄糖贮存标准液 2.5 mL，置 100 mL 容量瓶内，以饱和苯甲酸溶液稀释 100 mL 刻度。

④饱和苯甲酸溶液：称取苯甲酸 2.5 g，加入蒸馏水 1 L 中，煮沸使溶解。冷后盛于试剂瓶中。

四、标准曲线和回收试验

(1)标准曲线：配制一系列已知不同浓度的测定物标准溶液，按样品测定同样的方法处理显色，分别测得它们的吸光度，再以吸光度为纵坐标，浓度为横坐标，在方格坐标纸上作图，所得的曲线即标准曲线。

(2)回收试验：比色法中测定液除含待测成分外，还含有许多非测定成分而与标准液不一致，它们是否影响显色反应引起误差，常借回收试验来检查。在待测样品中加入已知浓度的标准物质，再按样品测定的条件和方法进行测定，然后计算测出标准物质量占加入标准物质量的百分率，这种试验即回收试验，算出的百分率即回收率。回收率愈接近 100%愈好，一般认为达到(100±5)%即较为理想。回收率的好坏在一定程度上说明测定结果的准确度，也可反映干扰物质存在与否，影响程度如何，以及这种影响与浓度有无关系；此外，还可以检查操作误差和仪器误差。

五、操作

取洁净干燥试管 8 支,编号,按下表操作。

试剂	空白管	标准管					测定管	回收管
	(1)	(2)	(3)	(4)	(5)	(6)	(7)	(8)
血浆(或血清)(mL)	—	—	—	—	—	—	0.05	0.05
葡萄糖标准液 (1.25 mmol/L)	—	0.1	0.2	0.3	0.4	0.5	—	0.2
蒸馏水(mL)	0.6	0.5	0.4	0.3	0.2	0.1	0.55	0.35
邻甲苯胺试剂(mL)	5.0	5.0	5.0	5.0	5.0	5.0	5.0	5.0
$A_{(630\ nm)}$								

混匀后置沸水浴中加热 15 min。取出,用流水或冷水浴冷却。用 630 nm 波长进行比色,以空白管校正吸光度到零点,读取各管吸光度读数。

六、计算及作图

(1)选择与测定管接近的标准管的吸光度值,列出计算公式,计算出血浆(或血清)中葡萄糖的含量(mmol/L)。

(2)将以上各标准管的吸光度值为纵坐标,相应的各标准管的葡萄糖的浓度(依次相当于 1.25 mmol/L ,2.5 mmol/L,3.75 mmol/L,5.0 mmol/L,6.25 mmol/L)为横坐标,在坐标纸上作图,绘制成标准曲线。

(3)从标准曲线中查出血浆或血清的葡萄糖含量,并与计算结果作比较。

(4)回收率的计算:

①选择与回收管接近的标准管的吸光度值,列出计算公式,计算出回收管的葡萄糖含量(mmol/L)。

②计算回收量:

回收量(mmol/L)=回收管葡萄糖含量(mmol/L)-测定管葡萄糖含量(mmol/L)

③计算回收率:

$$回收率=\frac{回收量}{加入量}\times 100\%$$

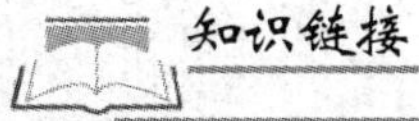

1. 全血的制备技术

取清洁干燥的试管或其他容器，收集动物的新鲜血液，立即与适量的抗凝剂充分混合（注意避免激烈振荡），所得到的抗凝血为全血。每毫升血液中加入抗凝剂的种类可以根据实验的需要进行选择，但是用量不宜过大，否则将影响实验的结果。

常用的抗凝剂有草酸盐、柠檬酸盐、氟化钠、肝素等，根据实验的要求而定，一般情况下使用廉价的草酸盐。抗凝剂的使用不宜过多，通常每毫升可加1～2 mg 草酸盐、5 mg 柠檬酸盐、5～10 mg 氟化钠或 0.01～0.2 mg 肝素等其中的一种。可将抗凝剂配成适当浓度的水溶液，然后取 0.5 mL 放在收集血的小试管中并横放蒸干（用肝素为抗凝剂时，蒸干温度不超过 30℃）备用。

2. 血浆的制备技术

将已抗凝的全血于 2 000 r/min 离心 10 min，沉降血细胞，取上层清液即为血浆。

3. 血清的制备技术

血清是全血不加抗凝剂自然凝固后析出的淡黄清亮液体。

制备方法：将刚采集的血液直接注入试管或离心管中。将试管放成斜面，让其自然凝固，一般经 3 h 血块自然收缩而析出血清；也可将血样放入 37 ℃恒温箱内，促使血块收缩，能较快地析出血清。为了缩短时间，也可用离心机分离（未凝或凝固的均可离心），分离出的血青，用吸管吸出置于另一试管中，若不清亮或带有血细胞，应重离心，加盖冷藏备用。

4. 无蛋白血滤液制备技术

分析血液中某些成分时，要避免蛋白质的干扰，故需预先除去血中的蛋白质成分，制成无蛋白滤液。可以根据实验的特殊要求选用不同的蛋白沉降剂。常用的蛋白沉降剂有钨酸、三氯乙酸和氢氧化锌。

实训 5.2　发酵过程中无机磷的利用

一、目的

①了解发酵过程中无机磷的利用。

②掌握定磷法的原理和操作技术。

二、原理

酵母能使蔗糖或葡萄糖发酵生成乙醇和二氧化碳，在发酵过程中利用无机磷，使葡萄糖磷酸化，生成已糖磷酸酯和丙糖磷酸酯等中间产物。因而加入到发酵液中的无机磷逐步被消耗。本实验用钼酸与无机磷形成的磷钼酸络合物能被还原剂α-1,2,4-氨基萘酚磺酸钠还原成钼蓝的原理来测定发酵前后反应混合物中无机磷的含量，用以观察发酵过程中无机磷的消耗。

三、器材和试剂

(1)器材：试管及试管架，研钵，吸管，小漏斗，恒温水浴，滤纸，锥形瓶，恒温水浴，分光光度计。

(2)试剂：

①新鲜啤酒酵母或面包酵母。

②5%三氯醋酸。

③蔗糖。

④磷酸盐溶液：称取 $Na_2HPO_4 \cdot 12H_2O$ 120.7 g(或 $Na_2HPO_4 \cdot 2H_2O$ 60 g)和 KH_2PO_4 20 g 溶解于蒸馏水中，定容至 1 000 mL，在冰箱中贮存备用。临用前稀释 1～5 倍。

⑤标准磷酸盐溶液：将磷酸二氢钾(KH_2PO_4)在 110℃烘箱中烘干 2 h，冷却后准确称取 0.109 8 g，用蒸馏水溶解，定容到 1 000 mL，成为每毫升溶液含 25 μg 无机磷的标准磷酸盐溶液。

⑥α-1,2,4-氨基萘酚磺酸溶液：将 0.25 g α-1,2,4-氨基萘酚磺酸，15 g 亚硫酸氢钠及 0.5 g 亚硫酸钠溶于 100 mL 蒸馏水中。使用前加水 3 份混合均匀。

⑦3 mol/L 硫酸和 2.5%钼酸铵等体积混合液 1 000 mL。

四、操作步骤

(1)标准曲线的制定：按下表次序在各管内加入不同量的标准磷酸盐溶液和试剂，充分摇匀后于 37℃水浴中保温 10 min。冷却后，在 $A_{660\ nm}$ 波长下测定吸光度，以含磷总量为横坐标，光吸收值为纵坐标，绘制标准曲线。应注意，不可待各管都加完 α-1,2,4-氨基萘酚磺酸溶液以后再同时混匀。应加一管混匀一管，保温一管，力求各管的无机磷与还原剂反应的时间严格一致。

(2)称取 2 g 酵母和 1 g 蔗糖，放入研钵内研碎，加 5 mL 水和 5 mL(根据磷酸盐溶液浓度定具体加入量)磷酸盐溶液,研磨均匀。移至 50 mL 锥形瓶中,并立即取出 1 mL 均匀悬浮液,加入已盛有 3 mL 5%的三氯醋酸溶液的试管中,摇匀,为第 1 管。将锥形瓶放入 37℃水浴中保温。每隔 30 min 取出 1 mL 悬浮液,立即加入到盛有 3 mL 三氯醋酸的试管中,共取 2 次,分别为第 2、3 管。将每个试样静置 10 min 后用干滤纸过滤以分别取得各试样的无蛋白滤液。注意在每次吸取悬浮液前,将锥形瓶中的混合物充分摇匀。

管号	标准磷酸盐溶液(mL)	含磷量(μg)	蒸馏水(mL)	钼酸铵-硫酸溶液(mL)	α-1,2,4-氨基萘酚磺酸溶液(mL)		$A_{660\ nm}$吸光度
1	0	0	3.0	2.5	0.5	37℃保温10 min后冷却至室温	
2	0.2	5	2.8	2.5	0.5		
3	0.4	10	2.6	2.5	0.5		
4	0.6	15	2.4	2.5	0.5		
5	0.8	20	3.2	2.5	0.5		
6	1.0	25	2.0	2.5	0.5		

(3)无机磷测定。取 5 支洁净干燥的试管,编号后按下表加入种溶液并按标准曲线制定的同样方法操作,分别测定各管 $A_{660\ nm}$的吸光度,各管均应作一平行管,取其吸光度的平均值,从标准曲线上查出各试样的无机磷含量,以试样 1 的无机磷含量为 100%,计算酵母发酵 30、60、90 min 后消耗无机磷的相对百分含量。

管号	发酵时间(min)	无蛋白滤液(mL)	蒸馏水(mL)	钼酸铵-硫酸溶液(mL)	α-1,2,4-氨基萘酚磺酸溶液(mL)		$A_{660\ nm}$吸光度
1	0	0.1(试样 1)	2.9	2.5	0.5	37℃保温10 min后冷却至室温	
2	30	0.1(试样 2)	2.9	2.5	0.5		
3	60	0.1(试样 3)	2.9	2.5	0.5		
4	90	0.1(试样 4)	2.9	2.5	0.5		
5	—		3.0	2.5	0.5		

第六章　生物氧化

知识目标

掌握生物氧化的基本概念、特点及生物氧化的方式

掌握线粒体生物氧化体系的组成及其氢和电子的传递

熟悉生物氧化过程中ATP的生成及其贮存利用，影响氧化磷酸化的因素

技能目标

能用生物氧化的相关知识解释某些中毒现象

生物体在生命活动过程中所需要的能量主要来源于体内糖、脂肪、蛋白质的氧化作用所释放的能量，通过生物氧化过程释放的能量，转换贮存于高能磷酸化合物如ATP中供生命活动需要。

一、生物氧化概述

(一)生物氧化的概念及特点

1.生物氧化的基本概念

有机物质在生物体细胞内进行的氧化分解称为生物氧化(biological oxidatim)，主要是糖、脂肪、蛋白质等在体内分解时逐步释放能量，最终生成二氧化碳和水的过程。生物氧化在细胞的线粒体内及线粒体外均可进行，但氧化过程不同。在真核生物细胞，生物氧化主要在线体粒中进行，而原核生物是在细胞质膜上进行。

细胞在进行生物氧化的同时，主要表现为摄取 O_2，并释放 CO_2，故又称生物氧化为细胞呼吸或组织呼吸。

2.生物氧化的特点

生物氧化与体外物质氧化或燃烧的化学本质是相同的，即都是消耗氧，使有机物氧化，最终生成二氧化碳和水，释放的总能量也相等，但两者所进行的方式不同，生物氧化又有其特点：

(1)生物氧化是在细胞内由酶所催化进行的氧化反应。生物可以根据需要，通过对酶的调节来调节被氧化物质的氧化速度。

(2)生物氧化是在常温、常压、近于中性及有水环境中进行的，有的反应需要水的直接参与。

(3)生物氧化所产生的能量是逐步释放并首先贮存在一些高能化合物中。逐步释放能量的方式，不会引起生物体温的突然升高，对机体有保护作用，而且可使释放出来的能量得到最有效的利用。机体利用能量的方式是将生物氧化过程中释放的能量先贮存在一些高能化合物如 ATP 中，在需要的时候再由 ATP 分子水解释放能量，并可以转换成各种形成的能量，以供机体生命活动的需要。因此，ATP 相当于生物体内能量的“贮存库”和“转运站”。

(4)生物氧化中生成的水，是有机物脱氢，经一系列传递后与氧结合产生的；二氧化碳的生成是有机酸脱的结果。

(二)生物氧化的方式

依细胞定位和功能不同可将生物氧化分为两种体系，一是发生在细胞线粒体内以提供能量为主要功能的线粒体氧化体系；二是发生在细胞线粒体外行使特殊作用的非线粒体氧化体系。

在线粒体氧化体系中，糖、脂肪和蛋白质分解的中间产物，经三羧酸循环彻底氧化。氧化脱下的氢经电子传递链传递，最终与氧结合生成水。非线粒体氧化体系主要包括微粒体氧化体系和过氧化体氧化体系、多酚氧化体系、抗坏血酸氧化酶体系等生物氧化体系。这类氧化体系与能量的生成无关，其主要生理功能在于处理和消除环境污染物、化学致癌物、药物和毒物以及体内代谢有害物等。

二、线粒体生物氧化体系

生物氧化所要了解的主要问题是代谢物分子中的氢是怎样脱下来的，以及脱下来的氢是如何与分子氧结合生成水并释放出能量的。

线粒体存在于几乎所有需氧真核细胞中，它含有与生物氧化必不可少的各种酶和辅酶。生物氧化的途径是先由特异的脱氢酶作用于代谢物，使代谢物分子中的成对氢原子(2H)被激活而脱落，然后按一定的顺序经一系列酶或辅酶的传递，最终与分子氧结合成水，由于此过程与细胞利用氧有关，所以将此传递链称为呼吸链(respiratory chain)。

在呼吸链中，酶和辅酶按一定顺序排列在线粒体内膜上。其中传递氢的酶或辅酶称之为递氢体，传递电子的酶或辅酶称之为电子传递体，不论递氢体还是电子传递体都起传递电子的作用($2H \rightarrow 2H^+ + 2e$)，所以呼吸链又称电子传递链(electrontransfer chain)。

(一)呼吸链的组成

现已发现组成呼吸链的成分有多种，主要可分为以下五大类：

1. 烟酰胺腺嘌呤二核苷酸(NAD^+)或称辅酶Ⅰ(CoⅠ)

NAD^+是多种不需氧脱氢酶的辅酶，是连接代谢物与呼吸链的重要环节。NAD^+的主要功能是接受从代谢物脱下的2H($2H^+ + 2e$)，然后传递给另一传递体黄素蛋白。在生理pH条件下，烟酰胺中的吡啶氮为五价氮，它能可逆地接受电子而成为三价氮，与氮对位的碳也较为活泼，能可逆的加氢和脱氢，故可将NAD^+视为递氢体。反应时，NAD^+中的烟酰胺部分可接受一个氢原子及一个电子，尚有一个质子(H^+)留在介质中。

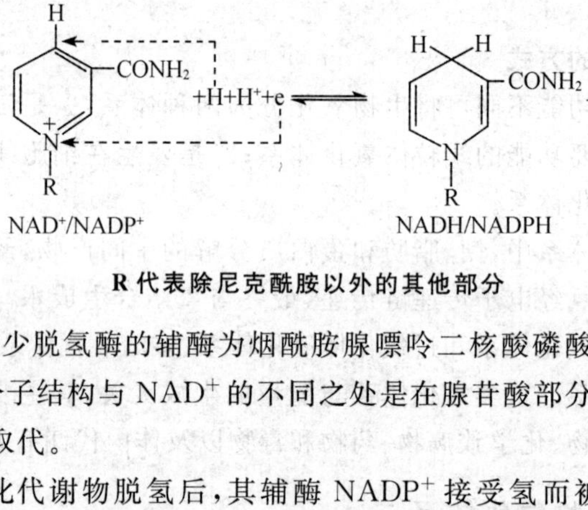

H CONH2 +H+H⁺+e ⇌ H H CONH2 +H⁺ N R N R

NAD⁺/NADP⁺ NADH/NADPH

R代表除尼克酰胺以外的其他部分

此外，亦有不少脱氢酶的辅酶为烟酰胺腺嘌呤二核酸磷酸($NADP^+$)，又称辅酶Ⅱ(CoⅡ)，其分子结构与NAD^+的不同之处是在腺苷酸部分核糖的2′位碳上羟基的氢被磷酸基取代。

当此类酶催化代谢物脱氢后，其辅酶$NADP^+$接受氢而被还原成$NADPH + H^+$，它须经吡啶核苷酸转氢酶(pyridine nucleutide transhydrogenase)作用将氢转移给NAD^+再经呼吸链传递，但$NADPH + H^+$一般是为合成代谢或羟化反应提供氢。

2. 黄素蛋白(flavoproteins，FP)

黄素蛋白是以FMN或FAD为辅基的不需要氧脱氢酶。催化代谢物脱下的氢，由辅基FMN或FAD的异咯嗪环上的1位和10位2个氮原子接受，从而变成还原态的$FMNH_2$或$FADH_2$。所以FMN或FAD分子中的异咯嗪环部分发挥功能进行可逆的加氢脱氢反应。

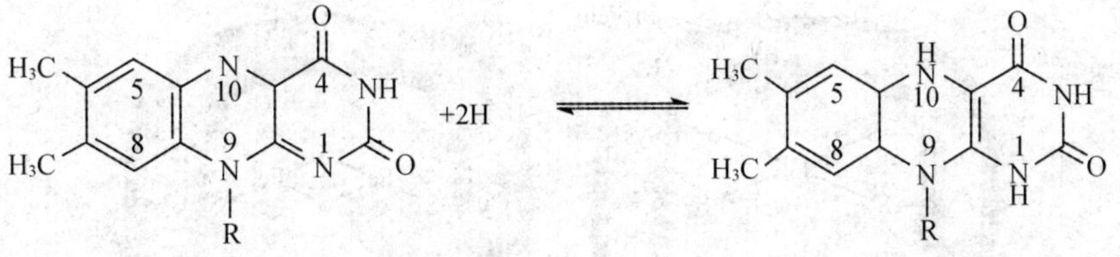

FMN/FAD $+2H \rightleftharpoons$ $FMNH_2/FADH_2$

呼吸链中的黄素蛋白有两类，一类是黄素脱氢酶，如琥珀酸脱氢酶、二氢硫辛酸脱氢酶、脂酰辅酶A脱氢酶，其辅基为FAD，催化底物脱氢。FAD接受代谢物上脱下的2H，然后传递给呼吸链上的下一递氢体泛醌，是连接代谢物与呼吸链的重要环节。另一类黄素蛋白是还原型脱氢辅酶的脱氢酶，主要为NADH脱氢酶，其辅基为FMN，催化NADH脱氢，FMN接受$NADH+H^+$的两个氢原子，然后传递给泛醌。

3.铁硫蛋白(iron-sulfur protein, Fe-S)

又称铁硫中心，是存在于线粒体内膜上的一种与传递电子有关的蛋白质，其特点是分子中含铁原子和硫原子，铁是与无机硫原子或是与蛋白质肽链上半胱氨酸残基的硫相结合。

常见的铁硫蛋白有三种组合方式，如图6-1所示。

(1)单个铁原子与4个半胱氨酸残基上的巯基硫相连。

(2)两个铁原子、两个无机硫原子组成(2Fe-2S)，其中每个铁原子还各与两个半胱氨酸残基的巯基硫相结合。

(3)由4个铁原子与4个无机硫原子相连(4Fe-4S)，铁与硫相间排列在一个正六面体的8个顶角端；此外4个铁原子还各与一个半胱氨酸残基上的巯基硫相连。

铁硫蛋白中通过Fe^{2+}与Fe^{3+}的可逆变化实现电子传递的，每次只能传递一个电子，为单电子传递体。

在呼吸链中，不同铁硫蛋白往往与FAD、FMN、Cytb结合成复合物而存在，分别在$FADH_2$到泛醌Q、FMN到泛醌Q、Cytb到Cytc之间传递电子。

4.泛醌(ubiquinone ,UQ或Q)

又称辅酶Q(CoQ)，为脂溶性苯醌类化合物，以苯醌作为传递H^+和电子的反应核心，它是呼吸链中唯一不与蛋白质结合的单纯递氢体，接受黄素蛋白的两个氢，然后将质子释放在线粒体基质中，将电子传递给细胞色素。

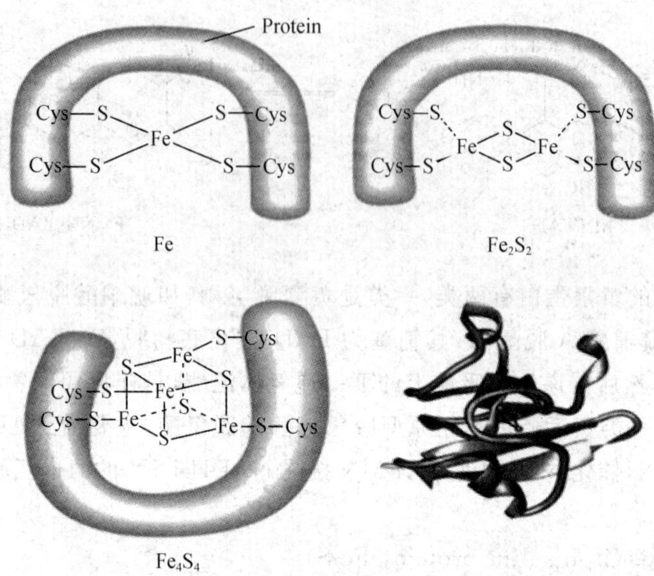

图 6-1 铁硫蛋白结构

$$\text{泛醌（氧化型）} + 2H \rightleftharpoons \text{二氢泛醌（还原型）}$$

泛醌
（氧化型）

二氢泛醌
（还原型）

5. 细胞色素类(cytochromes,Cyt)

细胞色素是位于线粒体内膜的含铁电子传递体，其辅基为铁卟啉，铁原子处于卟啉的结构中心，构成血红素。细胞色素类是呼吸链中将电子从泛醌传递到氧的专一酶类。根据它们吸收光谱的不同，细胞色素可分为三类，即 a，b，c，其结构如图 6-2 所示，每一类中又因其最大吸收峰的微小差别再分为几种亚类。线粒体的电子传递链中至少含有五种不同的细胞色素，即 Cytb、Cytc、$Cytc_1$、Cyta、$Cyta_3$。此外，高等动物肝细胞微粒体中也有细胞色素，如细胞色素 P450，b5 等，为微粒体氧化酶系的组成成员。

细胞色素传递电子作用都是依靠辅基中铁离子化合价正二价与正三价之间的可逆变化而实现的，但不同细胞色素其接受电子和释放电子的能力大小不一样(氧化还原电位不同)，而且细胞色素 a_3 和 P450 由于其与蛋白质连接方式的特殊(铁原子空缺一个配位链)，是唯一能将电子传给氧的细胞色素，即能直接被分子氧氧化。而细胞色素 a 与细胞色素 a_3 很难分开，故将细胞色素 aa_3 合称细胞色素氧化酶。

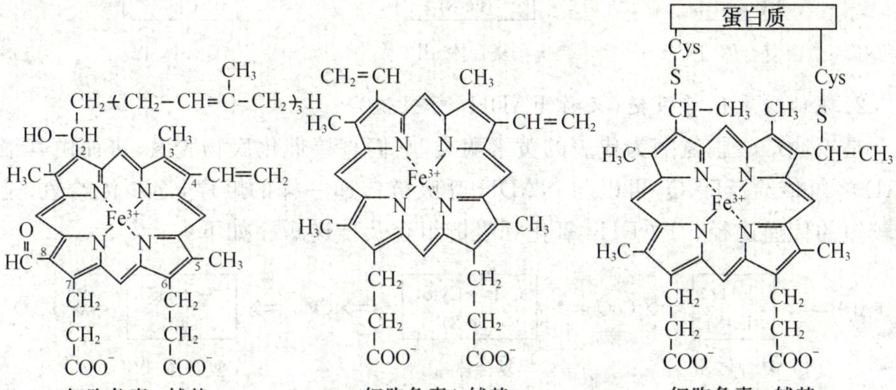

细胞色素 a 辅基　细胞色素 b 辅基　细胞色素 c 辅基

图 6-2　细胞色素辅基

在呼吸链中，细胞色素只接受泛醌 Q 传递来的电子，而将质子游离在线粒体基质中，通过辅基中铁的电子得失而依次将电子传递给细胞色素氧化酶，最后再传给分子氧，使氧被还原成活泼的 O^{2-}，活泼的氧(O^{2-})与基质中活泼的氢(H^+)结合生成水。

(二)线粒体内主要的呼吸链

呼吸链中上述各种传递体是按从氧化还原电位低(易失去电子)向氧化还原电位高(易得到电子)的顺序排列的，它们多数以复合物的形式紧密地镶嵌在线粒体内膜中，成为内膜结构的重要组成部分，呼吸链复合体的组成和名称如表 6-1 所示。

表 6-1　呼吸链复合体名称和组成

复合体	Ⅰ	Ⅱ	Ⅲ	Ⅳ
名称	NADH-泛醌还原酶	琥珀酸-泛醌还原酶	泛醌-细胞色素 C 还原酶	细胞色素 C 氧化酶
呼吸链中位置	NADH 至 CoQ	琥珀酸至 CoQ	CoQ 至 Cytc	Cytc 至 O_2
组成	FMN、铁硫蛋白 CoQ、脂类	FAD、铁硫蛋白 Cytb、脂类	Cytb、Cytc 铁硫蛋白、脂类	Cyta、$Cyta_3$ Cu^{2+}/Cu^+、脂类

目前已知线粒体内的呼吸链有两条，即 NADH 氧化呼吸链和琥珀酸氧化呼吸链。

1. NADH 呼吸链

NADH 呼吸链是细胞内最主要的呼吸链，生物氧化过程中绝大多数脱氢酶都是以 NAD^+ 为辅酶，其组成及传递顺序如下：

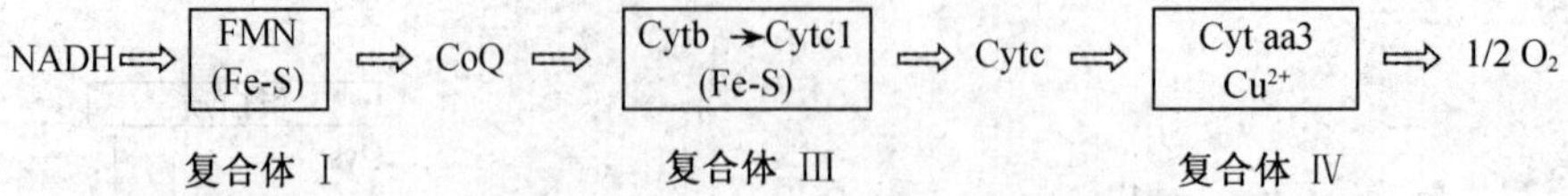

NADH ⟹ [FMN (Fe-S)] ⟹ CoQ ⟹ [Cytb → Cytc1 (Fe-S)] ⟹ Cytc ⟹ [Cyt aa3 Cu^{2+}] ⟹ 1/2 O_2

复合体 Ⅰ　　复合体 Ⅲ　　复合体 Ⅳ

2. 琥珀酸氧化呼吸链(又称 $FADH_2$ 呼吸链)

是以琥珀酸脱氢酶为代表的黄素酶类，它们直接催化底物脱氢，进而由其辅基 FAD 将氢传给泛醌 Q，再以与 NADH 呼吸链传递一样的顺序，逐步传给氧，是一条较短的传递途径。$FADH_2$ 氧化呼吸链组合及传递顺序如下：

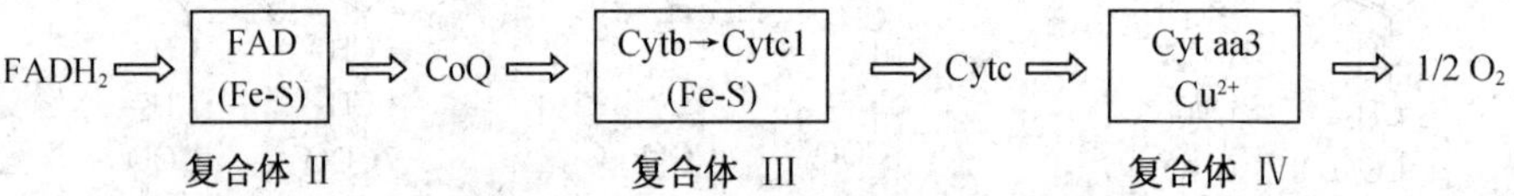

$FADH_2$ ⟹ [FAD (Fe-S)] ⟹ CoQ ⟹ [Cytb → Cytc1 (Fe-S)] ⟹ Cytc ⟹ [Cyt aa3 Cu^{2+}] ⟹ 1/2 O_2

复合体 Ⅱ　　复合体 Ⅲ　　复合体 Ⅳ

两条呼吸链的关系如图 6-3 所示。

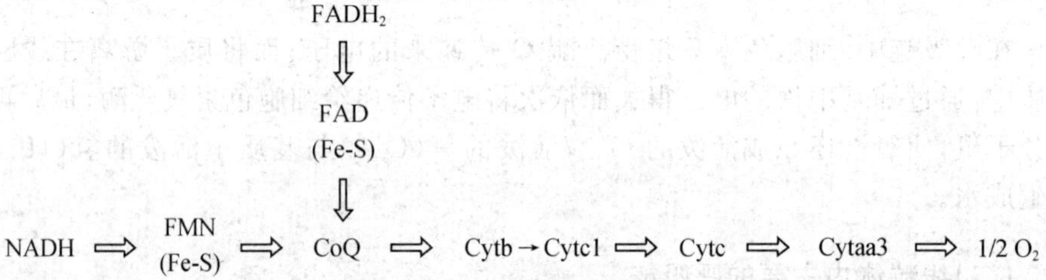

$FADH_2$ ⇓ FAD (Fe-S) ⇓

NADH ⟹ FMN (Fe-S) ⟹ CoQ ⟹ Cytb → Cytc1 ⟹ Cytc ⟹ Cytaa3 ⟹ 1/2 O_2

图 6-3　两条呼吸链的关系

综上所述，不难看出，呼吸链相当于一个与氧化有关的、唯一的，为所有脱氢酶所共用的传递装置，代谢物氧化脱下的一对氢，通过该装置传递给氧生成水。不论该代谢物来自糖还是来自脂肪分解的中间产物；也不论氧化脱氢反应发生在线粒体内如三羟酸循环中四次脱氢(详见糖代谢)，还是发生在线粒体外如 3-磷酸甘油醛脱氢(NADH 必须先通过一定转运方式进入线粒体)，都可以通过呼吸链这一传递装置完成氧化过程。

(三)生物氧化中能量的产生

生物氧化消耗氧，产生二氧化碳，而且在这个过程中释放能量。在有机体的能量代谢中，ATP 是体内主要的高能磷酸化合物，是所有生物能够直接利用的能量形式。体内 ATP 的生成有两种方式：底物水平磷酸化和氧化磷酸化。

1. 氧化磷酸化(oxidative phosphorylation)

代谢物氧化脱氢经呼吸链传递给氧生成水的同时，释放能量使 ADP 磷酸化生成为 ATP，由于是代谢物的氧化反应与 ADP 磷酸化反应偶联发生，故称为氧化磷酸化(图 6-4)，如果只有代谢物的氧化过程，而不伴随有 ADP 磷酸化的过程，则称为氧化磷酸化的解偶联。

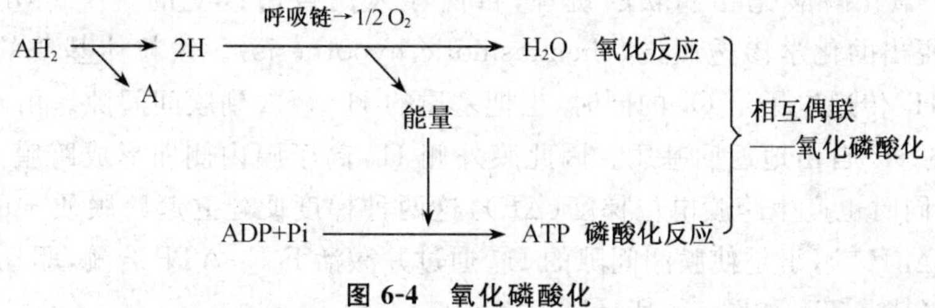

图 6-4　氧化磷酸化

氧化磷酸化是需氧生物生成 ATP 的主要方式，在糖、脂等氧化分解代谢过程中除少数反应外，几乎全通过氧化磷酸化生成 ATP。

2. 氧化磷酸化的偶联部位

呼吸链传递过程中，利用氧生成水的同时伴随无机磷酸的消耗以生成 ATP ($ADP + H_3PO_4 \rightarrow ATP + H_2O$)。氧的消耗与 ATP 的生成量(也即无机磷酸的消耗量)具有特殊的定量关系。通过这种特殊定量关系可求得消耗 1 分子氧原子所形成的 ATP 分子数。常将无机磷酸消耗的分子数与氧原子消耗的分子数之比叫做 P/O 比值。

在呼吸链上氧化释放较高的能量，足以使 ADP 磷酸化生成 ATP 的部位称为氧化磷酸化的偶联部位(图 6-5)。实验证明，电子在复合体Ⅰ、复合体Ⅲ和复合体Ⅳ中传递时，所释放的能量可以用于合成 ATP。所以，NADH 呼吸链有 3 个氧化磷酸化的偶联部位，$FADH_2$ 呼吸链有 2 个偶联部位。一对电子在复合体Ⅰ中传

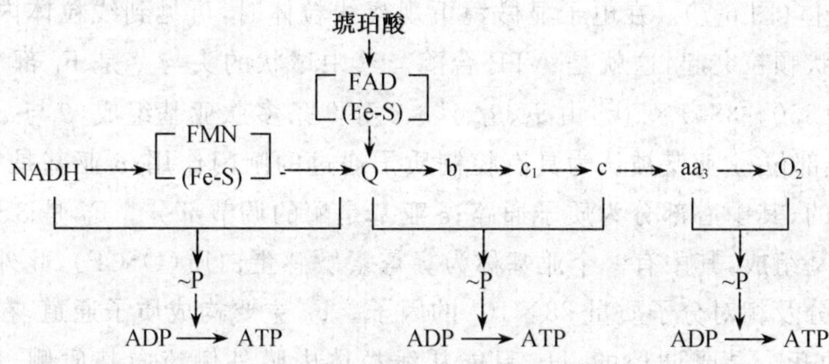

图 6-5　氧化磷酸化的偶联部位

递时，所释放的能量足以形成1分子ATP，在复合体Ⅲ中可以形成1分子ATP，在复合体Ⅳ中可以生成0.5分子ATP。因此，NADH呼吸链的P/O比值为2.5，即消耗1 mol氧原子可生成2.5 mol ATP；$FADH_2$呼吸链的P/O比值为1.5，即消耗1 mol氧原子可以生成1.5 mol ATP。

3.氧化磷酸化的机制

关于氧化磷酸化相偶联的机理，目前被人们普遍接受的是P. Mitchell于1961年提出的化学渗透假说（chemiosmotic hypothesis）。线粒体基质的NADH或$FADH_2$传递电子给O_2的同时，也把基质的H^+释放到膜间间隙。由于内膜不让泵出的H^+自由地返回基质。因此膜外侧H^+高于膜内侧而形成跨膜pH梯度（ΔpH），同时也产生跨膜电位梯度（ΔE），这两种梯度便建立起跨膜质子的电化学势梯度（$\Delta\mu H^+$），于是使膜间间隙的H^+通过并激活F_0F_1-ATP合酶，驱动ADP和Pi结合形成ATP，如图6-6所示。

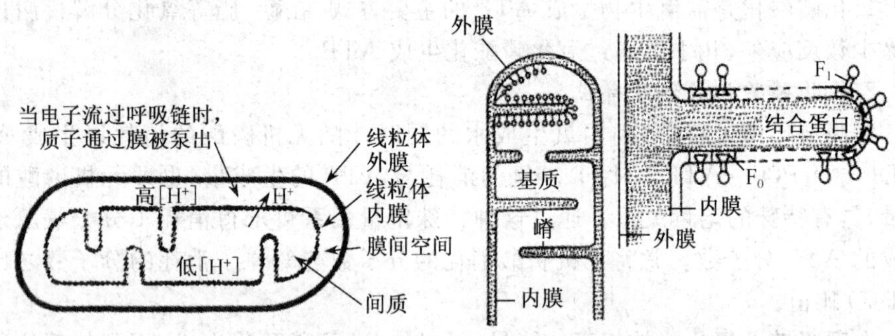

图6-6 氧化磷酸化机制——化学渗透假说示意图

F_0F_1—ATP合酶是一个大的膜蛋白质复合体，相对分子质量在$(480\sim500)\times10^3$，是由两个主要组分（或称因子）构成，一是疏水的F_0，另一是亲水的F_1，又称F_0F_1复合体（图6-7）。在电子显微镜下观察线粒体时，可见到线粒体内膜基质侧有许多球状颗粒突起，这就是ATP合酶。其中球状的头与茎是F_1部分，相对分子质量为$(350\sim380)\times10^3$，由α_3、β_3、γ、δ、ε等9条多肽亚基组成，β与α亚基上有ATP结合部位；γ亚基被认为具有控制质子通过的闸门作用；δ亚基是F_1与膜相连所必需的，其中心部分为质子通路；ε亚基是酶的调节部分。F_0是3～4个大小不一的亚基组成，其中有一个亚基称为寡霉素敏感蛋白质（OSCP），此外尚有一个蛋白质部分及相对分子质量28×10^3的因子。F_0主要构成质子通道，在生理情况下，通道的开头是受调控的，H^+只能从线粒体内膜外侧流向基质侧。目前虽对ATP合酶等的组成有所了解，但H^+回流时能量是如何转移到ATP合酶及ATP

合酶如何催化 ADP 与 Pi 转变为 ATP 还未完全阐明。

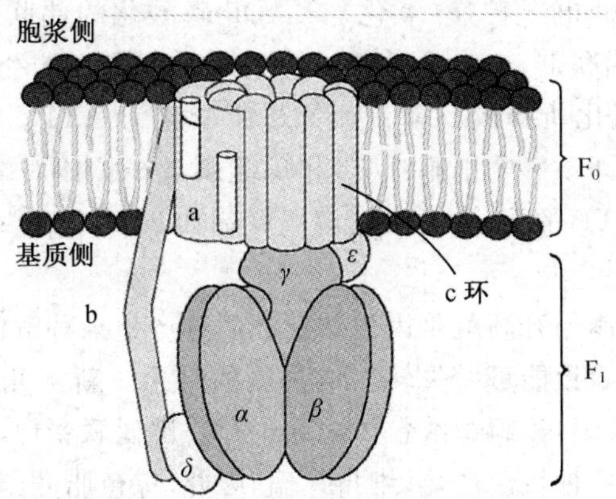

图 6-7 ATP 合酶复合体结构示意图

4. 影响氧化磷酸化的因素

氧化磷酸化的正常依赖于电子传递的顺利进行，以及与其偶联的磷酸化作用的发生。任何影响上述过程中某一环节的外来因素，都能影响氧化磷酸化的正常进行。

(1)呼吸链的抑制剂。呼吸链抑制剂是指能特异地阻断呼吸链上某部位电子传递的物质，抑制剂因抑制了氢和电子传递而妨碍或破坏了能量的供应，使氧化磷酸化不能正常进行，此时，即使氧气供应充足，细胞也不能利用；细胞呼吸受到抑制，组织严重缺氧，能源断绝，甚至危及生命。

常见的抑制剂及其抑制部位如图 6-8 所示。

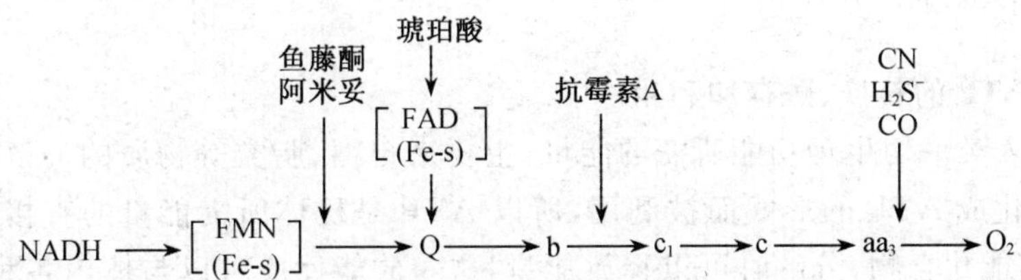

图 6-8 呼吸链抑制剂的作用部位

人发生煤气中毒时，神志不清，不省人事，就是因为煤气(CO)抑制细胞色素 c 氧化酶，使电子不能传递给氧，使得呼吸受到抑制。目前发生的城市火灾事故中，由于装饰材料中的 N 和 C 经高温可形成 HCN，因此，伤员除因燃烧不完全 CO 中毒外，还存在 CN^- 中毒，此类抑制剂可使细胞内呼吸停止，与此相关的细胞生命活动停止，导致人迅速死亡。

(2)解偶联剂。使电子传递（氧化）与ADP磷酸化的偶联过程相分离的物质称氧化磷酸化的解偶联剂，也就是说，解偶联剂使自由能的产生与利用过程互相脱离，ADP因得不到氧化所释放的能量而无法磷酸化为ATP。这类物质不影响呼吸链电子的传递，也即不影响细胞呼吸，相反能刺激线粒体对氧的需要，加强细胞呼吸，但不再引起ATP的形成，常见的解偶联剂如2,4-二硝基酚、双香豆素、水杨酸、水杨酰苯胺等。

人感冒生病时，体温升高就是因为细菌和病毒产生某种解偶联剂，使氧化供能与磷酸化需能分离，导致能量散失转变成热能的结果。新生儿体内存在含有大量线粒体的棕色脂肪组织，该组织线粒体内膜中存在解偶联蛋白，可使氧化磷酸化解偶联，新生儿可通过这种机制产热，维持体温，因此，棕色脂肪组织是新生儿的产热御寒组织。新生儿硬肿症就是因为缺乏棕色脂肪组织，不能维持正常体温而使皮下脂肪凝固引起的。

(3)氧化磷酸化抑制剂。此类抑制剂对电子传递和ADP磷酸化均有抑制作用。例如，寡霉素可以阻止质子从F_0质子通道回流，抑制ATP生成。这时由于线粒体内膜两侧质子电化学梯度增高影响呼吸链质子泵的功能，继而抑制电子传递。

(4)甲状腺激素。甲状腺激素是调节氧化磷酸化的重要激素。目前认为甲状腺激素可诱导细胞膜上Na^+、K^+-ATP酶的生成，使ATP加速分解为ADP和Pi，ADP增多促进氧化磷酸化。甲状腺激素(T_3)还可使解偶联蛋白基因表达增加，因而引起耗氧和产热均增加，所以甲状腺功能亢进患者基础代谢率增高，产热增加，喜冷怕热，易出汗。

(四)ATP的转换、贮存和利用

虽然人类一切生理功能所需的能量，主要来自糖、脂类等物质的分解代谢，但都必须转化成ATP的形式而被利用，所以ATP是机体所需能量的直接供给者。ATP为高能化合物，分解时可以释放能量，这一放能反应可以与体内各种需要能量做功的吸能反应相配合，从而完成各种生理活动。ATP的生成、贮存和利用如图6-9所示。

1. 参与脂类与蛋白质的生物合成过程

ATP可用于糖、脂类及蛋白质的生物合成过程，糖原合成除直接消耗ATP外，还需要UTP参加；磷脂合成尚需要CTP；蛋白质合成还需要GTP。这些三磷酸核苷不是ATP，但均是高能磷酸化合物，它们的生成和补充都有赖于ATP。各种一磷酸核苷在核苷单磷酸激酶催化下生成二磷酸核苷，后者经二磷酸激酶催化生成相应的三磷酸核苷。

$$\mathrm{ATP+UDP \rightarrow ADP+UTP}$$
$$\mathrm{ATP+CDP \rightarrow ADP+CTP}$$
$$\mathrm{ATP+GDP \rightarrow ADP+GTP}$$

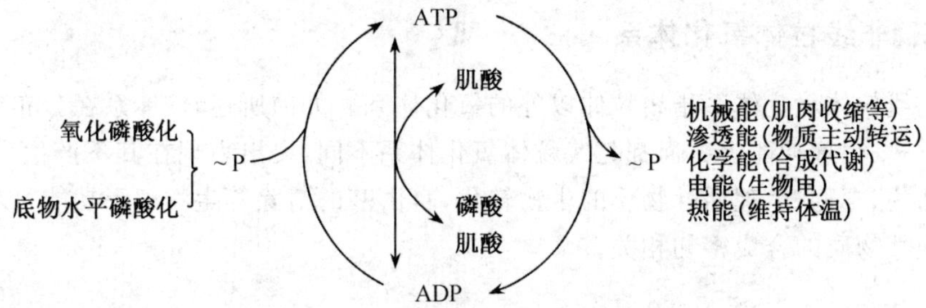

图 6-9　体内能量的生成、贮存和利用

另外，当体内 ATP 消耗过多(例如肌肉剧烈收缩)时，ADP 累积，在腺苷酸激酶的催化下由 ADP 转变成 ATP 被利用。此反应是可逆的，当 ATP 需要量降低时，AMP 从中获得～P 生成 ADP。

2. 为离子转运提供能量

细胞的重要功能之一是排 Na^+ 留 K^+，这是由 Na^+、K^+-ATP 酶完成的。在休息状态下，人体内代谢产生能量的 25% 左右用于支持 Na^+、K^+-ATP 酶，促使 Na^+、K^+ 转移通过质膜。Na^+、K^+-ATP 酶的磷酸化和去磷酸化循环过程要 ATP 消耗来驱动。

3. 磷酸肌酸是肌肉组织中能量的贮存形式

肌酸在肌酸激酶(CK)的作用下，由 ATP 提供能量转变成磷酸肌酸(高能磷酸化合物)。当体内 ATP 不足时，磷酸肌酸又分解放能，以供 ADP 磷酸化生成 ATP，再为生理活动提供能量。

$$\underset{\text{肌酸}}{\mathrm{H_2N{-}C({=}NH){-}N(CH_3){-}CH_2{-}COOH}} + \mathrm{ATP} \underset{}{\overset{\text{肌酸激酶}}{\rightleftharpoons}} \underset{\text{磷酸肌酸}}{\mathrm{H{-}N({\sim}Ⓟ){-}C({=}NH){-}N(CH_3){-}CH_2{-}COOH}} + \mathrm{ADP}$$

心肌与骨骼肌不同，心肌是持续性节律性的收缩与舒张。在细胞结构上，心肌的线粒体是丰富的，它几乎占细胞总体积的 1/2，而且能直接利用糖、游离脂肪酸和酮体为燃料，经氧化磷酸化产生 ATP。但心肌既不能大量贮存脂肪和糖原，也不能贮存很多的磷酸肌酸，因此一旦心肌血管受阻导致缺氧，则极易造成心肌坏死，即心肌梗死。

三、非线粒体氧化体系

非线粒体氧化体系指线粒体以外的氧化体系。如前所述，该体系在分布组成、氧化方式、生理功能等方面都与线粒体氧化体系不同，突出表现在其不产生 ATP，而与药物、毒物、生理活性物质的生物转化，自由基的清除等生物解毒功能，以及某些生理性物质的合成密切相关。

（一）微粒体氧化体系

微粒体氧化体系存在于细胞的光滑内质网上，其在生物转化中占重要地位，主要分布在肝、肾、肠、肺等组织细胞中，其组成成分比较复杂，目前尚不完全清楚。在微粒体中存在一类加氧酶，这类加氧酶也参与代谢物的氧化作用，这类酶所催化的氧化反应是将氧直接加到底物的分子上。根据催化底物加氧反应情况不同，可分为单加氧酶和双加氧酶两种。

1. 单加氧酶

单加氧酶催化给有关底物分子加上一个氧原子使其羟化（加氧氧化），所以又称羟化酶，能催化多种化合物羟化，如肾上腺皮质激素、性激素、胆汁酸的合成；维生素 D_3 转化为活性形式；饱和脂肪酸去饱和；药物或毒物的羟化等。其反应通式如下：

$$RH + O_2 + NADPH + H^+ \xrightarrow[\text{单加氧酶}]{} ROH + NADP^+ + H_2O$$

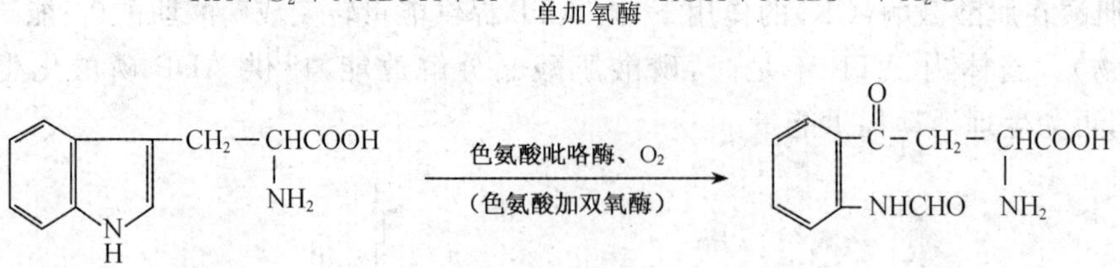

$$\text{色氨酸} \xrightarrow[\text{（色氨酸加双氧酶）}]{\text{色氨酸吡咯酶、}O_2} \text{甲酰犬尿酸元}$$

色氨酸（吲哚环 $-CH_2-CH(NH_2)COOH$） → 甲酰犬尿酸元（苯环 $-C(=O)-CH_2-CH(NH_2)COOH$，邻位 $-NHCHO$）

$$\beta\text{-胡萝卜素} \xrightarrow[\text{加双氧酶，}O_2]{\beta\text{-胡萝卜素}} \text{视黄醛}$$

β-胡萝卜素（$-C_{10}H_{12}-CH=CH-C_{10}H_{12}-$） → 视黄醛（$-C_{10}H_{12}\ CHO$）

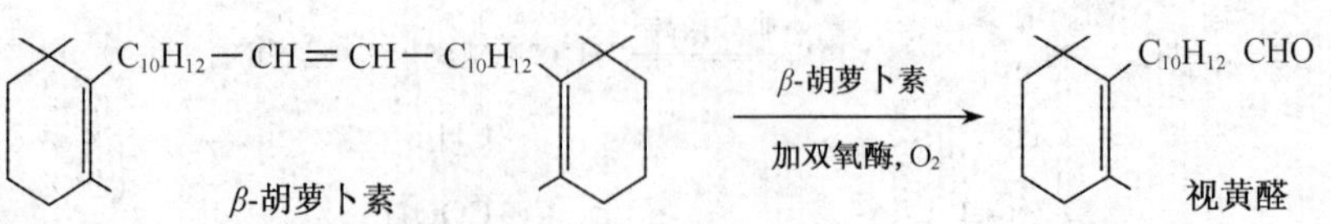

2. 双加氧酶

双加氧酶又叫转氧酶，催化2个氧原子直接加到底物分子特定的双键上。

例如，色氨酸双加氧酶、β-胡萝卜素双加氧酶等催化2个氧原子分别加到构成双键的两个碳原子上。

(二)过氧化物酶体中的氧化体系

过氧化物酶体是一种特殊的细胞器，存在于动物组织的肝、肾、中性粒细胞和小肠黏膜细胞中。过氧化物酶体中含有多种催化生成 H_2O_2 的酶，也含有分解 H_2O_2 的酶，可氧化氨基酸、脂酸等多种底物。

1. 过氧化氢酶(Catalase)

此酶催化两个 H_2O_2 分子的氧化还原反应，生成 H_2O 并释放出 O_2。

$$H_2O_2 + H_2O_2 \xrightarrow{\text{过氧化氢酶}} 2H_2O + O_2$$

过氧化氢酶的催化效率极高，每个酶分子在0℃每分钟可催化264万个过氧化氢分子分解，因此人体一般不会发生 H_2O_2 的蓄积中毒。

2. 过氧化物酶(Peroxidase)

此酶催化 H_2O_2 或过氧化物直接氧化酚类或胺类物质。

$$R + H_2O_2 \longrightarrow RO + H_2O \text{ 或 } RH_2 + H_2O_2 \longrightarrow R + 2H_2O$$

某些组织的细胞中还有一种含硒(Se)的谷胱甘肽过氧化物酶(glutathione peroxidase)，利用还原型的谷胱甘肽(G-SH)催化破坏过氧化氢脂质，具有保护生物膜及血红蛋白免遭损伤的作用。

$$H_2O_2 + 2G\text{-}SH \longrightarrow 2H_2O + GSSG$$

$$ROOH + 2G\text{-}SH \longrightarrow ROH + GSSG + H_2O$$

生成的GSSG又可在谷胱甘肽还原酶催化下由 $NADPH+H^+$ 供氢还原生成G-SH：

$$GSSG + NADPH + H^+ \xrightarrow{\text{谷胱甘肽还原酶}} NADP^+ + 2G\text{-}SH$$

临床工作中判定粪便、消化液中是否有隐血时，就是利用血细胞中的过氧化物酶活性将愈创木酯或联苯胺氧化成蓝色化合物。

习题

一、选择题

1. 下列哪一项不是呼吸链的组成成分(　　)。

A. NADH　　B. NADPH　　C. $FADH_2$　　D. $FMNH_2$

E. $Cytaa_3$

2. 下列哪一种是磷酸化抑制剂(　　)。

A. 鱼藤酮　　B. 抗霉素 A　　C. 寡霉素　　D. CO

E. NaN_3

3. $Cytaa_3$ 的辅基为(　　)。

A. FMN　　B. FAD　　C. CoQ　　D. 血红素 A

E. 血红素

4. 呼吸链抑制剂抗霉素 A 专一抑制以下哪一处的电子传递(　　)。

A. NADH→CoQ　　B. CoQ→Cytb　　C. Cytb→$Cytc_1$　　D. $Cytaa_3$→O_2

E. FAD→CoQ

5. 下列哪一种是氧化磷酸化的解偶联剂(　　)。

A. 寡霉素　　B. CN^-　　C. CO　　D. 鱼藤酮

E. 2,4-二硝基酚(DNP)

6. 体内直接供能物质主要是(　　)。

A. ATP　　B. CTP　　C. GTP　　D. UTP

E. TTP

7. 氰化物中毒是因为它阻断了呼吸链的哪个环节(　　)。

A. NAD+→FMN　　B. FMN→CoQ　　C. FAD→CoQ　　D. CoQ→Cyt

E. $Cytaa_3$→O_2

8. 呼吸链中将电子直接传递给氧的组分是(　　)。

A. NADH　　B. FAD　　C. $Cytaa_3$　　D. CoQ

9. 肌肉在静止状态时,能量的储存形式是(　　)。

A. 肌酸　　B. 磷酸肌酸　　C. ATP　　D. GTP

10. 下列没有高能键的化合物是(　　)。

A. 磷酸肌酸　　B. 谷氨酰胺

C. ADP　　D. 1,3-二磷酸甘油酸

E. 磷酸烯醇式丙酮酸

二、填空

1. 线粒体呼吸链的递氢体和递电子体有________、________、________、________、________。

2. 生物氧化的方式有:________和________。

3. 生物氧化是氧化还原过程,在此过程中有________、________和________参与。

4. 原核生物的呼吸链位于________。

5. 生物体内高能化合物有________、________、________、________、________、等。

6. 生物氧化是________在细胞中________，同时产生________的过程。

7. 高能磷酸化合物通常指水解时________的化合物，其中最重要的是________，被称为能量代谢的________。

8. 真核细胞生物氧化的主要场所是________，呼吸链和氧化磷酸化偶联因子都定位于________。

9. 在呼吸链中，氢或电子从________的载体依次向________的载体传递。

10. 鱼藤酮，抗霉素 A，CN^-，N_3^-，CO，的抑制作用分别是________，________和________。

三、是非判断题

1. 生物氧化只有在氧气的存在下才能进行。(　　)

2. NADH 和 NADPH 都可以直接进入呼吸链。(　　)

3. 如果线粒体内 ADP 浓度较低，则加入 DNP 将减少电子传递的速率。(　　)

4. 磷酸肌酸、磷酸精氨酸等是高能磷酸化合物的贮存形式，可随时转化为 ATP 供机体利用。(　　)

5. 解偶联剂可抑制呼吸链的电子传递。(　　)

6. 电子通过呼吸链时，按照各组分氧还电势依次从还原端向氧化端传递。(　　)

7. ADP 的磷酸化作用对电子传递起限速作用。(　　)

8. ATP 虽然含有大量的自由能，但它并不是能量的贮存形式。(　　)

四、问答题

1. 试说明物质在体内氧化和体外氧化有哪些主要异同点？

2. 阐述一对电子从 NADH 传递至氧所生成的 ATP 分子数。

3. 一对电子从 $FADH_2$ 传递至氧产生多少分子 ATP？为什么？

4. 简述 ADP 对呼吸链的调节控制作用。

5. 试比较电子传递抑制剂，氧化磷酸化抑制剂和解偶联剂对生物氧化作用的影响。

6. 呼吸链中各电子传递体的排列顺序是如何确定的？

7. 铁硫蛋白和细胞色素传递电子的方式是否相同？为什么？

五、名词解释

1. 生物氧化　　2. 呼吸链　　3. 氧化磷酸化　　4. 底物水平磷酸化

第七章 脂 代 谢

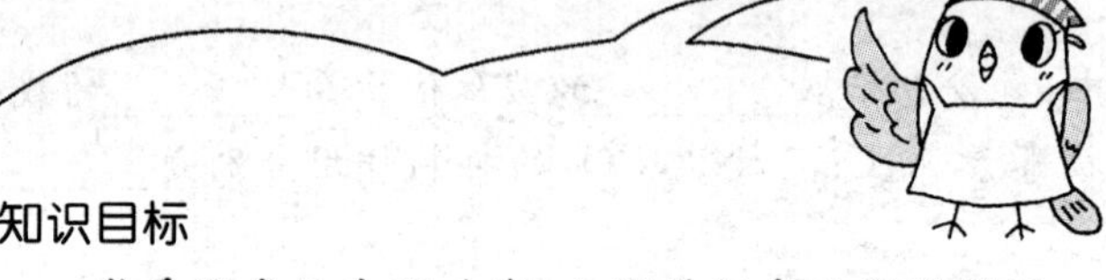

知识目标

熟悉脂类及生理功能、血脂的组成及脂肪转运

掌握脂肪酸的β-氧化途径、甘油的氧化及酮体的生成、利用，脂肪合成的原料及途径

技能目标

会计算脂肪氧化分解产能(ATP 数目)

能运用脂类代谢的知识分析解释脂代谢相关疾病

一、脂类概述

脂类是油脂和类脂的总称。其共同特征是不溶于水而易溶于有机溶剂。油脂是由 1 分子甘油和 3 分子脂肪酸缩合而成的三酰甘油，也称甘油三酯。类脂包括磷脂、糖脂、胆固醇及其酯类、脂肪酸等。它们广泛存在于动植物及微生物体内。

(一)动物体内主要脂类

1. 油脂

常温下呈液态的习惯称为油，呈固态时称为脂肪，油脂是油和脂肪的总称。它们是生物体内的重要贮能物质。

```
                          O
                          ‖
      O         CH₂—O—C—R₁
      ‖          |
R₂—C—O—CH         O
                 |        ‖
                CH₂—O—C—R₃
```

式中的 R_1、R_2、R_3 可以相同或不同，它们都是脂肪酸的烃基部分。组成油脂的高级脂肪酸因来源不同而异，常见的高级脂肪酸多含偶数碳原子，其中 C_{16} 和 C_{18} 的高级脂肪酸较多。

2.类脂

(1)磷脂。磷脂是含有磷酸基团的复合脂，根据组成成分磷脂又分为甘油磷脂和鞘氨醇磷脂。其中甘油磷脂是由甘油、脂肪酸、磷酸和其他基团组成的化合物，包括卵磷脂、脑磷脂、肌醇磷脂等。卵磷脂和脑磷脂分子结构中，R_1 表示饱和脂酰基，R_2 是不饱和脂酰基。

$$\begin{array}{l} CH_2-O-CO-R_1 \\ R_2-CO-O-CH \\ CH_2-O-PO(OH)-OCH_2CH_2N^+(CH_3)_3OH^- \end{array}$$

卵磷脂

$$\begin{array}{l} CH_2-O-CO-R_1 \\ R_2-CO-O-CH \\ CH_2-O-PO(OH)-OCH_2CH_2NH_2 \end{array}$$

脑磷脂

卵磷脂也称磷酯酰胆碱，在大豆和蛋黄中含量特别丰富，食品工业中广泛用作乳化剂，有防止脂肪肝形成的作用。鞘氨醇磷脂是神经髓鞘的重要成分，对神经兴奋的定向传导有重要意义。磷脂广泛存在于动物的脑、肝、卵和植物的种子及微生物中。

(2)胆固醇及胆固醇酯。胆固醇是动物体中最重要的一种以环戊烷多氢菲为母核的固醇类化合物，最早从动物胆石中分离得到。胆固醇大多数以脂肪酸酯的形式存在。是高等动物细胞内的重要成分，在神经组织和肾上腺中含量特别丰富，约占脑组织固体物质的 17%。体内胆固醇长期偏低，癌发病率升高。哺乳动物体内胆固醇的转化如图 7-1 所示。

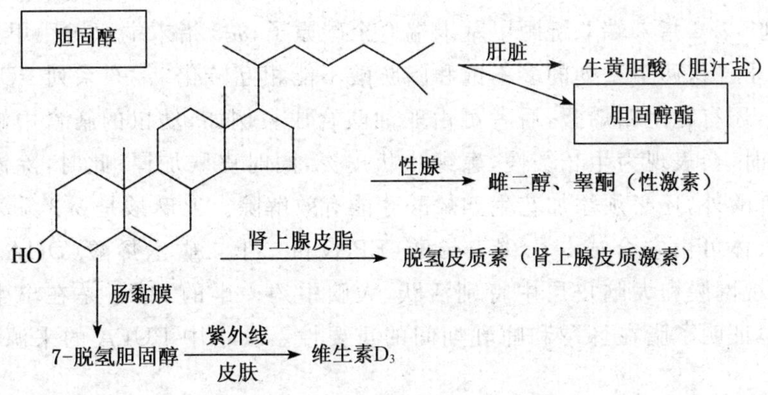

图 7-1　哺乳动物体内胆固醇的转化

(3)脂肪酸。脂肪酸多为无分枝的具有偶数碳原子的脂肪族羧酸,通常按是否含有双键分为饱和与不饱和脂肪酸。在天然油脂中,不饱和脂肪酸大多为顺式结构。人体能合成软脂酸、硬脂酸和油酸等高级脂肪酸,但不能合成亚油酸和亚麻酸。这两种脂肪酸在动物体不能合成,必须由食物供给,所以称为必需脂肪酸。表7-1列出了油脂中常见的高级脂肪酸。

表7-1 油脂中的高级脂肪酸

类别	俗名	系统名称	结构简式	来源
饱和脂肪酸	软脂酸	十六酸	$CH_3(CH_2)_{14}COOH$	动植物油脂
	硬脂酸	十八酸	$CH_3(CH_2)_{16}COOH$	动植物油脂
不饱和脂肪酸	油酸	9-十八碳烯酸	$CH_3(CH_2)_7CH=CH(CH_2)_7COOH$	橄榄油
	亚油酸	9,12-十八碳二烯酸	$CH_3(CH_2)_4CH=CHCH_2CH=CH(CH_2)_7COOH$	大豆、亚麻子油
	α-亚麻酸	(全顺)-9,12,15-十八碳三烯酸	$CH_3CH_2CH=CHCH_2CH=CHCH_2CH=CH(CH_2)_7COOH$	亚麻子油
	γ-亚麻酸	(全顺)-6,9,12-十八碳三烯酸	$CH_3(CH_2)_4(CH=CHCH_2)_3(CH_2)_3COOH$	月见草种子油动物脂(微量)
	桐油酸	9,11,13-十八碳三烯酸	$CH_3(CH_2)_3(CH=CH)_3(CH_2)_7COOH$	桐油、苦瓜子油
	蓖麻油酸	12-羟基-9-十八碳烯酸	$CH_3(CH_2)_5CH(OH)CH_2CH=CH(CH_2)_7COOH$	蓖麻油
	花生四烯酸	5,8,11,14-二十碳四烯酸	$CH_3(CH_2)_4CH=CHCH_2CH=CHCH_2CH=CHCH_2CH=CH(CH_2)_3COOH$	脑磷脂、卵磷脂

亚油酸和亚麻酸属于两个不同的多不饱和脂肪酸(PUFA)系列,即ω-6和ω-3系列。ω-6指末端双键距甲基末端6个碳原子,ω-3指末端双键距甲基末端3个碳原子。这两个系列的多不饱和脂肪酸不能相互转化。ω-6系列PUFA除亚油酸外,还有花生四烯酸,后者可由亚油酸合成。例如,幼鼠的膳食中缺乏必需脂肪酸时,会表现为生长缓慢,患鳞片状皮炎,同时皮肤加厚;此时,除添加亚油酸、亚麻酸外,还必须添加花生四烯酸才能有效解除。亚麻酸是ω-3系列的最初成员,人体可由它合成二十碳五烯酸(EPA)和二十二碳六烯酸(DHA)。DHA在眼的视网膜和大脑皮层中特别活跃,大脑中约一半的DHA是在出生前积累的,这也证明了脂在怀孕和哺乳期间的重要性。食物中PUFA的来源如表7-2所示。

表 7-2 食物中 PUFA 的来源

系列	PUFA	来源
ω-6PUFA	亚油酸	葵花、大豆、棉籽、玉米胚、小麦胚、芝麻、花生、油菜籽等植物油
	花生四烯酸	肉类、玉米胚油等
ω-3PUFA	亚麻酸	油脂(芝麻、胡桃、大豆、小麦胚、油菜籽)种子、坚果(芝麻、胡桃、大豆)
	EPA 和 DHA	人乳海洋动物:鱼(鲭、鲑、鲱、沙丁鱼)、贝类、甲壳类(虾、蟹等)

(二)脂类的生理作用

1.脂肪的生理作用

脂肪和糖一样是能源物质,氧化 1 g 脂肪能释放约 38 kJ 的能量,而氧化 1 g 葡萄糖只释放约 17 kJ 的能量。另外,脂肪是疏水物质,贮存时不伴有水的贮存,占体积小;而糖是亲水物质,贮存时伴有水的贮存。故占体积约为脂肪的 4 倍,即贮存脂肪的效率为糖原的 9 倍多。因此,脂肪是动物体用以贮存能量的主要物质。当摄入糖和脂类等能源物质超过机体所需消耗量时,则转变为脂肪贮存起来;而当摄入能源物质不能满足生理活动需要时,则要动用贮存的脂肪氧化供能。故动物体内脂肪的含量随营养状况的不同而经常改变。

因为脂肪导热性差,所以皮下脂肪还能有助于防寒,从而保持体温的恒定。此外,内脏周围的脂肪组织有固定内脏器官、减少摩擦和缓冲外部冲击的作用。

2.类脂的生理作用

类脂是细胞膜系统结构的基本原料,含量恒定,不受营养状况和生理条件的影响,细胞膜系统的完整性是细胞进行正常生理活动的重要保证。

磷脂和胆固醇还是神经髓鞘的重要成分,有绝缘作用,对神经兴奋的定向传导有重要意义。此外,胆固醇可以转化为性激素、肾上腺皮质激素、维生素 D_3 和促进脂类消化吸收的胆汁酸;磷脂中磷脂酰肌醇磷酸在细胞信息传递过程中起重要作用等。类脂含量一般不受营养条件的影响。

3.脂肪酸的生理作用

必需脂肪酸不仅是构成磷脂、胆固醇酯和血浆脂蛋白的重要成分,还可以衍生成前列腺素、血栓素和白三烯等生理活性物质。从而参与细胞的代谢调节,并与炎症、过敏反应、免疫系统疾病、心血管系统疾病等病理过程有关。

研究表明,ω-6 PUFA 能明显降低血清中胆固醇水平,但降低甘油三酯的效果一般。人体缺乏 ω-6 PUFA 将导致皮肤病变。ω-3 PUFA 降低血清中胆固醇的作用不强,但降低甘油三酯的效果明显,有抗动脉粥样硬化、抗血栓、抗心律失常、抗炎作用及增强免疫功能等也有显著功效。人体缺乏 ω-3 PUFA 将导致神经和视觉疑难症和心脏疾病。大多数人可从食物中获得足够的 ω-6 PUFA，但可能缺乏最适量的 ω-3 PUFA。一些学者认为食物中 ω-6 PUFA 与 ω-3PUFA 的理想比例为(4～10)∶1。

脂溶性维生素 A、维生素 D、维生素 E、维生素 K 和胡萝卜素可溶于食物的脂肪中，并随同脂肪一起吸收。因此，食物中脂类缺乏或吸收障碍往往发生脂溶性维生素不足或缺乏。另外，脂肪还具有增加食物香味使得食欲增加；促使胃内容物排空慢增加饱腹感等作用。医药上将脑磷脂和卵磷脂用于动脉粥样硬化的药物治疗等。

(三)脂的贮存、动员和运输

1.脂的贮存

机体所有组织都能储存脂肪，但主要的贮存场所为脂肪组织。因此，称脂肪组织为脂库。不同动物种类，由于食物来源、环境条件、生活习惯等不同，贮存脂肪的能力也不同。

2.脂肪的动员

脂库中部分脂肪在脂肪酶的作用下水解成甘油和脂肪酸被全身组织利用的过程，称为脂肪的动员。动员强度可以按照机体的生理需要进行调整。例如，机体营养供应充足，贮存脂都有所增加；饥饿或患慢性消耗性疾病时，贮脂则减少。正常情况，机体在胰岛素和胰高血糖素的作用下，脂肪动员的速率由脂解和酯化两个相反过程调节，所以脂肪的贮存与动员是动态平衡的，并且贮存和动员是处于不断更新的状况中。

3.脂的运输

(1)血脂。血浆中含的脂类统称为“血脂”，它包括脂肪、磷脂、胆固醇及其酯和游离脂肪酸。血脂的来源有外源性的，即从食物消化吸收来的；还有内源性的，即由肝、脂肪组织和其他机体组织合成后释放出来的。血脂的种类及含量随生理状态不同而改变，动物品种、年龄、性别等状况不同而变动范围较大。血浆脂类含量虽只占全身脂类含量极少部分，但经肠吸收的食物甘油三酯及肝合成的甘油三酯，均必须通过血液循环运输至组织器官方能代谢。血脂含量可以反映体内脂类代谢状况，有一定的临床意义，测定血脂含量已成为生化检验的常规测定项目。

(2)血浆脂蛋白。脂类不溶于水，因此要与血浆中的水溶性强的蛋白质(称为载脂蛋白)结合后，才能经血液运输到全身组织器官。除游离脂肪酸与血浆清蛋白结合成复合物运输外，其他的脂类都以脂蛋白的形式运输。

血浆脂蛋白呈球状，核心由疏水的甘油三酯和胆固醇构成；外层由兼有极性和非极性基团的载脂蛋白、磷脂和胆固醇包裹，其非极性基团朝疏水的内核，极性基团朝外，形成可溶性的颗粒而在血液中运输。

血液中的脂蛋白存在多种形式。由于载脂蛋白和表面电荷不同，故脂蛋白在电场中迁移速率不同，从而可用电泳法互相分开。如图7-2为人血浆脂蛋白电泳图谱，在原点不动的为乳糜微粒(CM)，然后依次为β-脂蛋白、前β-脂蛋白、α-脂蛋白。

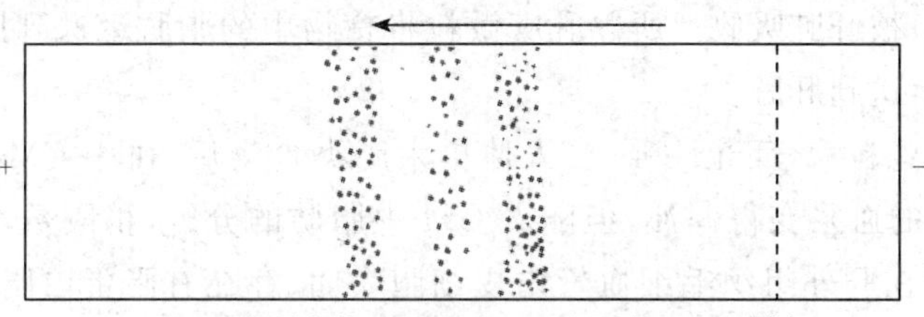

图 7-2 人血浆脂蛋白电泳图谱

各类血浆脂蛋白中脂类所占比例不同，以致密度不同，利用密度梯度超越速离心技术，将血浆脂蛋白依其密度由小到大分为乳糜微粒(CM)、极低密度脂蛋白(VLDL)、低密度脂蛋白(HDL)和高密度脂蛋白(HDL)4类，分别相当于电泳分离到的CM、前β-脂蛋白、β-脂蛋白和α-脂蛋白。人血浆主要脂蛋白的组成如表7-3所示。

表 7-3 人血浆主要脂蛋白的组成

密度分类	电泳分类	直径(nm)	密度(g/cm^3)	化学组成(%) 蛋白质	脂肪	磷脂	胆固醇酯	胆固醇(游离)	游离脂肪酸	合成部位	主要生理功能
CM	CM(原点)	90～1 000	<0.95	1～2	88	8	3	1		小肠黏膜细胞	转运外源性脂肪和胆固醇到全身
VLDL	前β-脂蛋白	25～90	0.95～1.006	7～10	56	20	15	8	1	肝细胞	转运内源性脂肪到全身组织
LDL	β-脂蛋白	20～25	1.006～1.063	21	13	28	48	10	1	血浆	转运内源性胆固醇到全身
HDL	α-脂蛋白	10～20	1.063～1.125	33	16	43	31	10		肝、肠、血浆	将胆固醇运至肝脏

(3)血浆脂蛋白的主要功能。血浆蛋白不仅是脂类的运输方式,而且在血浆中能进行代谢。由于各类脂蛋白的组成不同,其生理功能与代谢也不同。

①乳糜微粒(CM)。CM是由小肠黏膜上皮细胞形成的,小肠吸收食物中脂类(主要为甘油三酯)形成的脂蛋白。它含有大量的脂肪及少量的磷脂和胆固醇等脂类。乳糜微粒在心脏、肌肉、脂肪等组织的毛细血管中,脂肪被脂蛋白脂肪酶水解成游离脂肪酸。乳糜微粒因脂肪被水解而形成富含胆固醇的乳糜微粒残体,经血液循环至肝脏,被肝脏吸收。所以乳糜微粒将食物中的脂肪运送到肌肉和脂肪组织,将胆固醇运送到肝脏。

由于CM颗粒大,反光性强,当人体摄入脂类食物后,血中CM的增加,故饭后使本来清亮的血浆变得浑浊,但随着CM中脂肪的分解,稍隔数小时就会变澄清。这是由于在肝外组织毛细血管内皮细胞表面、存在有脂蛋白脂肪酶LPL,反复催化脂蛋白中甘油三酯水解,使CM颗粒变小,血浆变清,这一现象称为脂肪的廓清。

②极低密度脂蛋白(VLDL)。VLDL主要由肝细胞合成,合成经过和CM合成过程基本相似,小肠黏膜细胞也可以合成少量的VLDL。VLDL主要成分也是脂肪,但磷脂和胆固醇含量比CM多。VLDL的主要功能是将脂肪从肝脏运输到其他组织,特别是脂肪组织。所以,VLDL是转运内源性脂肪的主要方式。

VLDL运输时,脂肪不断由脂蛋白脂肪酶作用而水解,产物脂肪酸等被组织摄取利用使其密度增加,转变为低密度脂蛋白。

③低密度脂蛋白(LDL)。LDL是由血浆中的VLDL转变而来,含有丰富的胆固醇和胆固醇酯,是向组织转运肝脏合成的内源胆固醇的主要形式。各种组织包括肝脏本身都能摄取和代谢LDL。它是正常成人空腹血浆中主要的脂蛋白,约占总量的2/3。

④高密度脂蛋白(HDL)。HDL主要在肝脏合成,也可以在小肠合成,CM、VLDL中的脂肪水解进一步转化也可形成HDL。HDL的功能是从肝外组织将胆固醇运回肝脏进行代谢转变。成熟的HDL能首先与肝细胞膜的HDL受体结合,然后被肝细胞摄取,其中的胆固醇可以用于合成胆汁酸或直接排出体外。正常成人空腹血浆中的HDL约占脂蛋白总量的1/3。

(4)高血脂与动脉粥样硬化。临床上将空腹血浆胆固醇或三酯酰甘油持续超出正常上限,称为高脂血症,也可分别称为高胆固醇血症和高三酯酰甘油血症。一般成人空腹12～14 h血三酯酰甘油超过1.88 mmol/L,胆固醇6.7 mmol/L为标准。

实验证明,高脂血症常伴发动脉粥样硬化。其中以 LDL 增高对动脉粥样硬化的形成关系最为密切。因为血浆中大多数胆固醇由 LDL 转运。同位素示踪实验也证明,动脉粥样硬化斑块中的胆固醇基本上是直接来自血浆 LDL。相反,HDL 有使动脉粥样硬化病消退的作用。这是因为 HDL 能从外周组织运走过多的胆固醇到肝脏代谢、转化,使胆固醇不易沉积于内皮细胞间隙使动脉血管内免受损伤,从而抑制动脉粥样硬化的发生和发展。

二、脂肪的分解代谢

正常情况下每人每日从食物中吸收 50～60 g 的脂类,其中甘油三酯占到 90% 以上,除此之外还有少量的磷脂、胆固醇及其酯和一些游离脂肪酸。

食物中的脂类在成人口腔和胃中不能被消化,这是由于口腔中没有消化脂类的酶,胃中虽有少量的脂肪酶,但此酶只有在中性 pH 值时才有活性,因此在正常胃液中此酶几乎没有活性。但是,婴儿时期胃酸浓度低,胃中 pH 值接近中性,脂肪尤其是乳脂可被部分消化。

脂类的消化及吸收主要在小肠中进行,首先在小肠上段,通过小肠蠕动,由胆汁中的胆汁酸盐使食物脂类乳化,使不溶于水的脂类分散成水包油的小胶体颗粒,提高溶解度,增加了酶与脂类的接触面积,有利于脂类的消化及吸收。在形成的水油界面上,分泌入小肠的胰岛素中包含的酶类,开始对食物中的脂类进行消化,这些酶包括胰脂肪酶、辅脂酶、胆固醇酯酶和磷脂酶。

脂类消化产物主要在十二指肠下段及小肠上段被吸收。脂肪完全水解的产物甘油可溶于水,直接被小肠黏膜吸收,通过门静脉进入肝脏。高级脂肪酸在胆汁酸盐的作用下,被小肠黏膜细胞吸收,经门静脉进入肝脏。

没有水解的脂肪经胆汁酸盐乳化后被直接吸收,在肠黏膜细胞内脂酶的作用下,水解为脂肪酸及甘油,通过门静脉进入血循环。进入肝脏的甘油和高级脂肪酸可以合成脂肪,再与蛋白质结合形成乳糜微粒,通过淋巴系统进入血液循环;脂肪酸也可以与胆固醇形成胆固醇酯。

(一)甘油代谢

甘油分解需要在 ATP 存在下,由甘油激酶催化完成,此反应是不可逆反应。由于脂肪组织中的甘油激酶活性很低,不能转化甘油,必须经血液运送到肝脏、肾、肠等组织进一步代谢。甘油分解途径如图 7-3 所示。

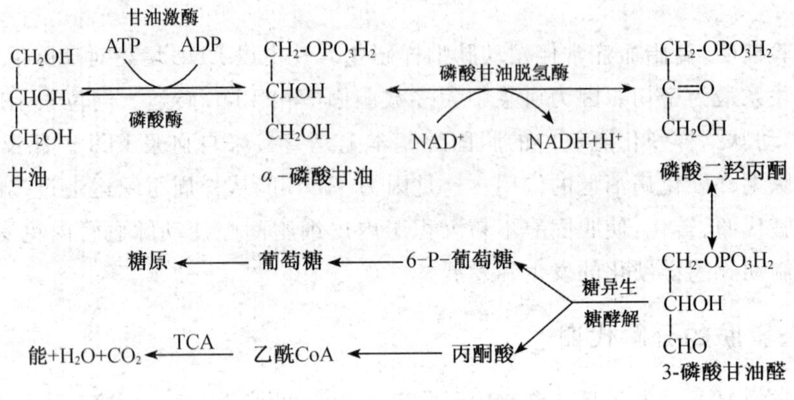

图 7-3 甘油的分解(合成)途径

(二)脂肪酸的分解代谢

1.脂肪酸分解代谢过程

肝和肌肉是进行脂肪酸氧化最活跃的组织,脂肪酸的完全氧化发生在线粒体中,其最主要的氧化形式是β-氧化。脂肪酸经过活化,转运进入线粒体,然后经β-氧化(脱氢、加水、再脱氢和硫解4步骤)反应,最后产生乙酰CoA,进入三羧酸循环、被彻底分解。

(1)脂肪酸的活化。血液中的游离脂肪酸进入细胞后,必须先转变为活性中间产物脂酰CoA,再被运输至线粒体中。在细胞内有两类活化脂肪酸的酶:一是内质网脂酰辅酶A合成酶,也称硫激酶,可活化12个碳原子以上的长链脂肪酸;二是线粒体脂酰辅酶A合成酶,可活化具有4~10个碳原子的中链或短链脂肪酸。

$$RCH_2CH_2CH_2COOH + ATP + HS\text{-}CoA \xrightarrow{\text{脂酰 CoA 合成酶}} RCH_2CH_2CH_2\overset{\overset{\displaystyle O}{\|}}{C}\sim SCoA + PPi + AMP$$

生成的焦磷酸被焦磷酸酶水解放出能量,从而使脂肪酸的活化反应不可逆的向右进行。由于焦磷酸的水解,每分子脂肪酸的活化消耗两个高能磷酸键,因此每分子脂肪酸活化相当于消耗两分子ATP。

(2)脂酰CoA转运进入线粒体。在线粒体外形成的超过10个碳原子的长链脂酰CoA不能通过线粒体内膜,它必须通过一个特殊的转运系统才能进入线粒体,这个转运系统是借助肉碱(β-羟基-γ-三甲氨基丁酸)完成的。肉碱在动植物体内都存在,它可与脂酰CoA中的脂酰基结合。图7-4所示为脂酰CoA向线粒体内的运输过程。

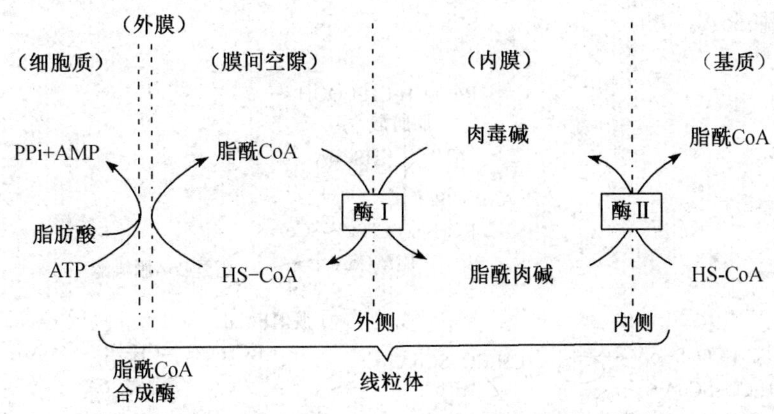

图 7-4 脂酰 CoA 向线粒体内的运输

脂酰 CoA 经过三步被转运进入线粒体基质。第一步，在线粒体内膜外侧的肉碱脂酰转移酶Ⅰ催化下，脂酰基转移到肉碱上，形成脂酰肉碱。第二步，脂酰肉碱通过线粒体内膜上的酰基肉碱/肉碱转运蛋白从外侧进入内侧。第三步，在位于内侧的肉碱脂酰转移酶Ⅱ的催化下，脂酰基转移到 CoA 分子上，在线粒体基质内重新生成脂酰 CoA，并释放肉碱。肉碱经肉碱转运蛋白回到内膜外侧。

肉碱传导脂肪酸进入线粒体的过程是脂肪酸氧化的限速步骤，也是脂肪酸氧化的调节位点。脂肪酸一旦进入线粒体就会在酶的作用下被氧化。

(3)β-氧化的反应过程。脂酰 CoA 从羧基末端氧化裂解，碳链从 α 和 β 碳原子之间断裂生成乙酰 CoA，β-碳原子被氧化成羧基，脂肪酸的这种分解方式称为 β-氧化。脂酰 CoA 每进行一次 β-氧化就分解出一分子乙酰 CoA，脂酰 CoA 就缩短了两个碳原子。乙酰 CoA 再经过三羧酸循环氧化成 CO_2 和 H_2O。脂肪酸的 β-氧化过程如图 7-5 所示。

脂肪酸的 β-氧化过程经历四个反应步骤。

①脱氢。在脂酰 CoA 脱氢酶的催化下，脂酰 CoA 在 α 和 β 碳原子上各脱去一个氢原子，生成反式 α,β-烯脂酰 CoA。脱下的氢由 FAD 接受。

②水化。在烯脂酰 CoA 水合酶的催化下，烯脂酰 CoA 发生水合作用，生成 β-羟脂酰 CoA。此步反应是可逆的。

③再脱氢。在 β-羟脂酰 CoA 脱氢酶催化下，β-羟脂酰 CoA 脱氢生成 β-酮脂酰 CoA，脱下的氢由 NAD^+ 接受。

④硫解。在 β-酮脂酰 CoA 硫解酶作用下，β-酮脂酰 CoA 在碳链的第 α,β 位间被 1 分子 CoA 所分解，生成 1 分子乙酰 CoA 和 1 分子比原脂酰 CoA 少 2 个碳原

子的脂酰 CoA。

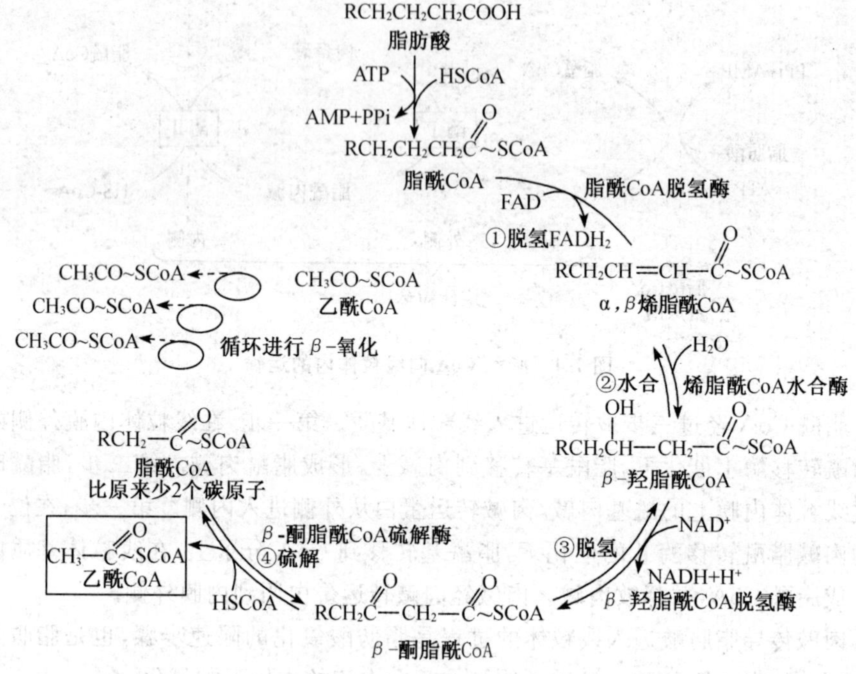

图 7-5 脂肪酸的 β-氧化过程

少了 2 个碳原子的脂酰 CoA,可再次进行脱氢、水化、再脱氢和硫解反应,每经历上述四步后即脱下一个乙酰 CoA。反应循环进行,长链脂肪酸被完全降解为乙酰 CoA。

天然存在的脂肪酸大多含偶数碳原子,经 β-氧化完全生成乙酰 CoA。动物脂肪中含有少量奇数碳脂肪酸(占总脂肪酸量的 1%～5%),奇数碳原子的饱和脂肪酸经 β-氧化除生成乙酰 CoA 外还生成一分子丙酰 CoA。丙酰 CoA 先羧化生成甲基丙二酸单酰 CoA,再由变位酶催化进行分子重排,转变成琥珀酰 CoA 后,进入三羧酸循环被彻底氧化(图 7-6)。

不饱和脂肪酸的氧化途径与饱和脂肪酸的氧化途径基本相似,但在进行 β-氧化时,还需要异构酶和还原酶的参与。异构酶将顺式烯脂酰 CoA 转变为反式烯脂酰 CoA,然后在反-烯脂酰 CoA 水化酶的催下,进行 β-氧化。由于双键存在,这一循环 β-氧化少一步脱氢反应,少生成一个 $FADH_2$,所以氧化少生成 1.5 分子 ATP。含有多个双键的不饱和脂肪酸的氧化与单不饱和脂肪酸相似,但除异构酶外，β-氧化还需要2,4-二烯脂酰CoA还原酶。

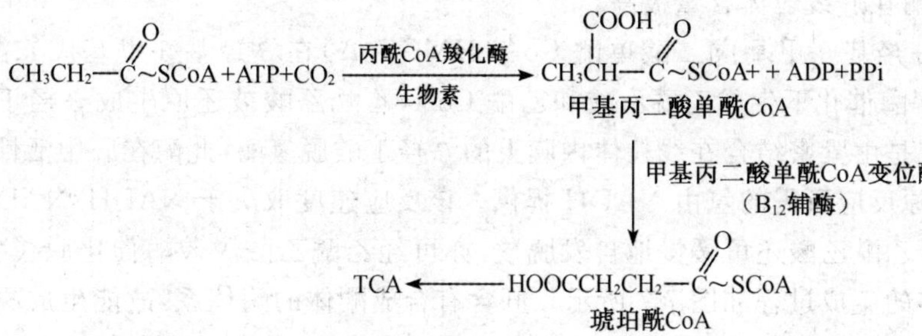

$$CH_3CH_2-\overset{O}{\overset{\|}{C}}\sim SCoA+ATP+CO_2 \xrightarrow[\text{生物素}]{\text{丙酰CoA羧化酶}} CH_3\overset{COOH}{\overset{|}{CH}}-\overset{O}{\overset{\|}{C}}\sim SCoA+ADP+PPi$$

甲基丙二酸单酰CoA

↓ 甲基丙二酸单酰CoA变位酶（B_{12}辅酶）

$$TCA \leftarrow HOOCCH_2CH_2-\overset{O}{\overset{\|}{C}}\sim SCoA$$

琥珀酰CoA

图 7-6　琥珀酰 CoA 的形成

2.脂肪酸分解代谢的能量计算

脂肪酸分解代谢为机体生命活动提供能量，其供能效率比糖的氧化还高得多。

例如，硬脂酸（$C_{17}H_{35}COOH$）在β-氧化过程中，每一次循环产生1分子的NADH和1分子$FADH_2$；完全氧化成乙酰CoA需经8次循环，可以产生9个乙酰CoA。β-氧化生成的$FADH_2$和NADH中的电子通过电子传递链传递给氧生成水，1分子$FADH_2$可生成1.5分子ATP，1分子NADH可生成2.5分子ATP；乙酰CoA可以通过三羧酸循环氧化成CO_2和H_2O。1分子硬脂酰CoA氧化成CO_2和H_2O可生成$(8\times2.5)+(8\times1.5)+9\times10=122$分子ATP。因为脂肪酸活化成脂酰CoA相当于消耗2分子ATP，所以一分子硬脂酸完全氧化净生成120分子ATP。

（三）酮体的生成和利用

正常情况下，脂肪酸在心肌、肾脏、脑和骨骼肌组织中能彻底氧化为二氧化碳和水，但在肝脏中氧化很不完全，经常生成一些脂肪酸氧化的中间代谢产物，它包括乙酰乙酸、β-羟丁酸及丙酮三种有机物质，三者统称为酮体。其中β-羟丁酸含量较多，丙酮含量极微。

1. 酮体的生成

酮体主要以乙酰CoA为原料，在肝脏的线粒体中经酶催化先缩合，后再裂解而生成，除肝脏之外，肾脏也含有生成酮体的酮体酶系。酮体的合成过程可分三步进行。

(1)首先由两分子乙酰CoA在硫解酶的作用下缩合生成乙酰乙酰CoA，同时释放出一分子CoA-SH。

(2)乙酰乙酰CoA再与一分子乙酰CoA结合生成6个碳的β-羟基-β-甲基戊

二酸单酰 CoA(HMGCoA),并释放出 CoA-SH,此反应是由 HMGCoA 合成酶催化的,该酶在肝线粒体含量极高。

(3)β-羟基-β-甲基戊二酸单酰 CoA(HMGCoA)在 β-羟基-β-甲基戊二酸单酰 CoA 裂解酶催化下生成乙酰乙酸和乙酰 CoA,乙酰乙酸被还原生成 β-羟丁酸,该还原反应是由紧密结合在线粒体内膜上的 β-羟丁酸脱氢酶(此酶在肝中活性极高)催化,还原反应所需的氢由 NADH 提供。该反应速度取决于 $NADH/NAD^+$ 之比值。部分乙酰乙酸还可缓慢地自发脱羧,亦可经乙酰乙酸脱羧酶催化脱羧生成丙酮。酮体的生成过程如图 7-7 所示。肝含有合成酮体的酶体系,故能生成酮体,但肝缺乏利用酮体的酶,因此不能氧化酮体,肝产生的酮体需经血液运输到肝外组织进一步氧化分解。

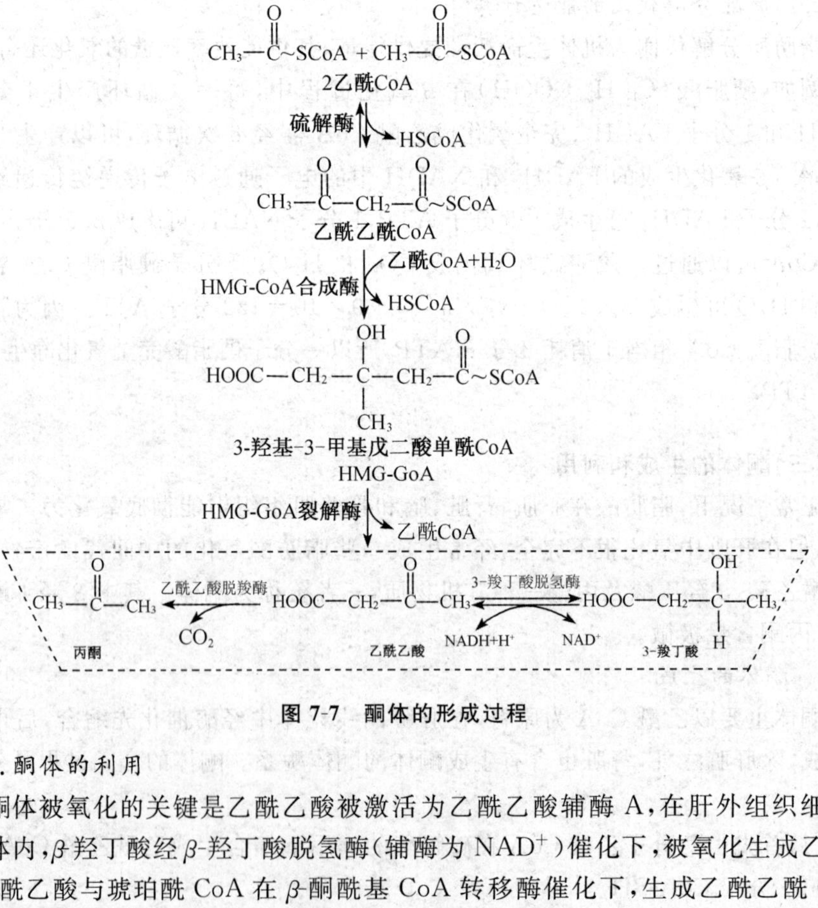

$$CH_3-\overset{O}{\overset{\|}{C}}\sim SCoA + CH_3-\overset{O}{\overset{\|}{C}}\sim SCoA$$

2乙酰CoA

硫解酶 ⇅ → HSCoA

$$CH_3-\overset{O}{\overset{\|}{C}}-CH_2-\overset{O}{\overset{\|}{C}}\sim SCoA$$

乙酰乙酰CoA

HMG-CoA合成酶 ↓ (乙酰CoA+H_2O → HSCoA)

$$HOOC-CH_2-\underset{CH_3}{\overset{OH}{C}}-CH_2-\overset{O}{\overset{\|}{C}}\sim SCoA$$

3-羟基-3-甲基戊二酸单酰CoA

HMG-GoA

HMG-GoA裂解酶 ↓ → 乙酰CoA

$$CH_3-\overset{O}{\overset{\|}{C}}-CH_3 \xleftarrow{\text{乙酰乙酸脱羧酶}} HOOC-CH_2-\overset{O}{\overset{\|}{C}}-CH_3 \underset{NADH+H^+ \to NAD^+}{\overset{\text{3-羧丁酸脱氢酶}}{\rightleftharpoons}} HOOC-CH_2-\underset{H}{\overset{OH}{C}}-CH_3$$

丙酮 (CO_2)　乙酰乙酸　3-羧丁酸

图 7-7　酮体的形成过程

2. 酮体的利用

酮体被氧化的关键是乙酰乙酸被激活为乙酰乙酸辅酶 A,在肝外组织细胞的线粒体内,β-羟丁酸经 β-羟丁酸脱氢酶(辅酶为 NAD^+)催化下,被氧化生成乙酰乙酸,乙酰乙酸与琥珀酰 CoA 在 β-酮酰基 CoA 转移酶催化下,生成乙酰乙酰 CoA,同时放出琥珀酸。酮体在肝外组织的氧化过程如图 7-7 所示。

丙酮不能按上述方式氧化，少量丙酮可以在一系列酶作用下转化为丙酮酸或乳酸进而异生成糖，还可随尿排出，同时丙酮具有挥发性，如血中浓度过高时，丙酮还可经肺直接呼出。

正常情况下，血中酮体含量很少，每 100 mL 血中酮体含量低于 3 mg (0.3 mmol/L)。但在饥饿、高脂低糖膳食及糖尿病时，脂肪动员加强，脂肪酸氧化增多，酮体生成过多，超过肝外组织利用酮体的能力，引起血中酮体升高，当高过肾回收能力时，则尿中出现酮体，即为酮症。因酮体中乙酰乙酸及β-羟丁酸都是相对强的有机酸，如在体内堆积过多可引起代谢性酸中毒。

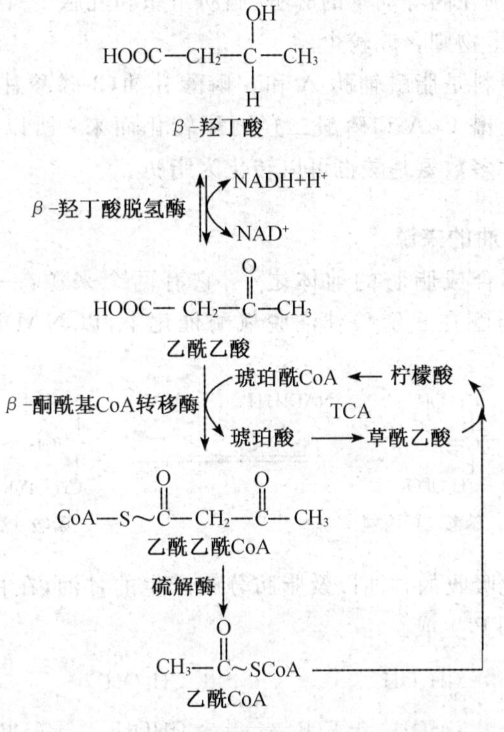

$$HOOC—CH_2—CH(OH)—CH_3$$

β-羟丁酸

β-羟丁酸脱氢酶 ⇅ ($NADH+H^+$ / NAD^+)

$$HOOC—CH_2—CO—CH_3$$

乙酰乙酸

β-酮酰基CoA转移酶 ↓（琥珀酰CoA → 琥珀酸；柠檬酸 → 琥珀酰CoA；琥珀酸 → 草酰乙酸（TCA））

$$CoA—S\sim CO—CH_2—CO—CH_3$$

乙酰乙酰CoA

硫解酶 ↓

$$CH_3—CO\sim SCoA$$

乙酰CoA（→ 柠檬酸）

图 7-8 酮体在肝外组织的氧化过程

对酮症的治疗原则是制止脂肪大量动员，以使酮体生成减少；同时应增加糖的有氧氧化，以便产生足够量的草酰乙酸，使酮体的氧化增加，最终达到血中酮体含量正常。

酮体是脂肪酸在肝脏中不完全氧化分解时产生的正常中间产物，是肝脏输出能源的一种形式。当机体缺少葡萄糖时，需要动员脂肪供应能量。肌肉组织对脂肪酸的利用能力有限，因此，优先利用酮体以节约葡萄糖，来满足脑组织对葡萄糖的需要。大脑不能利用脂肪酸，却能利用酮体。例如在饥饿时，人的大脑可利用酮体代替所需葡萄糖的25%左右。由此可见，与脂肪酸相比，酮体能更有效地代替葡萄糖。机体通过肝脏将脂肪酸集中转化为酮体，以利于其他组织利用。

三、脂肪的合成代谢

生物体内的脂肪在不断分解放能的同时，也在不断地进行合成。生物体脂类合成十分活跃，特别在高等动物的肝脏、脂肪组织和乳腺中占优势。高等植物也能大量合成脂肪，微生物则合成较少。

合成脂肪的原料是脂酰辅酶A和α-磷酸甘油(3-磷酸甘油)。它们主要由糖分解的中间产物乙酰CoA和磷酸二羟丙酮转化而来，所以糖可以转化为脂肪。同时蛋白质中的大多数氨基酸也可以转化为脂肪。

(一)3-磷酸甘油的来源

3-磷酸甘油是合成脂肪的前体之一，它有两个来源：一是由糖酵解中间产物——磷酸二羟丙酮在α-磷酸甘油脱氢酶催化下，以NADH为辅酶还原形成。其合成过程为：

$$\begin{matrix} CH_2OH \\ | \\ C=O \\ | \\ CH_2OPO_3 \\ \text{磷酸二羟丙酮} \end{matrix} \xrightleftharpoons[]{NADH+H^+ \quad NAD^+} \begin{matrix} CH_2OH \\ | \\ CHOH \\ | \\ CH_2OPO_3 \\ \text{3-磷酸甘油} \end{matrix}$$

二是食物消化吸收的甘油以及脂肪分解产生的甘油，在甘油激酶(肝脏)的催化下，由甘油和ATP生成。

$$\begin{matrix} CH_2OH \\ | \\ CHOH \\ | \\ CH_2OH \\ \text{甘油} \end{matrix} + ATP \xrightleftharpoons{Mg^{2+}} \begin{matrix} CH_2OH \\ | \\ CHOH \\ | \\ CH_2OPO_3 \\ \text{3-磷酸甘油} \end{matrix} + ADP$$

由于脂肪组织缺乏有活性的甘油激酶，因此这种组织中三酰甘油合成所需的α-磷酸甘油来自糖代谢。

(二)脂肪酸的合成

脂肪酸的生物合成并不是其氧化降解的逆过程。首先脂肪酸合成是在胞液中进行的,需要 CO_2 和柠檬酸参加,而脂肪酸氧化是在线粒体中进行的;其次脂肪酸合成酶系、酰基载体、供氢体等与脂肪酸氧化各不相同。

1.乙酰辅酶 A 的转运

脂肪酸合成所需的碳源是来自乙酰辅酶 A,但无论是丙酮酸脱羧、氨基酸氧化,还是从脂肪酸 β-氧化产生的乙酰 CoA 都是在线粒体基质中,它们不能任意穿过线粒体内膜到胞液中去。但可以通过以下途径透过膜,乙酰辅酶 A 与草酰乙酸结合形成柠檬酸,然后通过三羧酸载体透过膜,再由膜外柠檬酸裂解酶裂解成草酰乙酸和乙酰辅酶 A。草酰乙酸又被 NADH 还原成苹果酸再经氧化脱羧产生 CO_2、NADPH(可于脂肪酸的合成)和丙酮酸,丙酮酸进入线粒体,在羧化酶催化下形成草酰乙酸,又可参加乙酰辅酶 A 转运循环(图 7-9)。

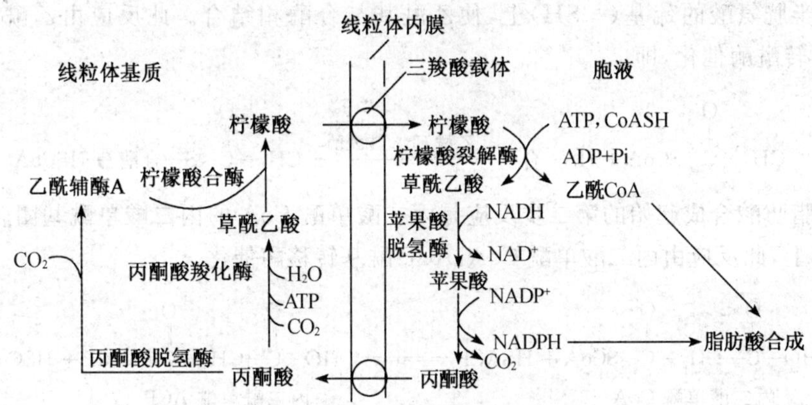

图 7-9 乙酰辅酶 A 从线粒体内至胞液的运转

2.丙二酸单酰辅酶 A 的形成

乙酰辅酶 A 是合成脂肪酸的引物,以软脂酸为例,所需的 8 个乙酰辅酶 A 单位中,只有一个以乙酰辅酶 A 的形式参与合成,其余 7 个皆以丙二酸单酰辅酶 A 的形式参与合成。脂肪酸合成中,每次延长都需要丙二酸单酰辅酶 A 参加。丙二酸单酰辅酶 A 是由乙酰辅酶 A 和 CO_2 羧化形成的。

$$\underset{\text{乙酰CoA}}{CH_3-\overset{\overset{\displaystyle O}{\|}}{C}\sim SCoA} + CO_2 \xrightarrow[\text{乙酰CoA羧化酶,生物素}]{ATP \quad ADP+Pi} \underset{\text{丙二酸单酰CoA}}{HO-\overset{\overset{\displaystyle O}{\|}}{C}-CH_2-\overset{\overset{\displaystyle O}{\|}}{C}\sim SCoA}$$

由于丙二酰辅酶 A 除用于合成脂肪酸外，没有其他代谢用处，所以通过调节羧化酶以调节脂肪酸的合成不会干扰其他代谢途径。

3. 脂肪酸的合成过程

丙二酸单酰 CoA 与乙酰 CoA 缩合生成脂肪酸，反应在脂肪酸合酶复合体的催化下进行。细菌、植物与动物脂肪酸合酶复合体有所不同，但它们的基本功能相同。哺乳动物脂肪酸合酶具有 7 种酶的活性和一个酰基载体蛋白(ACP)，它们位于一条多肽链上。

(1)起始反应。脂肪酸合成起始反应包括两步反应，其作用是使乙酰 CoA 和丙二酸单酰 CoA 结合到脂肪酸合酶复合体上。脂肪酸合酶复合体有两个能与酰基相结合的巯基：一个是 β-酮酰-ACP 合酶上半胱氨酸残基的巯基，另一个是 ACP 上的巯基。

脂肪酸合成起始反应的第一步反应是使乙酰 CoA 的乙酰基转到 β-酮酰-ACP 合酶半胱氨酸的巯基(—SH)上，使乙酰基与合酶相结合。此反应由乙酰 CoA：ACP 转酰酶催化，即

$$CH_3-\overset{\overset{O}{\|}}{C}\sim SCoA + HS-\text{合酶} \xrightarrow{\text{乙酰 CoA 转酰酶}} CH_3-\overset{\overset{O}{\|}}{C}\sim S-\text{合酶} + HSCoA$$

脂肪酸合成起始的第二步反应是丙二酸单酰 CoA 的丙二酸单酰基团转移到 ACP 上，此反应由丙二酸单酰 CoA：ACP 酰基转移酶催化。

$$\underset{\text{丙二酸单酰 CoA}}{HO-\overset{\overset{O}{\|}}{C}-CH_2-\overset{\overset{O}{\|}}{C}\sim SCoA} + HSACP \rightleftharpoons \underset{\text{丙二酰单酰 ACP}}{HO-\overset{\overset{O}{\|}}{C}-CH_2-\overset{\overset{O}{\|}}{C}\sim SACP} + HSCoA$$

在脂肪酸合酶复合体中，乙酰基和丙二酸单酰基团彼此靠近，同时被激活，进入脂肪酸链增长的四步循环反应，即缩合、还原、脱水、还原四步反应。

(2)缩合反应。缩合反应是脂肪酸链形成的第 1 步反应，它由活化的乙酰基和丙二酸单酰基团缩合形成乙酰乙酰 ACP，此反应由 β-酮酶酰-ACP 合酶催化。

$$CH_3-\overset{\overset{O}{\|}}{C}\sim S-\text{合酶} + \underset{\text{丙二酰单酰ACP}}{HO-\overset{\overset{O}{\|}}{C}-CH_2-\overset{\overset{O}{\|}}{C}\sim SACP} \xrightarrow[CO_2]{HS-\text{合酶}} \underset{\text{乙酰乙酰ACP}}{CH_3-\overset{\overset{O}{\|}}{C}-CH_2-\overset{\overset{O}{\|}}{C}\sim SACP}$$

(3)还原反应。还原反应是脂肪酸链形成的第 2 步反应，在 β-酮酶酰-ACP 还原酶的催化下，还原剂是 NADPH，产物是 β-羟丁酰-ACP。

$$CH_3-\overset{O}{\overset{\|}{C}}-CH_2-\overset{O}{\overset{\|}{C}}\sim SACP \xrightleftharpoons[]{NADPH+H^+ \quad NADP^+} CH_3-\overset{OH}{\overset{|}{C}H}-CH_2-\overset{O}{\overset{\|}{C}}\sim SACP$$

乙酰乙酰ACP　　　　　　β-羟丁酰ACP

(4)脱水。脱水是脂肪酸链形成的第 3 步反应，在 β-羟丁酰-ACP 在脱水酶的催化下，生成反-2-丁烯酰-ACP。

$$CH_3-\overset{OH}{\overset{|}{C}H}-CH_2-\overset{O}{\overset{\|}{C}}\sim SACP \rightleftharpoons \underset{H_3C}{\overset{H}{}}\!\!>C=C<\!\!\underset{H}{\overset{\overset{O}{\|}{C}\sim SACP}{}} + H_2O$$

β-羟丁酰-ACP　　　　　　反-2-丁烯酰-ACP

(5)再还原。再还原是脂肪酸链形成的第 4 步反应，在反-2-丁烯酰-ACP 在烯酯酰-ACP 还原酶的催化下，还原成丁酰-ACP。至此脂肪酸链延长了两个碳原子。

$$CH_3-CH=CH-\overset{O}{\overset{\|}{C}}\sim SACP \xrightleftharpoons[]{NADPH+H^+ \quad NADP^+} CH_3-CH_2-CH_2-\overset{O}{\overset{\|}{C}}\sim SACP$$

丁烯酰ACP　　　　　　丁酰ACP

丁酰-ACP 的形成完成了合成软脂酰-ACP 七次循环反应的第一次循环。第二次循环是丁酰基由 ACP 转移到 β-酮酯酰-ACP 合成酶分子的—SH 上，ACP 又可再接受丙二酸单酰基，第二次循环即可进行。水解和硫解反应经过七次循环后，合成的最终产物软脂酰基-ACP 经硫酯酶催化，形成游离的软脂酸，或由 ACP 转到辅酶 A 上，或直接形成磷脂酸。

由乙酰-CoA 合成软脂酸的总反应如下式：

$$8CH_3CO-SCoA+14NADPH+14H^++7ATP \longrightarrow CH_3(CH_2)_{14}COOH+8HSCoA+14NADP^++7ADP+7Pi+7H_2O$$

多数生物脂肪酸从头合成只能形成软脂酸，而不能形成比它多两个碳原子的硬脂酸。原因是 β-酮脂酰-ACP 合成酶对链长有专一性，它接受 14 碳酰基的能力很强，但不能接受 16 碳酰基。可能酶与饱和酯酰基的结合位点只适合于一定的链长范围。软脂酸可以通过增加乙酰基来延长脂肪酸链形成硬脂酸或更长的饱和脂肪酸。脂肪酸链的延长反应发生在光面内质网和线粒体中，光面内质网中的脂肪酸延长酶系活性较高。

饱和脂肪酸在去饱和酶的催化下，可以在分子中引入双键转变成不饱和脂肪酸。在哺乳动物体内可以在脂肪酸的第九位引入一个双键,但没有在第九位碳原子以外引入双键的酶,所以不能合成亚油酸(9,12-十八碳二烯酸)和亚麻酸(9,12,15-十八碳三烯酸)。亚油酸和亚麻酸只能从膳食获取,是人体不可缺少的不饱和脂肪酸。

(三)脂肪的合成

三酯酰甘油是以脂酰 CoA 和 α-磷酸甘油为原料,在细胞网中经脂酰转移酶的催化合成的。脂肪生物合成的第一步是由 α-磷酸甘油的两个游离羟基与两分子脂酰 CoA 进行酯化反应生成二酰甘油-3-磷酸,通常称为磷脂酸,磷脂酸可以生成磷脂或脂肪。生成脂肪时,磷脂酸在磷脂酸磷酸酶催化下水解形成 1,2-二酰甘油,然后二酰甘油再与一分子脂酰 CoA 反应生成三酰甘油(脂肪)。图 7-10 所示脂肪的合成过程。

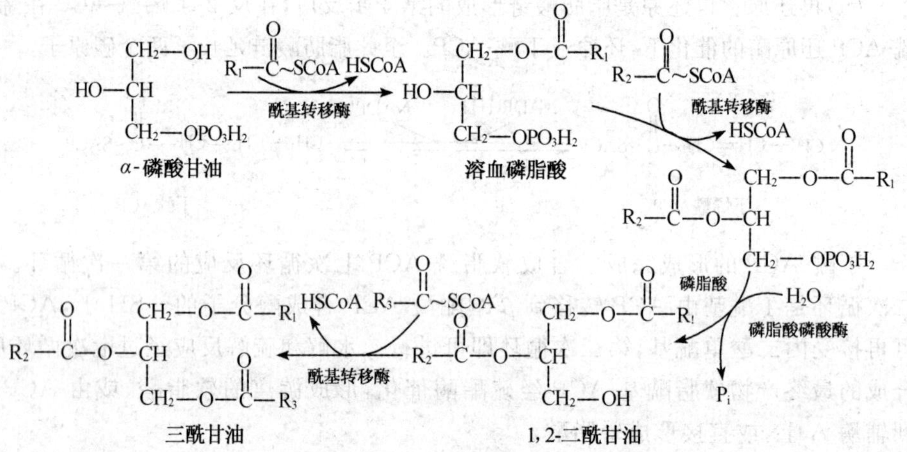

图 7-10 脂肪的合成过程

(四)脂代谢的调节

机体可以通过神经及体液系统来调节脂类代谢,改变合成和分解代谢的强度,以适应机体活动的需要。肾上激素、生长激素、高血糖素、促肾上腺皮质激素(ACTP)、甲状腺素、甲状腺刺激激素(TSH)等能促进脂肪动员和脂解作用,而胰岛素、前列腺素则相反。

机体也可以通过变构酶系统来调节脂类代谢。如从肠道吸收(外源性)进入肝脏的胆固醇量多,则肝脏内合成的胆固醇的量就少。其作用机制是:外源性胆固醇以脂蛋白的形式作用于 HMG-还原酶的别构部位,从而使 β 羟基-β-甲基戊二酸(HMG)不能还原成 β,δ-二羟基 β-甲基戊酸(MVA)而转向酮体生成。

营养状态对脂代谢有一定的调节作用,胆汁酸的生成量对胆固醇合成也有影响。

阅读材料

胆固醇对健康的影响

胆固醇是存在于人体的各种组织和体液中的重要脂类物质,特别是在脑、脊髓等神经组织中含量最丰富。胆固醇不但是构成生物膜(如细胞膜)的重要成分,而且对消化系统和内分泌系统的功能,也有重要影响。

体内胆固醇过多将增加易患心血管意外、心脏病、中风及其他心血管疾病的危险。目前,冠心病对人类健康的危害正在日益加重,在发达国家,冠心病的死亡率已超过所有癌症死亡率的总和。在中国,随着饮食习惯的改变,因摄取过量的高脂食物而导致的冠心病也越来越多。

冠心病是指供给心脏血液的冠状动脉发生粥样硬化引起的心脏病,最常见的类型为心绞痛和心肌梗塞。发生心绞痛的根本原因是心肌暂时性缺血,其典型症状有:发作前通常有一定的诱因,如情绪激动、体力活动、受寒、过饱、吸烟等。出现突发的心前区疼痛或压迫感,疼痛可延伸至左侧颈部和肩臂,同时伴有头晕、出汗和面色苍白等症状。症状持续时间一般少于 15 min,在病人安静半卧或使用硝酸甘油后,症状通常很快得以缓解。上述症状可反复发作。当一条冠状动脉被完全阻塞时(通常是因血栓堵住了血管),部分心肌可因缺血而坏死,即发生心肌梗塞,这将严重影响心脏的功能,引起休克、心力衰竭或心律紊乱,甚至病人死亡。心肌梗塞的特征是:无明显诱因的出现类似心绞痛的症状,但症状重、持续时间长,甚至长达数小时到数天。出现心功能严重受损的症状,如面色苍白、浑身冒冷汗、恶心呕吐、头晕、呼吸急促、昏迷。病人在休息或使用硝酸甘油后、症状不能缓解。人们要特别警惕上述危险信号,尽早就诊,以免发生生命危险。

“中风”又称脑血管意外,主要分为两种类型。一是缺血中风(脑梗塞),即一条脑动脉严重或完全阻塞(多因动脉粥样硬化或血栓形成所致),导致部分脑组织软化,坏死,失去其应有的功能。另一种类型是出血性中风(脑出血),即脑内的小动脉破裂出血,并压迫和损伤脑组织而引起一系列症状。

脑梗塞的常见症状有:一侧肢体麻木或无力,甚至出现半身瘫痪。吞咽及发音困难,严重者不能理解和说话。不能控制肌肉,动作缓慢、不协调、不准确或动作增快、冲动。一侧视野缺损或视力减退。可有头痛、头晕、呕吐及轻度意识不清。脑出血的病情更为凶险,死亡率高,其特征为:突然发病,来势凶猛,出现剧烈的头痛、头晕、呕吐、昏迷、抽搐或瘫痪。发病前可能有便秘、过劳、激动等诱因。可出现高烧，呼吸和心率的改变。

习题

一、选择题

1. 下列脂肪酸中属必需脂肪酸的是(　　)。

A. 软脂酸　　B. 油酸　　C. 亚油酸　　D. 甘碳酸

E. 硬脂酸

2. 线粒体基质中脂酰 CoA 脱氢酶的辅酶是(　　)。

A. FAD　　B. $NADP^+$　　C. NAD^+　　D. GS-SG

3. 在脂肪酸的合成中，每次碳链的延长都需要哪种物质直接参加？(　　)

A. 乙酰 CoA　　B. 草酰乙酸

C. 丙二酸单酰 CoA　　D. 甲硫氨酸

4. 合成脂肪酸所需的氢由下列哪一种递氢体提供？(　　)

A. $NADP^+$　　B. NADPH＋H^+　　C. $FADH_2$　　D. NADH＋H^+

5. β-氧化的酶促反应顺序为(　　)。

A. 脱氢、再脱氢、加水、硫解　　B. 脱氢、加水、再脱氢、硫解

C. 脱氢、脱水、再脱氢、硫解　　D. 加水、脱氢、硫解、再脱氢

6. 生成甘油的前体是(　　)。

A. 丙酮酸　　B. 乙醛

C. 磷酸二羟丙酮　　D. 乙酰 CoA

7. 脂肪酸分解产生的乙酰 CoA 的去路是(　　)。

A. 合成脂肪　　B. 氧化供能　　C. 合成酮体　　D. 以上都是

8. 脂肪酸合成时不需要的物质是(　　)。

A. 乙酰 CoA　　B. 丙二酰 CoA　　C. ATP　　D. NADPH

E. H_2O

9. 脂肪酸合成需要的 NADPH＋H^+ 主要来源于(　　)。

A. TCA　　B. EMP　　C. 磷酸戊糖途径　　D. 以上都不是

10. 合成脂肪酸的原料乙酰 CoA 从线粒体转运至胞液的途径是(　　)。

A. 三羧酸循环　　B. 苹果酸穿梭作用

C. 葡萄糖-丙氨酸循环　　D. 柠檬酸-丙酮酸循环

E. α-磷酸甘油穿梭作用

11. 脂肪大量动员时肝内生成的乙酰 CoA 主要转变为(　　)。

A. 葡萄糖　　B. 胆固醇　　C. 脂肪酸　　D. 酮体

E. 丙二酰 CoA

12. 脂肪酸在肝脏进行 β-氧化不直接生成( )。

A. 脂酰 CoA B. 乙酰 CoA C. $FADH_2$ D. H_2O

E. NADH

13. 下列有关酮体的叙述中错误的是( )。

A. 酮体是脂肪酸在肝中氧化的中间产物

B. 糖尿病时可引起血酮体增高

C. 酮体包括丙酮、乙酰乙酸和 β-羟丁酸

D. 酮体可以从尿中排出

E. 饥饿时酮体生成减少

二、填空题

1. 脂肪酸的合成前体是________,它主要存在于________,需要通过________途径进入________参加脂肪酸的合成。

2. 酮体包括________、________和________。

3. 脂肪酸的分解是在________中进行的,脂肪酸的合成是在________中进行的。

4. 每 1 分子的脂肪酸被活化为脂酰 CoA 需消耗________个高能磷酸键。

5. HMG-CoA 在肝细胞的线粒体是合成________的中间产物,而在细胞溶胶中是合成________的中间产物。

6. 脂肪酸合成的过程中,两次还原反应的辅酶 NADPH 来自________和________。

7. 人体必需脂肪酸有________。

8. 通常哺乳动物中脂肪酸合成的产物是________。

9. 1 分子软脂酸彻底氧化需要重复循环________次,共产生________分子乙酰 CoA,全部进入柠檬酸循环彻底氧化,一共产生________分子 ATP。

10. 由乙酰 CoA 可以合成________、________和________。

三、是非题(在题后括号内打√或×)

1. 脂肪酸氧化降解主要始于分子的羧基端。( )

2. 脂肪酸的从头合成需要 NADPH+H^+ 作为还原反应的供氢体。( )

3. 脂肪酸彻底氧化产物为乙酰 CoA。( )

4. CoA 和 ACP 都是酰基的载体。( )

5. 脂肪酸合成酶催化的反应是脂肪酸-氧化反应的逆反应。( )

6. 脂肪酸合成时脂肪酸分于中全部碳原于均由丙二酰 CoA 提供。( )

7. 脂肪酸合成过程中会消耗 ATP。(　　)

8. 脂肪酸合成酶系存在于胞液中。(　　)

四、名词解释

脂肪酸的β-氧化　　酮体　　血脂　　脂肪动员

五、问答

1. 比较脂肪酸氧化和脂肪酸合成有哪些异同?

2. 为什么哺乳动物脂肪酸不能转变为葡萄糖?

3. 为什么在长期饥饿和糖尿病状态下,血液中酮体浓度会升高?

4. 写出 1 mol 软脂酸在体内氧化分解成 CO_2 和 H_2O 的反应历程,并计算产生的 ATP 摩尔数。

5. 为什么人摄入过多的糖容易长胖?

6. 简述酮症发生的机理和防治方法。

实训 7.1　血清总脂的测定

一、能力目标

①了解香草醛进行血清总脂的测定相关知识。

②能够进行香草醛显色法测定血清总脂的操作。

二、基本原理

血清总脂即血清中各种脂类物质的总和。测定血清总脂的方法有称量法、比色法、比浊法、染色法等。其中,称量法比较准确,其测定结果可作为参考标准。比色法简单易行,可用血清直接测定,故采用者较多。现就硫酸-磷酸-香草醛试剂显色法作一介绍。

血清中的不饱和脂类与硫酸作用,水解后生成碳鎓离子(正碳离子)。试剂中的磷酸与香草醛的羟基作用,产生芳香族的磷酸酯,并且改变了香草醛分子中的电子分配,使醛基变成反应性增强的羰基。碳鎓离子与磷酸香草酯的羰基起反应,生成红色的醌化物。

三、实训器材与试剂

1. 器材

(1)试管;

(2)电炉；

(3)吸管；

(4)722 分光光度计；

(5)试管与试管架。

2. 试剂

(1)动物新鲜血清。

(2)浓硫酸(A. R.)。

(3)浓磷酸(A. R.)。

(4)显色剂(0.6%香草醛水溶液)：称取香草醛 0.3 g，用蒸馏水溶解并稀释到 50 mL，再加入浓磷酸(含量 85%)200 mL，贮存于棕色瓶内可稳定 2 个月。

(5)总脂标准液(2 mg/mL)：精确称取纯胆固醇 200 mg，溶于冰醋酸中并定容至 100 mL。

(6)冰醋酸(A. R.)。

四、操作步骤

(1)取三支试管，按下表操作：

管号	空白管	标准管	测定管
血清(mL)	0	0	0.1
总脂标准液(mL)	0	0.1	0
冰醋酸(mL)	0.1	0	0
浓硫酸(mL)	1.2	1.2	1.2
充分混匀，置沸水加热 10 min，使脂类水解。取出，冷水冷却			
显色剂(mL)	4.0	4.0	4.0

(2)充分混匀，放置 20 min(或 37℃保温 15 min)后，在 525 nm 波长比色，读取各管吸光度。

五、结果处理

$$\underset{(\mathrm{mg}/100\ \mathrm{mL})}{\text{血清总脂}}=\frac{\text{测定管吸光度}}{\text{标准管吸光度}}\times 0.1\times 4\times\frac{100}{0.1}=\frac{\text{测定管吸光度}}{\text{标准管吸光度}}\times 400$$

六、注意事项

(1)不饱和脂类比饱和脂类呈色强。血清中饱和脂类与不饱和脂类的比例约为 3∶7，因此，要测定血清的标准总脂含量最好选用称量法。

(2)硫酸水解不饱和脂类必须在100℃中进行,如温度低,反应会不完全。

(3)一般成人血清中总脂的含量在400～700 mg/100 mL。

七、思考题

(1)说明各试剂及其成分在本测定中的作用。

(2)试说明血清总脂测定的临床意义。

实训7.2 酮体的生成和测定

一、能力目标

①了解脂肪酸通过β-氧化作用生成酮体的相关知识。

②具备测定肝脏酮体的能力。

二、基本原理

在肝脏中,脂肪酸经β-氧化作用生成乙酰CoA。两分子乙酰CoA可再缩合成乙酰乙酸。乙酰乙酸可脱羧生成丙酮,也可还原生成β-羟丁酸。乙酰乙酸、β-羟丁酸和丙酮总称为酮体。酮体为机体代谢的中间产物,在正常情况下,其产量甚微;患糖尿病 或食用高脂肪膳食时,血中酮体含量增高,尿中也能出现酮体。

肝糜与丁酸保温反应生成的丙酮,在碱性条件下,与碘生成碘仿,反应式如下:

$$2NaOH + I_2 \longrightarrow NaOI + NaI + H_2O$$

$$CH_3COCH_3 + 3NaOI \longrightarrow CHI_3 + CH_3COONa + 2NaOH$$

剩余的碘可用标准硫代硫酸钠溶液滴定。

$$NaOI + NaI + 2HCl \longrightarrow I_2 + 2NaCl + H_2O$$

$$I_2 + 2Na_2S_2O_3 \longrightarrow Na_2S_4O_6 + 2NaI$$

根据滴定样品与滴定对照样所消耗的硫代硫酸钠溶液体积之差,计算由正丁酸氧化生成丙酮的量。

三、实训器材与试剂

1.器材

(1)试管和试管架;

(2)小烧杯;

(3)剪刀和镊子；

(4)锥形瓶 50 mL×2；

(5)漏斗；

(6)移液管 2 mL×2,5 mL×5；

(7)恒温水浴锅；

(8)小台秤；

(9)微量滴定管 5 mL；

(10)玻璃皿。

2.试剂

(1)0.1 mol/L 碘溶液。称取 2.5 g 碘和约 7.5 g 碘化钾，溶于 10 mL 水中，完全溶解后，稀释到 100 mL，用标准硫代硫酸钠溶液标定。

(2)0.5 mol/L 正丁酸溶液。取 5 mL 正丁酸，用 0.5 mol/LNaOH 溶液中和至 pH 值 7.6，并稀释至 100 mL。

(3)配制 0.05 mol/L 标准硫代硫酸钠溶液(用 0.01 mol/LKIO_3 标定)，稀释成 0.01 mol/L 标准硫代硫酸钠溶液备用。

(4)0.1 mol/LKIO_3 溶液。准确称取 KIO_3(相对分子质量 214.02)3.249 g，溶于水后，倒入 1 000 mL 容量瓶内，加蒸馏水至刻度。吸取 0.1 mol/LKIO_3 溶液 20 mL于锥形瓶中，加入碘化钾 1 g 及 12 mol/L H_2SO_4 溶液 5 mL，然后，用上述 0.2 mol/L $Na_2S_2O_3$ 溶液滴定至浅黄色，再加 0.1%淀粉溶液 3 滴作指示剂，此时溶液呈蓝色，继续滴定至蓝色刚消退为止，计算 $Na_2S_2O_3$ 溶液的准确浓度。

(5)0.1%淀粉溶液。

(6)0.9%NaCl 溶液。

(7)10%HCl 溶液。

(8)10%NaOH 溶液。

(9)15%三氯乙酸溶液。

(10)1/15 mol/L 磷酸缓冲液(pH 值 7.6)。

(11)新鲜肝组织(动物如家兔、大白鼠或鸡等的肝)。

四、操作步骤

1.肝糜制备

将家兔颈部放血处死，取出肝脏，用 0.9%氯化钠溶液去污，用滤纸吸去表面的水分。称取肝组织 5 g 置研钵中。加少量 0.9%氯化钠溶液，研磨成细浆，再加 0.9%氯化钠溶液至总体积为 10 mL。

2. 对照实验

取2个50 mL锥形瓶，各加入3 mL pH7.6磷酸盐缓冲液。向一个锥形瓶中加入2 mL正丁酸，另一个锥形瓶作为对照，不加正丁酸，然后各加入2 mL肝组织糜。混匀，置于43℃恒温水浴内保温。

3. 沉淀蛋白质

保温1.5 h后，取出锥形瓶，各加入3 mL的15%三氯乙酸溶液，在对照瓶内加入2 mL正丁酸，混匀，静置15 min后过滤。将滤液分别收集在2支试管中。

4. 酮体的测定

吸取2两种滤液各2 mL分别放入另2个锥形瓶中，再各加3 mL的0.3 mol/L碘溶液和3 mL的10%氢氧化钠溶液。摇匀后，静置10 min。加入3 mL的10%盐酸中和。然后用0.01 mol/L硫代硫酸钠溶液滴定剩余的碘，滴至浅黄色(部分溶血呈橙色)时，加入10滴淀粉溶液作指示剂。摇匀，并继续滴到蓝色消失。记录滴定样品与对照所用的硫代硫酸钠溶液毫升数，并按下式计算样品中丙酮的含量。

五、结果处理

$$\text{肝脏生成丙酮的量(mmol/g)}=(V_1-V_2)\times c_{Na_2S_2O_3}\times\frac{1}{6}$$

式中：V_1——为滴定样品1(对照)所消耗的0.01 mol/L硫代硫酸钠溶液体积(mL)；

V_2——为滴定样品2所消耗的0.01 mol/L硫代硫酸钠溶液体积(mL)；

$c_{Na_2S_2O_3}$——为标准硫代硫酸钠溶液的浓度(mol/L)。

六、思考题

酮体生成的适宜条件是什么？

第八章 氨基酸代谢

知识目标

重点掌握氨基酸的三种脱氨基方式、氨的解毒机理及α-酮酸的代谢去路

掌握蛋白质营养价值、氮平衡、必需氨基酸的基本概念

了解氨基酸的生理功能、氨基酸的酶促降解概况、氨基酸的合成代谢

技能目标

能够利用尿素生成的原理解释高血氨症和氨中毒现象

蛋白质是生命的物质基础，在生命活动中起重要作用。蛋白质的基本组成单位是氨基酸，氨基酸代谢包括合成代谢和分解代谢两方面，本章重点论述分解代谢。

一、概述

(一)蛋白质的生理功能

1. 维持组织细胞的生长、更新和修补

蛋白质是组织细胞的主要组成成分，因此参与构建各种组织细胞是蛋白质最重要的功能。膳食和动物饲料中必须提供足够质和量的蛋白质，才能满足组织细胞的生长、更新和修补的需要。

2. 转变成一些含氮化合物，参与多种重要的生理活动

蛋白质转化为氨基酸，氨基酸可转变为核酸、烟酰胺、神经递质和某些激素等含氮化合物。这些物质具有重要的生理功能，如：催化、运输、代谢调节等，他们是生物体正常生命活动所必需的。

3. 氧化供能或转变为糖和脂肪

体内蛋白质降解成氨基酸之后，经脱氨基作用生成的 α-酮酸可以直接或间接参加三羧酸循环而氧化分解。每克蛋白质在体内氧化分解产生17.19 kJ (4.1 kcal)能量，与氧化 1 g 葡萄糖相当，每人每日 10%～15%能量来源于蛋白质，是体内能量来源之一。蛋白质的这种作用可由糖及脂来代替，因此不是蛋白质的主要功能。对于动物而言，把价格较高的饲料蛋白用作供能物质在生产中是不经济的。

(二)蛋白质的营养

1. 氮平衡

为了了解人体与动物体摄入的蛋白质是否能满足机体生理活动的需要，可通过氮平衡(nitrogen balance)测定来进行。所谓氮平衡是指机体摄入与排出氮量之间的关系。测定氮平衡的方法是，测定机体在一定时间内摄入的氮量并与同期排出的氮量加以比较。机体主要以尿和粪便及少量汗液排出含氮物质。尿中含氮量代表体内蛋白质的分解量，而粪中含氮量则表示未被机体吸收的蛋白质的量。对于泌乳和产蛋的动物，氮的排出量还应包括乳和蛋中的含氮量。测定氮平衡的结果常有以下三种情况：

(1)氮的总平衡。氮的总平衡指摄入的氮量与排出氮量相等，即表明蛋白质的沉积(体内蛋白质含量增加)与分解的量大致相等，体内蛋白质维持相对平衡，见于成人及成年动物。一般成人每日食入约 70 g 蛋白质即可维持氮的总平衡，成年动物因品种及生理状态不同而异。

(2)氮的正平衡。氮的正平衡指摄入的氮量大于排出氮量，表明蛋白质的沉积量大于蛋白质的分解量。此种状态多见于生长发育期、妊娠期、病后康复或组织损伤后修复期的人和动物。

(3)氮的负平衡。氮的负平衡指摄入的氮量小于排出的氮量，表明蛋白质的沉积量小于蛋白质的分解量。说明机体处于摄入蛋白质不足或疾病状态。应当注意的是，供应充足的蛋白质不一定就能满足代谢的需要。因为食物蛋白质的质量也是十分重要的，只有被充分利用的蛋白质，才能真正保障人体健康。

2. 生理需要量与蛋白质的生理价值

成人每日最低分解约 20 g 蛋白质，蛋白质的最低需要量成人为每日 30～50 g，为了长期保持氮的总平衡，仍需增加蛋白质的量才能满足平衡。我国营养学会推荐成人每日蛋白质需要量为 80 g。动物的蛋白质最低需要量与其品种和生理状态有关，更重要的是与饲料中蛋白质的种类有关。同一动物摄入不同饲料来源的蛋白质时，其最低需要量会有很大差异，原因在于不同蛋白质有不同的生理价值

(biological value,BV)。蛋白质的生理价值是指蛋白质被机体用来合成组织蛋白质的利用率。

$$蛋白质的生理价值=\frac{氮的保留量}{氮的吸收量}\times 100\%$$

显然,摄入的蛋白质生理价值越高,其蛋白质最低需要量也越小,反之亦然。

知识链接

在动物生产实践中,由于蛋白质饲料价格较高,从经济效益出发,人们要考虑至少应给动物饲喂多少蛋白质,才能使动物既能正常生长和生产,又不浪费饲料。对于成年动物来说,在糖和脂肪这类能源物质充分供应的条件下,为了维持其氮的总平衡,至少必须摄入蛋白质的量,称为蛋白质的最低需要量。在畜禽饲养生产中,为了保证动物的健康,一般日粮中蛋白质的含量都应比最低需要量稍高一些。对于处在生长期和妊娠期的动物,则应在此基础上再加上其生长所需要的蛋白质的量,才能满足其实际需要。

3.蛋白质的营养价值

不同蛋白质之所以有不同的营养价值,主要取决于蛋白质分子中所含营养必需氨基酸的种类是否齐全,比例是否适当。含有必需氨基酸种类多、数量足的蛋白质,其营养价值高,反之营养价值低。动物性蛋白质所含必需氨基酸的种类和比例与人体需要相近,故营养价值高。食物中必需氨基酸的比例与机体蛋白的氨基酸组成越接近,则该种食物的营养价值就越高。

为了提高食物蛋白的营养价值,通常把几种营养价值较低的不同种类的蛋白质混合食用,使其必需氨基酸可以互相补充提高营养价值,称为蛋白质的互补作用。

不同种类的蛋白质,所含必需氨基酸有很大差异,如谷类蛋白质含赖氨酸较少,而含色氨酸则较多;有些豆类蛋白质含赖氨酸较多,而色氨酸含量又较少。当单独摄入时,它们的营养价值都比较低。如果把这两种蛋白质混合食用,则可取长补短,提高其营养价值,如在面粉中添加0.2%赖氨酸,其蛋白质的生理价值可由47%提高到71%。

(三)蛋白质的消化吸收

1.胃的消化作用

食物中的蛋白质必须经过消化水解成氨基酸才能被人体吸收。蛋白质的消化从胃中开始，食物进入胃后，胃黏膜分泌胃泌素，在胃泌素的刺激下，胃壁细胞分泌盐酸，胃腺主细胞分泌胃蛋白酶原。盐酸使胃的pH值约为1，在胃酸的作用下，蛋白质变性，多肽链伸展，使其更易水解。胃蛋白酶原在自身催化作用下，从肽链氨基端去掉42个氨基酸残基变成有活性的胃蛋白酶。在胃蛋白酶的催化下蛋白质被水解成各种多肽的混合物。

2.小肠中的消化

蛋白质在胃中消化后，同胃液一起进入小肠，多肽的继续消化在小肠中进行。胰腺分泌的碳酸氢根离子中和胃液中的盐酸，使pH值升高到7以上。胰腺分泌胰蛋白酶原、胰凝乳蛋白酶原、弹性蛋白酶原和羧肽酶原进入肠道。胰蛋白酶原被小肠细胞分泌的肠肽酶转化成具有活性的形式。然后游离的胰蛋白酶将其余的胰蛋白酶原转化成胰蛋白酶。同时，胰蛋白酶也可以活化胰凝乳蛋白酶原、羧肽酶原和弹性蛋白酶原。

胰腺以非活性酶原形式分泌各种消化酶，保护自身细胞免受蛋白酶的破坏。胰腺还合成一种称为胰蛋白酶抑制剂的蛋白质，它能有效阻止具有活性的蛋白酶在胰腺细胞中的成熟以抵抗自身消化作用。急性胰腺炎是一种由于胰腺分泌物进入小肠的正常通道受阻而引发的疾病。原因是胰腺分泌的蛋白酶原在胰腺细胞中提前转化成具有催化活性的蛋白酶，使胰腺自身蛋白质水解，从而引起极度的疼痛和对胰腺器官的损害。

经胃蛋白酶水解进入小肠中的多肽，在胰蛋白酶、胰凝乳蛋白酶、弹性蛋白酶、羧肽酶和氨肽酶的共同作用下，水解成游离氨基酸。在人体中，大部分来自动物性食物的球蛋白在肠道几乎完全水解成氨基酸，但有些纤维蛋白如角蛋白只被部分消化。有些植物性食物中的蛋白质由于有不可消化的纤维素外壳，不被消化。蛋白质消化产生的游离氨基酸被运送到小肠表面的上皮细胞中，进入小肠绒毛的毛细血管输送到肝脏。

(四)蛋白质的降解

各种蛋白质降解速率有很大的不同，它随生理需要而发生改变。细胞中蛋白质的降解速率也随营养状况和激素水平而异。在营养缺乏的情况下，细胞提高蛋白质的降解速率，以维持必须的代谢过程的进行。细胞不断地从氨基酸合成蛋白质，同时又将一些蛋白质分解成氨基酸。蛋白质的这种周转过程主要有三个功能：①以蛋白质形式贮存养分，并在代谢需要时将其分解，这一过程主要发生在肌肉组织；②去除对人体有害的异蛋白质；③通过去除多余的酶及调节蛋白质调节细胞的代谢。因此，调控一种蛋白质的降解速度与调控其合成速度对细胞同样重要。

不同蛋白质降解的速度不同，蛋白质的生命期从短到几分钟到几个星期或更长。某些组织酶的降解速度相当大(表 8-1),降解最快的酶都位于重要的代谢调控点上。

表 8-1 鼠肝中某些酶的半衰期

酶	半衰期(短半衰期)(h)	酶	半衰期(长半衰期)(h)
鸟氨酸脱羧酶	0.2	醛缩酶	118
RNA 聚合酶Ⅰ	1.3	3-磷酸甘油醛脱氢酶	130
酪氨酸氨基转移酶	2.0	细胞色素 b	130
丝氨酸脱水酶	4.0	乳酸脱氢酶	130
磷酸烯醇式丙酮酸羧化酶	5.0	细胞色素 c	150

引自[美]沃伊特.基础生物化学.朱德煦译.北京,科学出版社,2003.

1.溶酶体降解

细胞内蛋白质可在溶酶体内降解。溶酶体中含 50 多种水解酶类,包括多种蛋白质水解酶。溶酶体中酶的最适 pH 值为 5,在细胞溶胶的 pH 下溶酶体中的酶是无活性的,这可避免溶酶体中的酶偶然泄漏对细胞造成的破坏。溶酶体通过胞吞作用摄取细胞内的物质。这些物质被包裹在液泡中,并与溶酶体融合而被降解。在营养充分的细胞中,溶酶体对蛋白质的降解是无选择性的。许多正常和病理过程都伴有溶酶体活性的增加,由于不被使用、神经切除或者外伤引起的肌肉损耗都是溶酶体活性增高引起的。例如:在分娩后出现的子宫回缩,这个肌肉器官的重量在 9 d 内从 2 kg 减少到 50 g。风湿性关节炎就涉及溶酶体的细胞外释放,从而降解周围组织。

2.泛素

真核细胞蛋白质可以不通过溶酶体降解,而通过与泛素连接被降解。泛素是一个由 76 个氨基酸组成的蛋白质,因存在广泛且含量丰富而得名。泛素经三步反应与被降解的蛋白质以共价键相连接,使蛋白质携带了降解标记。泛素连接的蛋白质通过一个依赖 ATP 的过程被水解。

天然蛋白质被选择为降解蛋白质与其 N 末端有关。N 末端为天冬氨酸、精氨酸、亮氨酸、赖氨酸和苯丙氨酸残基的蛋白质,半衰期只有 2～3 min;N 末端为丙氨酸、甘氨酸、蛋氨酸、丝氨酸和缬氨酸的蛋白质,半衰期超过 10 h。这一规律称为 N 末端规则。

(五)氨基酸代谢库

经食物消化吸收的氨基酸与体蛋白分解的氨基酸交融在一起共同组成氨基酸代谢库(metabolic pool),它们只是来源不同,在代谢上无区别,可参与全身各组织的代谢。体内氨基酸代谢概况如图 8-1 所示。

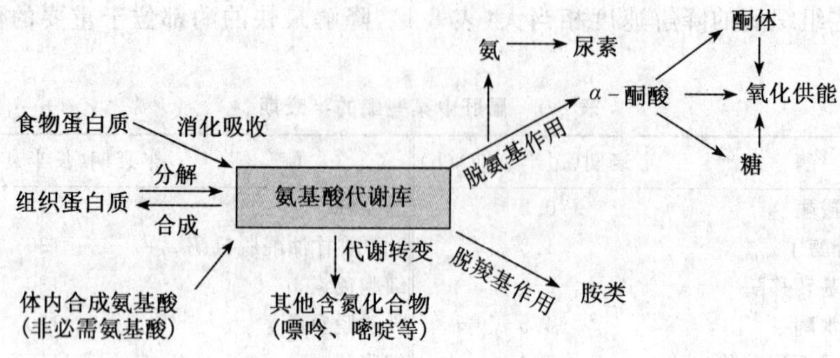

图 8-1 氨基酸代谢概况

近年来,国际科技界研究发现,蛋白质经消化道酶促水解后,主要以小肽的形式吸收,且比完全游离氨基酸更易更快地被机体吸收和利用。这一发现的依据是科学家在对动物和人体解剖中发现,他们的小肠刷状物上有大量的小肽停留。这一发现推翻了过去认为人体吸收蛋白质主要是以氨基酸的形式进行这一理论。这是一次重大发现及理论突破。为此,蛋白质降解、研发生物活性肽成为科学家研究的热点。

近 10 年来,人们运用酸、碱降解蛋白质获得肽收获甚微,固定投资大,周期长,污染严重,风险大,未能实现工业化生产。1995 年,武汉九生堂肽类专家运用生物酶降解蛋白质技术获得了巨大成功,研发、生产出我国第一个多肽终端产品“全卵蛋白肽”。

我国专家及国际科学界几乎同一时间发现,某些小肽不仅能提供人体生长、发育所需要的营养物质,而且具有独特的生物学功能,可防治高血压、高血脂、高血糖、血栓、动脉硬化、心脏病,抗氧化、抗疲劳、抗衰老、抗癌、抗病毒,提高机体免疫力。在运用生物酶对蛋白质进行降解获得多肽时,还发现:某些小肽具有原食品蛋白质组成氨基酸所没有的重要生理功能。

研究还发现:降解什么样的蛋白质就有什么样的功能肽,它不仅保留其原有蛋白质营养成分及功能,而且还强化了其功能,并使其具有极强的活性和多样性。

这一发现的重要意义,一是人类可运用生物酶对各种食物蛋白质进行降解,获得对各种可食用蛋白质功能强化了的肽,运用各种不同肽的不同生理功能防治“现代病”;二是明确了对蛋白质降解所获得的“多肽氨基酸混合物”,不需辨认、分离、纯化。

二、氨基酸的分解代谢

不同的氨基酸化学结构不同，各有其分解方式，但它们都含有 α-氨基和 α-羧基，因此在代谢上有共同之处。氨基酸的一般代谢就是指氨基酸的脱氨基作用和脱羧基作用及其产物的代谢。从量上看，氨基酸的分解代谢主要反应是脱氨基作用，在少数情况下，氨基酸首先脱去羧基生成 CO_2 和胺。

(一)氨基酸的脱氨基作用

在酶的作用下，氨基酸脱去氨基的过程，称脱氨基作用(deamination)。生物体内氨基酸的脱氨基作用主要有三种方式：氧化脱氨基作用、转氨基作用及联合脱氨基作用。

1. 氧化脱氨基作用

氨基酸在酶的作用下，在氧化脱氢的同时释放出游离的氨，生成相应的 α-酮酸，这一过程称为氧化脱氨基作用。

已知在生物体内有三种酶催化氨基酸脱氨基反应。*L*-氨基酸氧化酶：此酶以 FMN 为辅基，催化 *L*-氨基酸的氧化脱氨基作用，但在体内分布不广，活性不强；*D*-氨基酸氧化酶：此酶以 FAD 为辅酶，在体内分布广，活性也强，但是生物体内的氨基酸绝大多数是 *L*-型的，因此这类酶在氨基酸代谢中的作用不大；*L*-谷氨酸脱氢酶：此酶广泛存在于高等动物的肝、肾和脑等组织中，有较强的活性，催化 *L*-谷氨酸氧化脱氨生成 α-酮戊二酸，其辅酶是 NAD^+ 或 $NADP^+$，反应式为：

$$\underset{L\text{-谷氨酸}}{\begin{matrix}NH_2\\|\\CH-COOH\\|\\(CH_2)_2\\|\\COOH\end{matrix}} \underset{NAD^+ \quad NADH+H^+}{\xrightleftharpoons{L\text{-谷氨酸脱氢酶}}} \underset{\text{亚谷氨酸}}{\begin{matrix}NH\\\|\\C-COOH\\|\\(CH_2)_2\\|\\COOH\end{matrix}} \xrightleftharpoons{H_2O} \underset{\alpha\text{-酮戊二酸}}{\begin{matrix}O\\\|\\C-COOH\\|\\(CH_2)_2\\|\\COOH\end{matrix}} + NH_3$$

以上反应是可逆的。当谷氨酸浓度高而氨浓度低时，反应有利于 α-酮戊二酸的生成。谷氨酸脱氢酶是一个由六个亚基构成的变构酶。GTP 和 ATP 是此酶的变构抑制剂，而 GDP 和 ADP 是其变构激活剂。当细胞处于低能量水平时，谷氨酸加速氧化脱氨，产生出更多的 NAD(P)H 和 α-酮戊二酸，参与氧化供能。然而，*L*-谷氨酸脱氢酶具有很高的专一性，只能催化 *L*-谷氨酸的氧化脱氨作用，所以单靠此酶不能使体内大多数氨基酸发生脱氨基作用。

2. 转氨基作用

在氨基转移酶(转氨酶)的催化下,某一氨基酸的 α-氨基转移到另一种 α-酮酸的酮基上,生成相应的氨基酸,原来的氨基酸则转变成其相应的 α-酮酸,这种作用称转氨基作用(transamination)。

转氨基反应是可逆的,生物体内的大多数氨基酸(除苏氨酸和赖氨酸外)都参与转氨基过程,并存在多种转氨酶,但大多数转氨酶都需要以 α-酮戊二酸为特异的氨基受体,而对作为氨基供体的氨基酸要求并不严格。如谷草转氨酶(GOT)和谷丙转氨酶(GPT),这是机体内两种重要的转氨酶,可催化以下氨基酸的转氨基反应:

$$\underset{\text{氨基酸}}{\mathrm{H{-}\overset{\overset{\large COOH}{|}}{\underset{\underset{\large R_1}{|}}{C}}{-}NH_2}} + \underset{\alpha\text{-酮酸}}{\overset{\overset{\large COOH}{|}}{\underset{\underset{\large R_2}{|}}{C}}{=}O} \xrightleftharpoons{\text{转氨酶}} \underset{\alpha\text{-酮酸}}{\overset{\overset{\large COOH}{|}}{\underset{\underset{\large R_1}{|}}{C}}{=}O} + \underset{\alpha\text{-氨基酸}}{\mathrm{H{-}\overset{\overset{\large COOH}{|}}{\underset{\underset{\large R_2}{|}}{C}}{-}NH_2}}$$

知识链接

在正常情况下,上述转氨酶主要存在于细胞中。在各组织器官中,以心脏和肝脏中的活性为最高,而血清中的活性很低。当这些组织细胞受损时,可有大量的转氨酶逸入血液,于是血清中的转氨酶活性升高。故血清中转氨酶含量可作为医学临床中一些疾病的诊断依据,如 GOT 和 GPT 在血清中的活性可分别作为心肌梗塞、急性肝炎诊断和愈后的指标之一。

转氨酶的辅酶为磷酸吡哆醛,其功能为接受氨基,生成磷酸吡哆胺。磷酸吡哆胺进一步将氨基转给另一 α-酮酸,而重新生成磷酸吡哆醛(图 8-2)。

转氨酶在人和动物的心肌、脑、肝、肾等组织中含量较高,由于转氨基作用是可逆的,故可使代谢产生的丙酮酸、α-酮戊二酸、草酰乙酸转变为相应的氨基酸。因此,转氨基作用对糖和蛋白质代谢产物的相互转变有着重要的意义。

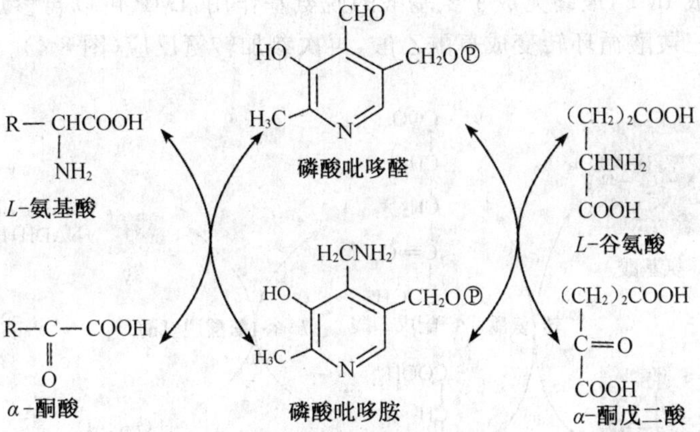

图 8-2　磷酸吡哆醛传递氨基的作用

3.联合脱氨基作用

(1)转氨酶与 L-谷氨酸脱氢酶的联合脱氨基作用。转氨基作用虽然在体内普遍进行,但不能真正脱掉氨基,而谷氨酸脱氢酶只能使谷氨酸脱掉氨基,这样仅靠上述两种脱氨基作用仍不能使大多数氨基酸脱去氨基。因此大多数氨基酸脱氨基作用是通过转氨基作用和氧化脱氨基作用两种方式联合起来进行的,称为联合脱氨基作用。

在肝、肾等组织中转氨酶催化多种氨基酸与 α-酮戊二酸进行氨基转换,即各种氨基酸先与 α-酮戊二酸进行转氨基反应,将其氨基转给 α-酮戊二酸生成谷氨酸和相应的 α-酮酸,然后谷氨酸再在 L-谷氨酸脱氢酶的催化下进行氧化脱氨基作用,生成氨和 α-酮戊二酸。α-酮戊二酸在此过程中只起氨基传递作用,在反应过程中不被消耗(图 8-3)。

联合脱氨基作用使许多氨基酸都可以进行脱氨基反应,由于这一过程是可逆的,所以上述反应的逆过程是体内生成营养非必需氨基酸的重要途径。L-谷氨酸脱氢酶在肝、肾中活性很强,而骨骼肌和心肌中这个酶活性很低,这两个组织中脱氨基作用主要通过嘌呤核苷酸循环来实现。

(2)嘌呤核苷酸循环。在肌肉组织中氨基酸的脱氨过程虽不如肝、肾活跃,但全身肌肉很多,故其代谢总量很高,尤其是缬氨酸、亮氨酸及异亮氨酸等支链氨基酸。肌肉的支链氨基酸转氨酶的活性比肝脏高得多,是支链氨基酸分解的重要场所。研究表明,在肌肉中存在另一种联合脱氨方式,即嘌呤核苷酸循环。在此过程中,氨基酸首先通过连续的转氨基作用,将氨基转移给草酰乙酸,生成天冬氨酸;天冬氨酸与次黄嘌呤核苷酸(IMP)反应生成腺苷酸代琥珀酸,后者经过裂解,释放出延胡索酸并生成腺嘌呤核苷酸(AMP)。AMP 在活性较强的腺苷酸脱氨酶催化下脱去氨基生成 IMP，最终完成了氨基酸的脱氨基作用，IMP 可以再参加循环，延胡索酸则可经三羧酸循环转变成草酰乙酸，再次参加转氨反应（图 8-4）。

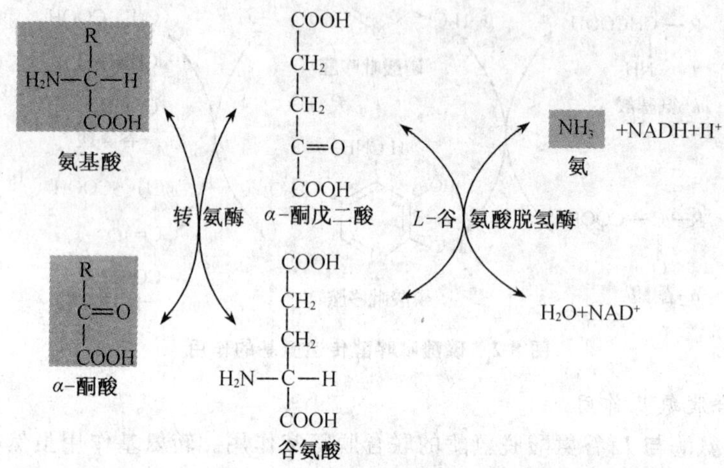

图 8-3 转氨酶与谷氨酸脱氢酶的联合脱氨基作用

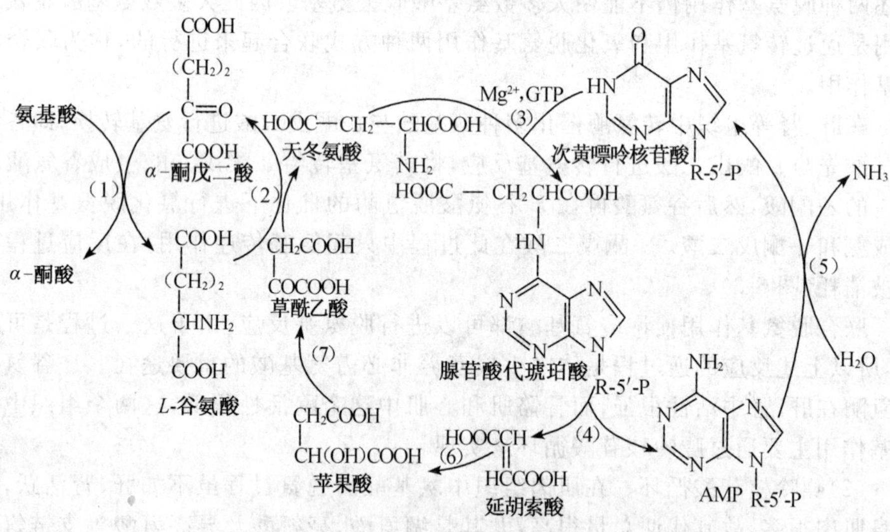

图 8-4 嘌呤核苷酸循环

(1)转氨酶；(2)天冬氨酸氨基转移酶；(3)腺苷酸代琥珀酸合成酶；

(4)腺苷酸代琥珀酸裂解酶；(5)腺苷酸脱氨酶；(6)延胡索酸酶；(7)苹果酸脱氢酶

（二）氨的代谢

氨是一种有毒物质，脑组织对氨的作用尤为敏感。实验证明，给动物注射一定

量的 NH_4^+ 后，可使动物发生昏迷以致死亡。如当兔的血氨达到 85 μmol/L 时，即会引起中毒死亡。正常人血氨浓度极低，一般不超过 60 μmol/L。

1. 体内氨的来源

(1)氨基酸脱氨基作用是氨的主要来源。此外，胺类物质如肾上腺素、去甲肾上腺素等的氧化分解可产生氨；核苷酸及其降解产物嘌呤、嘧啶等化合物分解代谢中也产生氨。

(2)肠道吸收。

肠道吸收的氨主要有两个方面的来源，其一是肠内未消化的蛋白质或未吸收的氨基酸，在大肠内经细菌作用下产生的氨；其二是血液中尿素扩散入肠道后在肠菌脲素酶作用下水解产生的氨。肠道产氨的量较多，每日约 4 g，肠管内腐败作用增强时，氨的产生量增多。此外，动物摄入的氨化秸秆和尿素可被消化道内的细菌脲酶分解，使氨的产生增多。NH_3 比 NH_4^+ 易于透过细胞膜而被吸收入血，NH_3 与 NH_4^+ 互变与肠内 pH 有关，在碱性环境中，偏向于 NH_3 的生成，所以肠道 pH 偏碱时，氨的吸收增加。如临床上对高血氨病人采用酸性透析液做结肠透析而不用碱性肥皂水灌肠，就是为了减少氨的吸收。

(3)肾脏产生。在肾远曲小管上皮细胞内，谷氨酰胺在谷氨酰胺酶的催化下，水解成谷氨酸和 NH_3。正常情况下这部分氨主要被分泌到肾小管管腔中，与 H^+ 结合成 NH_4^+，并以铵盐的形式由尿排出，这对调节机体的酸碱平衡起着重要作用。酸性尿可促使 $NH_3+H^+\rightarrow NH_4^+$，有利于肾小管细胞的氨扩散入尿，如果体内产酸过多，则尿中铵盐亦多。相反，碱性尿则不利于氨的排出，氨可被吸收入血，引起血氨升高。

2. 氨的去路

(1)谷氨酰胺的生成。氨可以在生物体内谷氨酰胺合成酶作用下形成谷氨酰胺，谷氨酰胺对机体无毒，它是机体运输和贮存氨的主要方式，也是氨暂时解毒方式。谷氨酰胺经血液运输到肝或肾，再经谷氨酰胺酶水解为谷氨酸及氨。氨在肝脏可合成尿素，在肾则以铵盐形式由尿排出。

$$\underset{\text{谷氨酸}}{\begin{array}{c}COOH\\|\\CHNH_2\\|\\(CH_2)_2\\|\\COOH\end{array}} \underset{\text{谷氨酰胺酶};\ H_2O \rightarrow NH_3}{\overset{\text{谷氨酰胺合成酶};\ ATP,\ NH_3 \rightarrow ADP+Pi}{\rightleftharpoons}} \underset{\text{谷氨酰胺}}{\begin{array}{c}COOH\\|\\CHNH_2\\|\\(CH_2)_2\\|\\CHNH_2\end{array}}$$

(2)尿素的生成。在哺乳动物体内，氨的主要去路是合成无毒的尿素再由肾排出体外。实验表明，若将犬的肝脏切去，则血液及尿中尿素含量显著下降，而血氨浓度升高，结果导致氨中毒，说明肝脏是合成尿素的主要部位。其他组织如肾合成尿素的能力都很弱。氨合成尿素是一个循环反应过程，分以下四步进行。

①氨甲酰磷酸生成。氨、二氧化碳和 ATP 在氨甲酰磷酸合成酶Ⅰ(存在于线粒体内)的作用下，合成氨甲酰磷酸。

N-乙酰谷氨酸是该酶的变构激活剂，它由乙酰 CoA 和谷氨酸合成。此反应消耗 2 分子 ATP，氨甲酰磷酸属高能化合物，有利于下一步与鸟氨酸反应。

$$CO_2+NH_3+H_2O+2ATP \xrightarrow[Mg^{2+},\text{N-乙酰谷氨酸}]{\text{氨甲酰磷酸合成酶 I}} \underset{\text{氨甲酰磷酸}}{H_2N-\overset{\overset{O}{\|}}{C}-O\sim \text{Ⓟ}}+2ADP+Pi$$

②瓜氨酸的生成。氨甲酰磷酸在氨甲酰基转移酶的作用下，将氨甲酰基转移给鸟氨酸生成瓜氨酸并释放出磷酸，此反应在肝线粒体中进行。

$$\underset{\text{鸟氨酸}}{NH_2-(CH_2)_3-CHNH_2-COOH} + \underset{\text{氨甲酰磷酸}}{H_2N-\overset{\overset{O}{\|}}{C}-O\sim \text{Ⓟ}} \xrightarrow{\text{鸟氨酸氨甲酰基转移酶}} \underset{\text{瓜氨酸}}{NH_2-C(=O)-NH-(CH_2)_3-CHNH_2-COOH} + H_3PO_4$$

此反应不可逆，其中所需的鸟氨酸是由胞液经线粒体内膜上的载体转运进入线粒体的，瓜氨酸合成后，又由线粒体内膜上的载体转运至胞液。

③精氨酸的生成。瓜氨酸形成后即离开线粒体转入细胞液中，由精氨酸代琥珀酸合成酶催化与天冬氨酸形成精氨酸代琥珀酸，该酶需 ATP 提供能量及 Mg^{2+} 的参与。然后，精氨酸代琥珀酸经裂解酶催化分解为精氨酸和延胡索酸。

$$\underset{\text{瓜氨酸}}{NH_2-C(=O)-NH-(CH_2)_3-CHNH_2-COOH} + \underset{\text{天冬氨酸}}{HOOC-CHNH_2-CH_2-COOH} \xrightarrow[ATP\ H_2O\ \rightarrow\ AMP+PPi]{\text{精氨酸代琥珀酸合成酶}} \underset{\text{精氨酸代琥珀酸}}{NH_2-C(=N-CH(COOH)-CH_2-COOH)-NH-(CH_2)_3-CHNH_2-COOH} \xrightarrow{\text{精氨酸代琥珀酸裂解酶}} \underset{\text{精氨酸}}{NH_2-C(=NH)-NH-(CH_2)_3-CHNH_2-COOH} + \underset{\text{延胡索酸}}{HOOC-CH=CH-COOH}$$

上式中精氨酸胍基中的一个N原子由天冬氨酸提供，生成的延胡索酸转变为草酰乙酸，后者又可接受转氨基反应而来的氨基生成天冬氨酸，然后再参加精氨酸代琥珀酸的生成。这就使得多种氨基酸的氨基氮源源不断地参加到尿素合成之中。

④精氨酸水解为鸟氨酸和尿素。精氨酸在精氨酸酶催化下水解生成尿素和鸟氨酸。鸟氨酸可再进入线粒体参予瓜氨酸的合成。

由于尿素合成过程是从鸟氨酸开始的，最后又重新生成鸟氨酸，形成了一个循环过程，故这一过程又称鸟氨酸循环(ornithine cycle)或尿素循环。

综合上述过程，可将尿素合成总的反应方程式归结为：

$$CO_2+NH_3+3ATP+\text{天冬氨酸}+2H_2O \longrightarrow$$
$$\text{尿素}+\text{延胡索酸}+2ADP+AMP+PPi+2Pi$$

尿素的合成是一个耗能的过程，需消耗3分子的ATP，4个高能磷酸键。形成1分子尿素，实际上可以消除2分子氨和1分子二氧化碳。这样，一方面可以清除体内的氨，另一方面还可以排除代谢废物二氧化碳。因此，尿素循环对于哺乳动物有着十分重要的生理意义。尿素生成的总途径如图8-5所示。

知识链接

正常情况下，体内血氨的来源、运输与去路保持动态平衡，血氨浓度处于较低水平。氨在肝中合成尿素是维持这种平衡的关键。当肝功能严重损伤时，尿素合成发生障碍，血氨浓度升高，称为高氨血症。一般认为氨进入脑组织，可与脑中的α-酮戊二酸结合生成谷氨酸，谷氨酸进一步结合氨生成谷氨酰胺。因此，脑中氨的增加，可使脑细胞中的α-酮戊二酸减少，导致三羧酸循环减弱，从而使脑组织中ATP生成减少，引起大脑功能障碍，严重时可产生昏迷，这就是肝昏迷氨中毒学说的基础。

(3)尿酸的生成。尿酸也是灵长类、鸟类和陆生爬行类氨代谢的最终产物。如氨在家禽体内可以合成谷氨酰胺以及用于其他一些氨基酸和含氮物质的合成，但不能合成尿素，而是把体内大部分的氨通过合成尿酸排出体外。其过程是首先利用氨基酸提供的氨基合成嘌呤，再由嘌呤分解产生出尿酸。

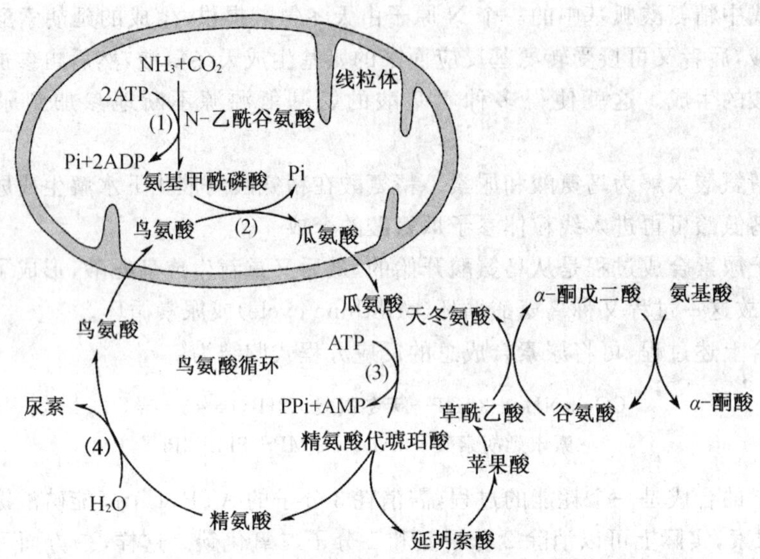

图 8-5 尿素合成的鸟氨酸循环

(1)谷氨酰胺合成酶;(2)氨甲酰基转移酶;(3)精氨酸代琥珀酸合成酶;(4)精氨酸酶

(三)α-酮酸的代谢

多种氨基酸经脱氨基作用之后,还生成相应的α-酮酸,不同α-酮酸的共同基本代谢去路有下列几方面。

1. 合成新的氨基酸

α-酮戊二酸可在L-谷氨酸脱氢酶催化下,还原性加氨而生成谷氨酸;多种α-酮酸又可在转氨酶催化下接受从谷氨酸转出的氨基而生成各种相应的氨基酸。这种再合成氨基酸的过程就是转氨酶和谷氨酸脱氢酶联合脱氨基反应的逆过程,故只要有α-酮酸存在,就能合成相应的氨基酸。多种氨基酸的α-酮酸都可由糖、甘油或其他氨基酸转变而来,人和动物所需要的必需氨基酸之所以在体内不能合成,是因为其相应的α-酮酸不能合成。

2. 转变成糖或脂肪

氨基酸脱氨后生成的α-酮酸可转变为糖、脂肪和酮体。将在体内可以转变成糖的氨基酸称为生糖氨基酸,能转变为酮体者称为生酮氨基酸,二者兼有则称为生糖兼生酮氨基酸(表 8-2)。这是因为生糖氨基酸脱氨所生成的α-酮酸可以转变为丙酮酸或三羧酸循环中各种中间产物,这些物质可进一步异生为葡萄糖;生酮氨基酸对应的α-酮酸,可以转变为乙酰 CoA 或乙酰乙酰 CoA,进一步转变为酮体或脂肪酸,而生糖兼生酮氨基酸对应的α-酮酸,以上两种代谢方式兼而有之。

表 8-2　氨基酸生糖及生酮性质的分类

类别	氨基酸
生酮氨基酸	亮氨酸
生糖兼生酮氨基酸	异亮氨酸、苯丙氨酸、酪氨酸、色氨酸、赖氨酸
生糖氨基酸	丙氨酸、精氨酸、天冬氨酸、半胱氨酸、谷氨酸、甘氨酸、脯氨酸、蛋氨酸、丝氨酸、缬氨酸、组氨酸、苏氨酸

3. 氧化供能

氨基酸脱氨基后产生的 α-酮酸在体内可以直接或间接形成乙酰 CoA 或三羧酸循环的中间产物，通过三羧酸循环与氧化磷酸化彻底氧化，产生 CO_2 和水，并释放出能量供机体生命活动的需要。

(四)氨基酸的脱羧基作用

氨基酸的脱羧基作用(decarboxylation)指氨基酸在氨基酸脱羧酶的作用下，脱去羧基产生二氧化碳和相应胺的过程。体内有多种胺类化合物，虽然含量很低，但生物活性很高，作用亦很重要，它们都是由氨基酸直接或间接通过脱羧作用产生的。催化氨基酸脱羧的酶(脱羧酶)都以磷酸吡哆醛为辅酶。

1. 组胺

组氨酸在其脱羧酶催化下，生成组胺(histamine)。组胺广泛分布于乳腺、肝、肺、肌肉及胃黏膜等细胞中，是一种强烈的血管舒张剂，并能增加毛细血管通透性。创伤性休克及过敏反应等均与组胺生成过多有关。组胺还可刺激胃液分泌，可用于研究胃的分泌活动。食入腐败的鱼因吸收其中过量的组胺常引起血管扩张导致风疹和过敏。

2. 5-羟色胺

色氨酸在脑组织中经色氨酸羟化酶作用，可生成 5-羟色氨酸，后者再脱羧生成 5-羟色胺(5-HT)。5-羟色胺广泛分布于神经组织、胃、肠、血小板及乳腺等组织细胞中。脑内的 5-羟色胺可作为抑制性神经递质，与睡眠、疼痛和体温调节有密切关系，其浓度降低时可引起睡眠障碍、痛阈降低。在外周组织，5-羟色胺有收缩血管的作用，引起血压升高，加速胃肠蠕动。

3. γ-氨基丁酸

谷氨酸脱羧基生成 γ-氨基丁酸(γ-aminobutyric acid，GABA)，催化此反应的酶是谷氨酸脱羧酶，此酶在脑、肾等组织中活性很高。GABA 是抑制性神经递质，对中枢神经有抑制作用。临床上用维生素 B_6 治疗妊娠呕吐和小儿抽搐，其作用机理是磷酸吡哆醛是谷氨酸脱羧酶辅酶，促进谷氨酸脱羧生成 γ-氨基丁酸，从而抑制了神经的兴奋性。

4. 牛磺酸

半胱氨酸首先氧化成磺酸丙氨酸，再脱去羧基生成牛磺酸。在肝细胞中牛磺酸可与胆汁酸结合生成结合胆汁酸。现发现脑组织中也含有较多的牛磺酸，表明它可能对脑功能也有作用。

5. 多胺

某些氨基酸（如鸟氨酸、蛋氨酸等）经脱羧作用而产生多胺，如腐胺、精脒、精胺等。蛋白质腐烂后发出臭味即为蛋白质经脱羧作用后生成腐胺和尸胺的缘故。

$$R—CH_2NH_2 + O_2 + H_2O \xrightarrow{\text{胺氧化酶}} R—CHO + NH_3 + H_2O_2$$

$$2H_2O_2 \xrightarrow{\text{过氧化氢酶}} 2H_2O + O_2$$

大多数氨基酸脱羧生成的胺类是有毒的物质，它们可在胺氧化酶的催化下生成醛。醛在醛脱氢酶的催化下，加水脱氢生成有机酸。有机酸再经 β-氧化作用，生成乙酰 CoA。乙酰 CoA 进入三羧酸循环，最后被氧化成 CO_2 和 H_2O。

知识链接

多胺存在于精液及细胞核糖体中，是调节细胞生长的重要物质，多胺分子带有较多正电荷，能与带负电荷的 DNA 及 RNA 结合，稳定其结构，促进核酸及蛋白质合成的某些环节。在生长旺盛的组织如胚胎、再生肝及癌组织中，多胺含量升高，医学上常将利用血或尿中多胺含量作为肿瘤诊断的辅助指标。

三、氨基酸的合成代谢

氮是构成氨基酸的重要元素，氨基酸是组成蛋白质的基本单位，所以氮素也是组成生物体的重要元素。自然界中的不同含氮化合物，包括无机氮化合物和有机氮化合物，可以相互转化，并处于一种平衡状态，它们共同形成了氮素循环体系。

其中无机氮化合物包括 N_2、NH_3、硝酸盐离子（NO_3^-）、亚硝酸盐离子（NO_2^-）和羟胺（NH_2OH）等，而大气氮（N_2）是氮循环的蓄库。N_2 可通过生物固氮、工业固氮、大气固氮而转变为 NH_3 或硝酸盐。土壤中的氨可在硝化细菌的作用下氧化为硝酸盐。植物吸收利用 NH_4^+ 和硝酸盐去合成氨基酸、蛋白质及其他含氮化合物，由无机氮化合物转化为有机氮化合物。在这些途径中，生物固氮有着重要意义。

(一)生物固氮作用

生物固氮(biological nitrogen fixation)是指某些微生物能把空气中的分子氮转化为氨态氮的作用。固氮生物包括两种类型：一类是自生固氮微生物，如固氮菌、巴氏梭菌、蓝绿藻等。另一类是共生固氮微生物，如与豆科植物共生的根瘤菌，与非豆科植物共生的放线菌等。固氮生物可以在常温常压下将 N_2 还原为 NH_3。据估计，全世界陆地每年生物固氮量可达 2 亿 t，这就节省了大量能源、人力和物力，又减少了环境污染。

1. 固氮酶

固氮生物之所以能在常温常压条件下固定 N_2，将其还原为 NH_3，主要是因为含有固氮酶(nitrogenase)。固氮酶由两种蛋白质组成，一种蛋白质含有钼和铁，称钼铁蛋白，另一种蛋白质含有铁，称铁蛋白，这两种蛋白质要同时存在才具有固氮活性。

2. 固氮酶催化的反应及条件

固氮酶催化 N_2 还原为 NH_3 的反应：

$$N_2 + 6e^- + 12ATP + 12H_2O \rightarrow 2NH_3 + 12ADP + 12Pi + 4H^+$$

固氮酶还可催化其他一些还原反应，例如将乙炔还原为乙烯的反应：

$$CH \equiv CH + 2H^+ + 2e^- \rightarrow CH_2 = CH_2$$

所以常通过测定乙烯生成量来测定固氮酶的活性。

固氮酶催化还原反应需要满足下列条件：

(1)还原剂。固氮酶催化的反应是还原反应，所以需要有强还原剂。在多数固氮微生物中这个电子来源是铁氧还蛋白(ferredoxin，Fd)，铁氧还蛋白是由 4Fe-4S 组成的一种电子载体，有氧化(Fd_{ox})和还原(Fd_{red})两种状态。首先，铁氧还蛋白接受光合作用或氧化反应产生的电子，转变成还原态，还原态铁氧还蛋白再把电子传递给铁蛋白，然后 ATP 与铁蛋白结合，并通过改变其构象而将其氧化还原电势从 −0.29 V 变为 −0.40 V，从而使铁蛋白的还原能力加强，进而把自己的电子传递给钼铁蛋白，然后 ATP 被水解，铁蛋白与钼铁蛋白分离开，最后，与钼铁蛋白复合物相结合的 N_2 被还原为 NH_4^+。

(2)ATP 供能。由于还原 N_2 的反应是一个放能反应：$N_2 + 6Fd_{ox} + 8H^+ \rightarrow 2NH_4 + 6Fd_{red}^+$。

这个反应可以自发进行，但固氮反应中铁氧还蛋白的还原需要有 ATP 提供能量。ATP 以 Mg-ATP 络合物的形式存在,每传递一个电子需要 2 分子 Mg-ATP,即每还原一分子 N_2 需消耗约 12 分子 Mg-ATP。

(3)厌氧环境。由于铁蛋白对氧十分敏感,所以固氮酶要在厌氧条件下才能催化固氮反应。这对厌气性微生物来说是不成问题的;兼气性固氮微生物则只有在厌气条件下才能固氮;而对于好气性固氮生物必须有防氧措施,现在已知道,不同的固氮微生物有不同的防氧机理。例如,固氮菌属(azotobacter)通过呼吸作用把氧消耗掉;根瘤菌是靠豆血红蛋白(leghemoglobin)与氧结合而作为一种防氧措施。

(二)硝酸盐的还原作用

植物主要吸收无机氮化合物,其中以铵盐、硝酸盐和亚硝酸盐为主。铵盐可直接用于合成氨基酸,但吸收的硝酸盐和亚硝酸盐则必须被还原为铵才能去合成氨基酸。

$$NO_3^- \xrightarrow[\text{硝酸还原酶}]{e^-} NO_2^- \xrightarrow[\text{亚硝酸还原酶}]{2e^-\ 2e^-\ 2e^-} NH_4^+$$

反应的第一步便是硝酸盐还原成亚硝酸盐,反应由硝酸还原酶催化。

1. *硝酸还原酶*

硝酸还原酶催化的反应以 NADH 或 NADPH 作为电子供体,有些硝酸还原酶还能以铁氧还蛋白作为电子供体。反应式如下:

$$NO_3^- + NAD(P)H + H^+ \rightarrow NO_2^- + NAD(P)^+ + H_2O$$

高等植物中的硝酸还原酶主要是以 NADH 作为电子供体的。硝酸还原酶含有金属钼、FAD 和细胞色素 b-557,所以是一种钼黄素蛋白。在还原过程中,电子传递顺序为:

$$NAD(P)H \rightarrow (FAD - Cytb557 \rightarrow Mo) \rightarrow NO_3^-$$

硝酸还原酶是一种诱导酶,受其底物 NO_3^- 的诱导,此外,光照、温度和水分与其合成也有关。田间作物在增施氮肥时往往看到硝酸还原酶活性增高,作物的蛋白质含量也增加。因此,提高硝酸还原酶的水平可以提高植物利用氮肥的效率。由于硝酸还原酶的形成受遗传控制,所以可以通过育种的方法提高硝酸还原酶的水平。

2. *亚硝酸还原酶*

亚硝酸盐在亚硝酸还原酶的催化下进一步还原为氨。

$$NO_2^- + 6e^- + 6H^+ \rightarrow NH_4^+ + H_2O$$

亚硝酸还原酶催化的反应也需电子供体，光合生物中的电子供体为还原型铁氧还蛋白，存在于绿色组织的叶绿体内。NADH 或 NADPH 也可作为电子供体，存在于非光合生物中。

(三)氨基酸的生物合成

不同生物合成氨基酸的能力不同，植物和大部分细菌能合成全部 20 种氨基酸，而人和其他哺乳类动物只能合成部分氨基酸，所以氨基酸分必需氨基酸(essential amino acids，EAA)和非必需氨基酸(nonessential amino acids，NAA)。

氨基酸可经过多种途径合成，其共同特点是氨基主要由谷氨酸提供，而它们的碳架来自糖代谢(包括糖酵解、三羧酸循环或磷酸戊糖途径)的中间产物。

1.转氨作用

在氨基酸合成反应中，转氨作用是氨基酸合成的主要方式。它是在转氨酶的作用下，由一种氨基酸把它分子上的氨基转移到其他 α-酮酸上，以形成另一种氨基酸的过程。转氨酶需要磷酸吡哆醛作为辅酶。除苏氨酸和赖氨酸外，其他氨基酸的氨基都可通过转氨作用得到。

在细胞内，转氨酶分布在细胞质、叶绿体、线粒体和微粒体中。叶绿体在进行光合作用时，在转氨酶的作用下，便可生成各种氨基酸。

$$\underset{\text{谷氨酸}}{\begin{array}{l}COOH\\|\\CHNH_2\\|\\CH_2\\|\\CH_2\\|\\COOH\end{array}} + \underset{\alpha\text{-酮酸}}{\begin{array}{l}R\\|\\C{-}O\\|\\COOH\end{array}} \xrightleftharpoons{\text{转氨酶}} \underset{\alpha\text{-酮戊二酸}}{\begin{array}{l}COOH\\|\\C{-}O\\|\\CH_2\\|\\CH_2\\|\\COOH\end{array}} + \underset{\alpha\text{-氨基酸}}{\begin{array}{l}R\\|\\CHNH_2\\|\\COOH\end{array}}$$

2.各种氨基酸的合成

在上述转氨反应中需要 α-酮酸作为氨基酸碳架，这些碳架来源于糖酵解、三羧酸循环、乙醇酸途径和磷酸戊糖途径等。根据氨基酸合成碳架来源不同，可将氨基酸分为 6 族。在每一族内，几种氨基酸有共同的碳架来源，在此概括介绍它们碳架的来源和在合成过程中的相互关系。

(1)丙氨酸族。丙氨酸族包括丙氨酸、缬氨酸和亮氨酸。它们的共同碳架来源是糖酵解产物丙酮酸。丙酮酸经转氨、缩合等作用生成氨基酸。

$$\mathrm{HOOC{-}CHNH_2{-}CH_2{-}CH_2{-}COOH} + \mathrm{CH_3{-}CO{-}COOH} \xrightleftharpoons{\text{转氨酶}} \mathrm{HOOC{-}CO{-}CH_2{-}CH_2{-}COOH} + \mathrm{CH_3{-}CHNH_2{-}COOH}$$

谷氨酸　　丙酮酸　　α-酮戊二酸　　丙氨酸

丙酮酸还可以转变为α-酮异戊二酸和α-酮异已酸。由2分子丙酮酸缩合并放出1分子CO_2，再经几步反应，便可生成α-酮异戊酸，并以此作为碳架经转氨反应后生成缬氨酸；由α-酮异戊酸经几步反应可生成α-酮异已酸，以此作为碳架，从谷氨酸获得氨基即生成亮氨酸。

(2)丝氨酸族。丝氨酸族氨基酸包括丝氨酸、甘氨酸和半胱氨酸。丝氨酸是由糖酵解中间产物3-磷酸甘油酸合成的。3-磷酸甘油酸首先被氧化成3-磷酸羟基丙酮酸，然后经转氨作用生成3-磷酸丝氨酸，水解后产生丝氨酸。

$$\mathrm{HOOC{-}CH(OH){-}CH_2OPO_3H_2} \xrightarrow{NAD^+ \;\rightarrow\; NADH+H^+} \mathrm{HOOC{-}CO{-}CH_2OPO_3H_2} \xrightarrow{\text{谷氨酸} \;\rightarrow\; \alpha\text{-酮戊二酸}}$$

3-磷酸甘油酸　　3-磷酸羟基丙酮酸

$$\mathrm{HOOC{-}CH(NH_2){-}CH_2OPO_3H_2} \xrightarrow{H_2O \;\rightarrow\; Pi^+} \mathrm{HOOC{-}CH(NH_2){-}CH_2OH_2}$$

3-磷酸丝氨酸　　丝氨酸

(3)天冬氨酸族。这一族包括天冬氨酸、天冬酰胺、甲硫氨酸、苏氨酸、赖氨酸和异亮氨酸。它们的共同碳架是三羧酸循环中的草酰乙酸，草酰乙酸经转氨反应就可生成天冬氨酸，然后天冬氨酸再经天冬酰胺合成酶催化即可生成天冬酰胺：

$$\text{草酰乙酸}+\text{谷氨酸} \xrightleftharpoons{\text{转氨酶}} \text{天冬氨酸}+\alpha\text{-酮戊二酸}$$

$$\text{天冬氨酸}+\text{谷氨酰胺}+\mathrm{ATP} \xrightarrow{Mg^{2+}} \text{天冬酰胺}+\text{谷氨酸}+\mathrm{AMP}+\mathrm{PPi}$$

(4)谷氨酸族。这一族包括谷氨酸、谷氨酰胺、脯氨酸和精氨酸。它们的共同碳架是三羧酸循环的中间产物 α-酮戊二酸，它可直接生成谷氨酸并进一步生成谷氨酰胺。谷氨酸还可作为前体物质生成脯氨酸。谷氨酸先被还原为谷氨酰半醛，这反应要求 ATP、NAD(P)H 和 Mg^{2+} 参加，谷氨酰半醛的 γ-酰基和 α-氨基自发可逆地形成环式 Δ'-二氢吡咯-5-羧酸，后者被还原为脯氨酸。

$$\underset{\text{谷氨酸}}{HOOC-CH_2-CH_2-CHNH_2-COOH} \xrightarrow[\text{ATP}\ \ Mg^{2+}\ \ \text{ADP}]{NAD(P)H\ \ NAD(P)^+} \underset{\text{谷氨酰半醛}}{OHC-CH_2-CH_2-CHNH_2-COOH} \rightleftharpoons \underset{\Delta'\text{-二氢吡咯-5-羧酸}}{\text{(环) }H_2C-CH_2-CHCOOH-N=CH} \xrightarrow{NADH\ \ NAD^+} \underset{\text{脯氨酸}}{\text{(环) }H_2C-CH_2-CHCOOH-NH-CH_2}$$

(5)芳香族氨基酸。这一族包括苯丙氨酸、酪氨酸和色氨酸，它们的碳架来自于糖酵解的中间产物磷酸烯醇式丙酮酸(PEP)和磷酸戊糖途径中的 4-磷酸赤藓糖。

首先，两种糖代谢中间产物缩合，形成的七碳糖失去磷酰基，再经环化、脱水等作用产生莽草酸(shikimic acid)。这种由莽草酸生成芳香族氨基酸和其他多种芳香族化合物的过程，称为莽草酸途径(shikimic acid pathway)。莽草酸经磷酸化后，再与 PEP 反应，以后生成分支酸(chorismic acid)；分支酸后面分为两条途径，一条途径可以生成色氨酸，另一条途径可生成预苯酸，由预苯酸可转变成苯丙氨酸和酪氨酸。芳香族氨基酸合成关系如下：

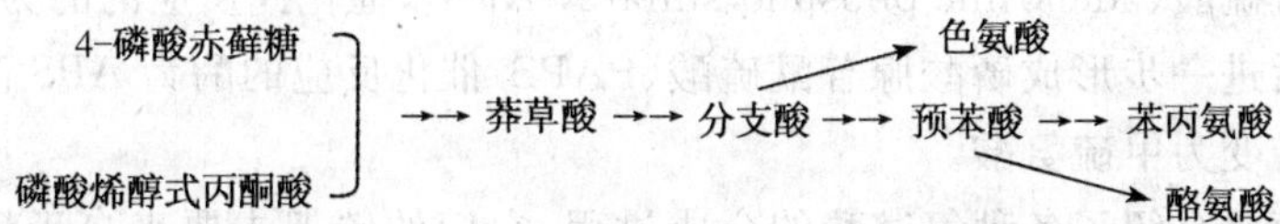

(6)组氨酸。组氨酸的合成过程较复杂，它是由 ATP、磷酸核糖焦磷酸(PRPP)、谷氨酸和谷氨酰胺合成的。组氨酸分子中各原子来源如下：

组氨酸的合成途径，最初是通过微生物的研究得到的。首先由磷酸核糖焦磷酸(phosphoribosyl pyrophosphate，PRPP)与 ATP 缩合成磷酸核糖 ATP(PR-ATP)，再进一步转化为咪唑甘油磷酸，然后形成组氨醇，由组氨醇再转化为组氨酸，反应过程如下：

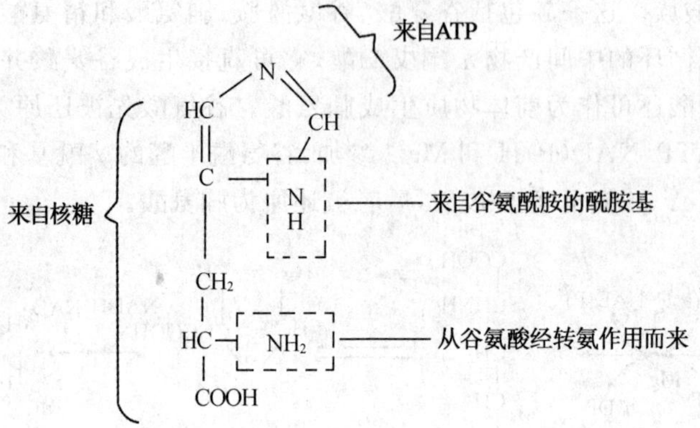

来自ATP

来自核糖

来自谷氨酰胺的酰胺基

从谷氨酸经转氨作用而来

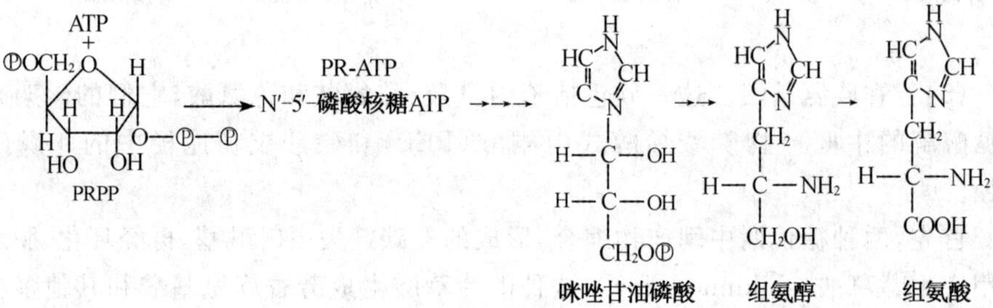

PRPP + ATP → PR-ATP N′-5′-磷酸核糖ATP →→→ 咪唑甘油磷酸 →→ 组氨醇 → 组氨酸

3. SO_4^{2-} 的还原与 Cys 的合成

半胱氨酸的合成需要硫化物的参与，此硫化物是由硫酸还原形成的。硫酸被还原之前必须首先被激活，这与磷酸的激活相类似。硫酸的激活分两步进行，首先形成腺苷酰硫酸(adenosine phospho-sulfate, APS)，催化此反应的酶为ATP硫酸化酶。然后进一步形成磷酸腺苷酰硫酸(PAPS)催化反应的酶为APS激酶。半胱氨酸可以转变为甲硫氨酸。

以上扼要介绍了各种氨基酸的合成过程，它们的碳架主要来自于糖氧化分解产生的中间代谢物，经转氨作用形成相应的氨基酸。

阅读材料

当人体内苯丙氨酸羟化酶先天缺陷时，苯丙氨酸经转氨基作用生成苯丙酮酸及苯乙酸等衍生物，并可出现在尿中，称为苯丙酮尿症。苯丙酮酸的累积可严重损害神经系统，影响患儿的智力发育。对此种患儿的治疗原则是早期发现，早期治疗，并控制膳食中的苯丙氨酸含量。北京市从1998年开始为苯丙酮尿症的患儿免费提供价格昂贵的治疗奶粉，从而改变患儿命运。

白化病,人类黑色素细胞中催化酪氨酸羟化生成多巴的酪氨酸酶的先天性遗传缺陷可引起“白化病”。其最普遍的类型是眼、皮肤白化,头发变成白色,皮肤呈粉色,惧光,眼睛缺少色素。

罕见的先天性尿黑酸症患者,因尿黑酸氧化酶缺乏,引起大量尿黑酸从尿中排出。尿黑酸在碱性条件下易被氧化成醌类化合物,进一步生成黑色化合物,故此类患者尿液加碱放置时迅速变黑,这是一种人类遗传病。

习题

一、填空题

1. 转氨酶的辅酶是________。
2. 氨基酸的降解反应主要由三种方式即________、________、________。
3. 联合转氨基作用是指________和________联合。
4. 动物体内解除氨毒的主要方式是________。
5. 合成 1 分子尿素需要消耗________ ATP,________个高能键。
6. 丝氨酸在脱氨和脱羧后生成________,再甲基化生成________,这两种物质分别是合成________和________的成分。

二、选择题

1. 下列哪一组全部为必需氨基酸(　　)。
   A. 苏氨酸,色氨酸,苯丙氨酸,赖氨酸
   B. 异高氨酸 ,丝氨酸,苏氨酸,缬氨酸
   C. 亮氨酸,蛋氨酸,脯氨酸,苯丙氨酸
   D. 亮氨酸,丝氨酸,缬氨酸,谷氨酸
   E. 亮氨酸,丙氨酸,组氨酸,酪氨酸
2. 生物体内大多数氨基酸脱去氨基生成 α- 酮酸是通过下面哪种作用完成的(　　)。
   A. 氧化脱氨基　　B. 还原脱氨基　　C. 联合脱氨基　　D. 转氨基
3. 尿素生成是通过哪条途径(　　)。
   A. 蛋氨酸循环　　B. 乳酸循环
   C. 鸟氨酸循环　　D. 嘌呤核苷酸循环
4. 血清中 GTP 升高,最可能是(　　)。
   A. 肝炎　　B. 心肌炎　　C. 肠炎　　D. 肾
5. 下列氨基酸中哪一种可以通过转氨作用生成 α 一酮戊二酸(　　)。
   A . Glu　　B. Ala　　C. Asp　　D. Ser

6. 磷酸吡哆醛不参与下面哪个反应(　　)。

A. 脱羧反应　　B. 消旋反应　　C. 转氨反应　　D. 羧化反应

7. 以下对 *L*-谷氨酸脱氢酶的描述哪一项是错误的(　　)。

A. 它催化的是氧化脱氨反应

B. 它的辅酶是 NAD^+ 或 $NADP^+$

C. 它和相应的转氨酶共同催化联合脱氨基作用

D. 它在生物体内活力不强

8. 转氨酶的辅酶是(　　)。

A. 维生素 B_1 的衍生物　　B. 维生素 B_2　　C. 维生素 B_{12} 的衍生物

D. 生物素　　E. 维生素 B_6 的磷酸酯，磷酸吡哆醛

9. 下述氨基酸除哪种外，都是生糖氨基酸或生糖兼生酮氨基酸(　　)。

A. ASP　　B. Arg　　C. Leu　　D. Phe

10. 鸟氨酸循环中，尿素生成的氨基来源有(　　)。

A. 鸟氨酸　　B. 精氨酸　　C. 天冬氨酸　　D. 瓜氨酸

11. 下列哪一种氨基酸是非必需氨基酸(　　)。

A. 酪氨酸　　B. 苯丙氨酸　　C. 亮氨酸

D. 异亮氨酸　　E. 赖氨酸

12. 转氨酶的辅酶来自(　　)。

A. 维生素 B_1　　B. 维生素 B_2　　C. 维生素 B_6　　D. 维生素 B_{12}

13. 下列哪一种不是生糖兼生酮氨基酸(　　)。

A. 亮氨酸　　B. 苯丙氨酸　　C. 酪氨酸　　D. 色氨酸

14. 转氨基作用(　　)。

A. 是体内主要的脱氨方式　　B. 可以合成非必需氨基酸

C. 可使体内氨基酸总量增加　　D. 不需要辅助因子参加

E. 以上都不对

三、问答题

1. 什么是蛋白质生理价值？必需氨基酸有哪些？如何提高饲料中蛋白质的营养价值？

2. 催化蛋白质降解的酶有哪几类？它们的作用特点如何？

3. 试述氨基酸脱氨基作用的几种主要形式。

4. 脱氨基作用后有哪些产物？简述其转变过程。

5. 简述体内氨的来源与去路。

6. 简述体内联合脱氨作用的特点和意义。

7. 氨基酸脱氨后产生的氨和 α-酮酸有哪些主要的去路？

8. 氨基酸转氨基作用的意义是什么？

9. 论述氨在血液中运输的基本过程与生理意义。

10. 尿素循环与三羧酸循环的关系是什么？

第九章　核苷酸代谢

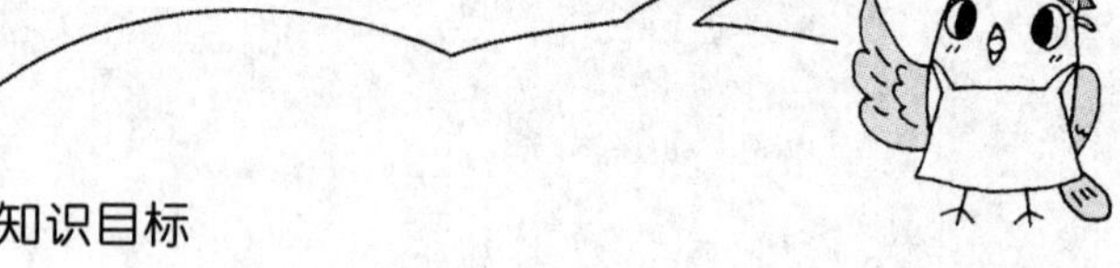

知识目标

掌握嘌呤核苷酸和嘧啶核苷酸的分解代谢途径与从头合成途径

熟悉核苷酸合成的补救途径

了解核苷酸代谢的生理意义及常见代谢疾病

技能目标

能解释痛风、Lesch-Nyhan（莱-纳二氏）综合征的病因

核苷酸是遗传物质核酸的基本结构单位。细胞内还存在着多种游离的核苷酸，它们几乎参与了细胞的全部生化过程，如参与核酸的生物合成、形成高能化合物 ATP、参与形成 NAD^+、FAD 和 CoA、调节代谢等，是一类在代谢上极为重要的物质。

核苷酸包括嘌呤核苷酸和嘧啶核苷酸两类，在生物体内，嘌呤核苷酸主要降解成尿酸，大多数种类的生物还能够继续分解；嘧啶核苷酸主要降解成 CO_2、NH_3、β-丙氨酸和 β-氨基异丁酸等。核苷酸可通过简单前体物质“从头合成”，也可由预先形成的碱基或核苷通过“补救”的方式合成。

许多疾病，如痛风、Lesch-Nyhan（莱-纳二氏）综合征等，都是由核苷酸代谢异常引起。

一、嘌呤核苷酸的代谢

（一）分解代谢

1. 核酸的降解

核酸是由许多嘌呤核苷酸和嘧啶核苷酸以 3′,5′-磷酸二酯键连接而成的大分子化合物，磷酸二酯键在核酸酶的作用下水解成低级多核苷酸或单核苷酸。其中能水解核酸分子内磷酸二酯键的酶称为核酸内切酶；能从核酸链的一端逐个水解下核苷酸的酶称为核酸外切酶；细菌内还存在一类能识别并水解外源双链DNA的核酸内切酶，称为限制性内切酶。

核苷酸在磷酸单酯酶或核苷酸酶的作用下继续水解下磷酸即成为核苷。核苷经核苷酶作用分解为嘌呤碱或嘧啶碱和戊糖，嘌呤碱和嘧啶碱可以继续分解。核酸的分解过程如下：

$$\text{核酸}\xrightarrow[\text{(磷酸二酯酶)}]{\text{核酸酶}}\text{核苷酸}\xrightarrow[\text{(磷酸单酯酶)}]{\text{核苷酸酶}}\text{核苷}+\text{磷酸}\xrightleftharpoons{\text{核苷磷酸化酶}}\text{嘌呤碱和嘧啶碱}+\text{戊糖-1-磷酸}$$

$$\text{核苷}+H_2O\xrightarrow{\text{核酸水解酶}}\text{嘌呤碱和嘧啶碱}+\text{戊糖}$$

2. 嘌呤碱的分解

嘌呤碱的分解首先是在嘌呤脱氨酶的作用下水解脱去氨基。腺嘌呤水解脱氨生成次黄嘌呤，次黄嘌呤氧化生成黄嘌呤；鸟嘌呤水解脱氨生成黄嘌呤。脱氨作用也可在核苷或核苷酸的水平上直接进行，催化脱氨反应的分别为嘌呤核苷脱氨酶和嘌呤核苷酸脱氨酶。动物组织中腺嘌呤脱氨酶的含量极少，腺嘌呤的脱氨分解主要在核苷和核苷酸的水平上发生；鸟嘌呤脱氨酶的分布较广，其脱氨分解则主要在鸟嘌呤的水平上进行。它们的关系如下：

$$\text{腺嘌呤核苷酸}\xrightarrow[H_2O\ \ Pi]{\text{核苷酸酶}}\text{腺嘌呤核苷}\xrightarrow[Pi\ \ \text{核糖-1-P}]{\text{核苷磷酸化酶}}\text{腺嘌呤}\qquad\qquad\text{鸟嘌呤}$$

$$\text{腺嘌呤核苷酸}\xrightarrow[\text{腺嘌呤核苷酸脱氨酶}]{H_2O\to NH_4^+}\text{次黄嘌呤核苷酸};\quad\text{腺嘌呤核苷}\xrightarrow[\text{腺苷脱氨酶}]{H_2O\to NH_4^+}\text{次黄嘌呤核苷};\quad\text{腺嘌呤}\xrightarrow[\text{腺嘌呤脱氨酶}]{H_2O\to NH_4^+}\text{次黄嘌呤};\quad\text{鸟嘌呤}\xrightarrow[\text{鸟嘌呤脱氨酶}]{H_2O\to NH_4^+}\text{黄嘌呤}$$

$$\text{次黄嘌呤核苷酸}\xrightarrow[H_2O\ \ Pi]{\text{核苷酸酶}}\text{次黄嘌呤核苷}\xrightleftharpoons[Pi\ \ \text{核糖-1-P}]{\text{核苷磷酸化酶}}\text{次黄嘌呤}\xrightleftharpoons[O_2+H_2O\ \ H_2O_2]{\text{黄嘌呤氧化酶}}\text{黄嘌呤}$$

黄嘌呤在黄嘌呤氧化酶的作用下氧化生成尿酸：

$$\text{黄嘌呤}+O_2+H_2O\xrightarrow{\text{黄嘌呤氧化酶}}\text{尿酸}+H_2O_2$$

黄嘌呤氧化酶是一种复合黄素酶，由2个相同的亚基组成。每一个亚基含有一个FAD，一个钼原子和一个 Fe_4S_4 中心。黄嘌呤的氧化是一个极其复杂的过程，底物与酶结合后，六价钼被还原为四价的钼，电子经黄素、铁硫中心等一系列步骤传递给分子氧，并与氢离子形成过氧化氢。作为电子受体的分子氧来自于水，产物过氧化氢随即被过氧化氢酶所分解。

腺嘌呤代谢异常时，黄嘌呤氧化酶氧化产生的尿酸在体内过量积累，使血清中尿酸的水平升高，从而导致尿酸钠晶体沉淀，触发关节炎症引起痛风。别嘌呤醇结构与黄嘌呤氧化酶的底物次黄嘌呤相似，可对生成尿酸的反应产生抑制，同时，其产物别黄嘌呤又能保持与氧化酶的活力部位紧密结合而使酶失活。因此，别嘌呤醇常被用来治疗痛风。别嘌呤醇的这种作用方式称为自杀抑制作用，其中酶把别嘌呤醇转变成强的抑制剂，而这个抑制剂又立即使该酶失活。别嘌呤醇也被称为自杀作用物。别嘌呤醇转变成别黄嘌呤的反应如下：

别嘌呤醇 ⟶ 别黄嘌呤（与Mo螯合）

不同种类的生物分解嘌呤碱的能力不一样，因而代谢产物也不尽相同。人和猿类缺乏分解尿酸的能力，以尿酸作为嘌呤代谢的最终产物。鸟类及一些爬虫类动物甚至还可以把大量其他含氮化合物转变成尿酸而排出体外。其他生物还能进一步分解尿酸，在尿酸氧化酶的作用下氧化形成 CO_2 和尿囊素：

$$\text{尿酸} + 2H_2O + O_2 \xrightarrow{\text{尿酸氧化酶}} \text{尿囊素} + H_2O_2 + CO_2$$

尿囊素是除人和猿以外的其他哺乳动物嘌呤代谢的最终排泄物。某些硬骨鱼含有尿囊素酶，能水解尿囊素生成尿囊酸：

$$\text{尿囊素} + H_2O \xrightarrow{\text{尿囊素酶}} \text{尿囊酸}$$

多数鱼类和两栖类动物能降尿囊酸进一步水解，生成尿素和乙醛酸：

$$\text{尿囊酸} + H_2O \xrightarrow{\text{尿囊酸酶}} 2\,\text{尿素} + \text{乙醛酸}$$

某些低等动物还能将尿素分解成氨和二氧化碳再排出体外。嘌呤核苷酸总的分解代谢如图 9-1 所示。

（二）合成代谢

食物或体内的核酸，经肠道酶系降解成各种核苷酸，再在相关酶作用下，分解产生嘌呤、嘧啶、核糖、脱氧核糖和磷酸，然后被吸收。吸收到体内的嘌呤和嘧啶，大部分被分解，少部分可再利用，合成核苷酸。人和动物所需的核苷酸无须直接依赖于食物，只要食物中有足够的磷酸盐，糖和蛋白质，核酸就能在体内正常合成。

实际上植物和微生物也都能合成各种核苷酸。

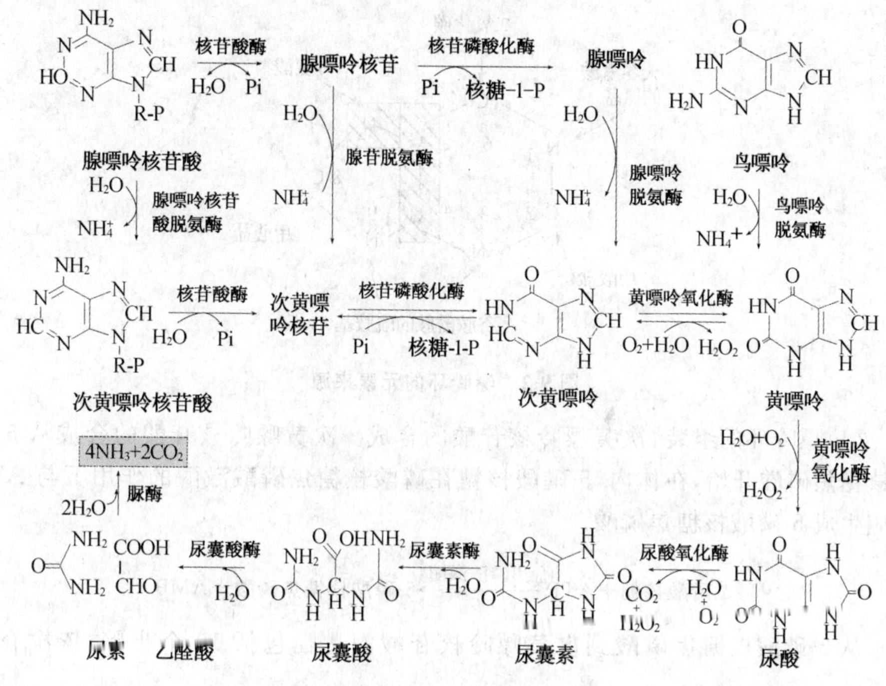

图 9-1　嘌呤核苷酸的分解代谢

生物体内，嘌呤核苷酸的合成途径包括：从 5-磷酸核糖焦磷酸（PRPP）开始，以二氧化碳、甲酸盐、谷胺酰胺、天冬氨酸和甘氨酸等简单化合物为原料，经过一系列的酶促反应，先组装成具有嘌呤环的化合物次黄嘌呤核苷酸，然后再氨基化生成腺嘌呤核苷酸，或氧化脱氢后再氨化转变成鸟嘌呤核苷酸，这一过程又被称为“从头合成”途径；另一途径是利用生物体内已具有的碱基和核苷合成核苷酸，这是对核苷酸代谢的一种“补救”作用，因此又称为“补救途径”。

1. 嘌呤核苷酸的“从头合成”

同位素标记实验证明，生物体可利用二氧化碳、甲酸盐、谷胺酰胺、天冬氨酸和甘氨酸作为合成嘌呤环的前体。嘌呤环的第 1 位氮来源于天冬氨酸的氨基；第 2 位和第 8 位碳来自甲酸盐；第 3 位和第 9 位氮来自谷胺酰胺的酰胺基；第 4、5 位碳和第 7 位氮来自于甘氨酸；第 6 位碳来自二氧化碳。嘌呤环的元素来源如图 9-2 所示。

生物体内嘌呤核苷酸的从头合成不是先合成嘌呤环，再与核糖和磷酸结合成核苷酸，而是从 5-磷酸核糖焦磷酸开始，经过一系列的酶促反应，生成次黄嘌呤核苷酸，然后再转变成其他嘌呤核苷酸，5-磷酸核糖自始至终连接在反应物上，只是

构型由原来的 α-构型转变为 β-构型。

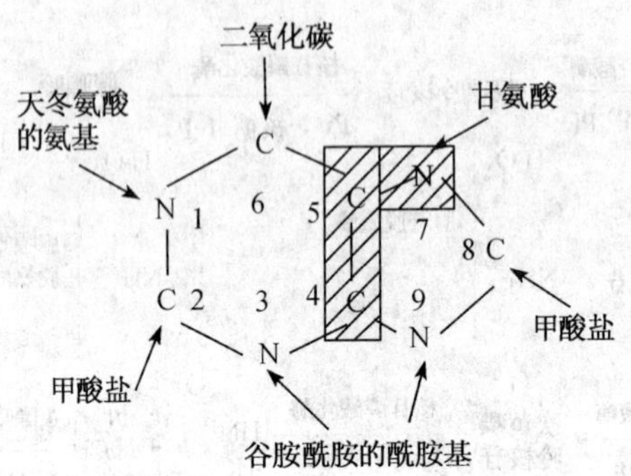

图 9-2 嘌呤环的元素来源

(1)嘌呤环的组装:次黄嘌呤核苷酸的合成。次黄嘌呤核苷酸的合成从 5-磷酸核糖焦磷酸开始,在体内,5-磷酸核糖在磷酸核糖焦磷酸激酶的作用下与 ATP 反应生成 5-磷酸核糖焦磷酸。

$$\text{5-磷酸核糖} + \text{ATP} \xrightarrow{\text{焦磷酸激酶}} \text{5-磷酸核糖焦磷酸} + \text{AMP}$$

从 5-磷酸核糖焦磷酸到次黄嘌呤核苷酸的途径包括 10 个步骤,依次介绍如下。

第 1 步:5-磷酸核糖焦磷酸与谷胺酰胺在转酰胺酶的作用下,生成 5-磷酸核糖胺,核糖由原来的 α-构型转变为 β-构型。

$$\text{5-磷酸核糖焦磷酸} + \text{谷胺酰胺} + H_2O \xrightarrow[Mg^{2+}]{\text{转酰胺酶}} \text{5-磷酸核糖胺} + \text{谷氨酸} + \text{PPi}$$

第 2 步:5-磷酸核糖胺与甘氨酸在 ATP 供能的情况下,合成甘氨酰胺核苷酸,同时 ATP 分解为 ADP,反应可逆。

$$\text{5-磷酸核糖胺} + \text{甘氨酸} + \text{ATP} \underset{Mg^{2+}}{\overset{\text{合成酶}}{\rightleftharpoons}} \text{甘氨酰胺核苷酸} + \text{ADP} + \text{Pi}$$

第 3 步:甘氨酰胺核苷酸在转甲酰基酶的作用下,经甲酰化生成甲酰甘氨酰胺核苷酸,此处甲酰基供体为 N^5,N^{10}-甲川四氢叶酸,体内 N^5,N^{10}-甲川四氢叶酸的甲川基由甲酸供给。

$$\text{甘氨酰胺核苷酸} + N^5,N^{10}\text{-甲川四氢叶酸} + H_2O \xrightarrow[Mg^{2+}]{\text{转甲酰基酶}} \text{甲酰甘氨酰胺核苷酸} + \text{四氢叶酸}$$

第 4 步:甲酰甘氨酰胺核苷酸与谷胺酰胺在有 ATP 供能的情况下,在核苷酸合成酶的催化下转变成甲酰甘氨脒核苷酸。

$$\text{甲酰甘氨酰胺核苷}+\text{谷胺酰胺}+\text{ATP}+H_2O\xrightarrow{\text{合成酶}}\text{甲酰甘氨脒核苷酸}+\text{谷氨酸}+\text{ADP}+\text{Pi}$$

该反应可被抗菌素重氮丝氨酸和6-重氮-5-氧-正亮氨酸不可逆地抑制。这两种抗菌素与谷胺酰胺有类似的结构，可以抑制腺嘌呤的合成，具有抗癌作用，但由于副作用大，在临床上受到限制。

第5步：甲酰甘氨脒核苷酸经氨基咪唑核苷酸合成酶的作用转变成5-氨基咪唑核苷酸，这一反应受镁离子和钾离子的激活。

$$\text{甲酰甘氨脒核苷酸}+\text{ATP}\xrightarrow[Mg^{2+}\ k^{+}]{\text{合成酶}}\text{5-氨基咪唑核苷酸}+\text{ADP}+\text{Pi}$$

第6步：5-氨基咪唑核苷酸在氨基咪唑核苷酸羧化酶的催化下，与二氧化碳反应，生成5-氨基咪唑-4-羧基核苷酸，反应可逆。

$$\text{5-氨基咪唑核苷酸}+CO_2\xrightleftharpoons[Mg^{2+}]{\text{羧化酶}}\text{5-氨基咪唑-4-羧基核苷酸}$$

第7步：5-氨基咪唑-4-羧基核苷酸与天冬氨酸缩合生成5-氨基咪唑-4-(N-琥珀基)氨甲酰核苷酸，反应需ATP供能。

$$\text{5-氨基咪唑-4-羧基核苷酸}+\text{天冬氨酸}+\text{ATP}\xrightleftharpoons{\text{合成酶}}\text{5-氨基咪唑-4-(N-琥珀基)氨甲酰核苷酸}+\text{ADP}+\text{Pi}$$

第8步：5-氨基咪唑-4-(N-琥珀基)氨甲酰核苷酸脱去一分子延胡索酸，转变成5-氨基咪唑-4-氨甲酰核苷酸。

$$\text{5-氨基咪唑-4-(N-琥珀基)氨甲酰核苷酸}\xrightleftharpoons{\text{裂解酶}}\text{5-氨基咪唑-4-氨甲酰核苷酸}+\text{延胡索酸}$$

第9步：5-氨基咪唑-4-氨甲酰核苷酸在转甲酰基酶的作用下，由N^{10}-甲酰四氢叶酸供给甲酰基，甲酰化生成5-甲酰氨基咪唑-4-氨甲酰核苷酸。

$$\text{5-氨基咪唑-4-氨甲酰核苷酸}+\text{N10-甲酰四氢叶酸}\xrightleftharpoons{\text{转甲酰基酶}}\text{5-甲酰氨基咪唑-4-氨甲酰核苷酸-四氢叶酸}$$

第10步：5-甲酰氨基咪唑-4-氨甲酰核苷酸在次黄嘌呤核苷酸环水解酶作用下脱水环化，形成次黄嘌呤核苷酸。

$$\text{5-甲酰氨基咪唑-4-氨甲酰核苷酸}\xrightleftharpoons{\text{环水解酶}}\text{次黄嘌呤核苷酸}+H_2O$$

嘌呤环的组装过程总结如图9-3所示。

(2)腺嘌呤核苷酸的合成。嘌呤环完成组装之后，次黄嘌呤核苷酸氨基化即生成腺嘌呤核苷酸，反应共分两步进行：次黄嘌呤核苷酸在 GTP 供能的条件下与天冬氨酸合成腺苷酸琥珀酸；腺苷酸琥珀酸随即在腺苷酸琥珀酸裂解酶的催化下分解成腺嘌呤核苷酸。反应过程如图 9-4 所示。

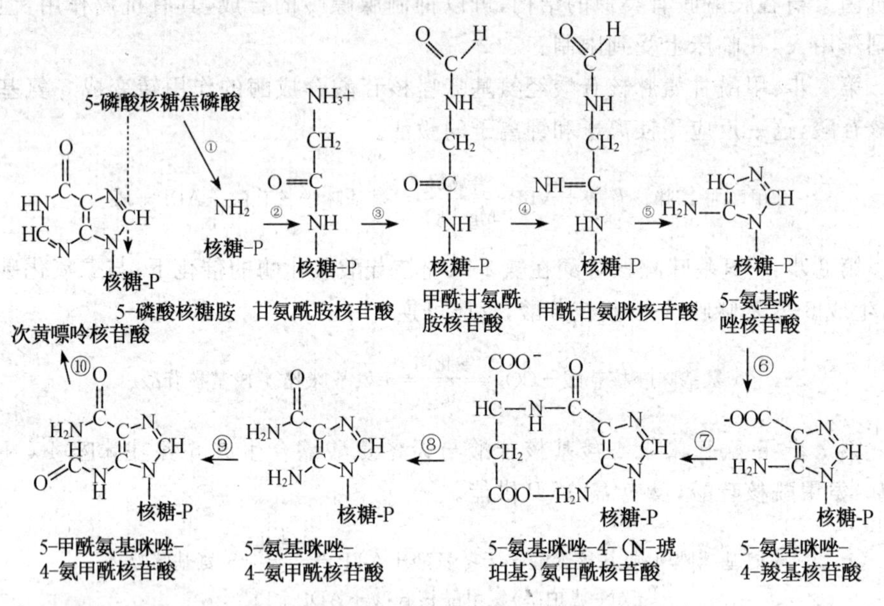

图 9-3 嘌呤环的组装过程

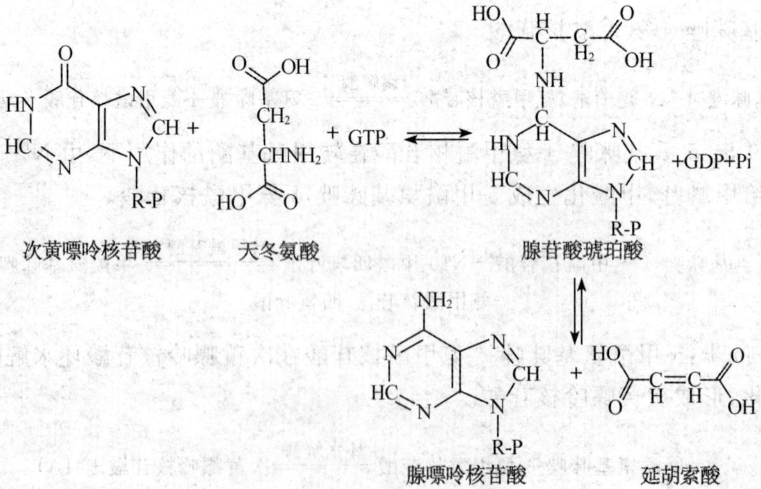

次黄嘌呤核苷酸 + 天冬氨酸 + GTP ⇌ 腺苷酸琥珀酸 + GDP + Pi

腺苷酸琥珀酸 ⇌ 腺嘌呤核苷酸 + 延胡索酸

图 9-4 腺嘌呤核苷酸的合成

(3)鸟嘌呤核苷酸的合成。次黄嘌呤核苷酸氧化生成黄嘌呤核苷酸。反应由次黄嘌呤核苷酸脱氢酶所催化，并需要 NAD^+ 作为辅酶和钾离子激活。黄嘌呤核苷酸经氨化即生成鸟嘌呤核苷酸（图 9-5）。不同生物的氨供体并不一样：细菌直接以氨作为氨供体；动物以谷胺酰胺的酰胺基作为氨供体。氨化时需要 ATP 供能，催化反应的酶是鸟嘌呤核苷酸合成酶。

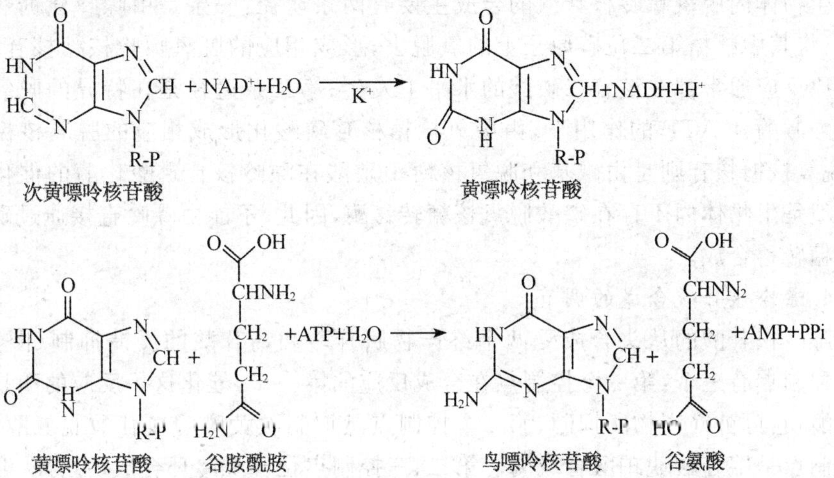

次黄嘌呤核苷酸 + NAD^+ + H_2O $\xrightarrow{K^+}$ 黄嘌呤核苷酸 + NADH + H^+

黄嘌呤核苷酸 + 谷胺酰胺 + ATP + H_2O $\longrightarrow$ 鸟嘌呤核苷酸 + 谷氨酸 + AMP + PPi

图 9-5　鸟嘌呤核苷酸的合成

2. 嘌呤核苷酸的合成的“补救”途径

嘌呤核苷酸合成的另一途径是利用体内预先形成的碱基和核苷合成核苷酸，这是对核苷酸代谢的“补救”作用，可以更经济地利用已有成分。其补救途径有两种形式：一种是以通过核苷磷酸化合成核苷酸；一种是以嘌呤为原料直接合成核苷酸。

各种碱基在特异的核苷磷酸化酶作用下，1-磷酸核糖通过转糖基作用生成糖苷，然后在磷酸激酶的作用下，由 ATP 供给磷酸基形成核苷酸。

$$\text{碱基} + \text{1-磷酸核糖} \xrightleftharpoons{\text{核苷酸磷酸化酶}} \text{核苷} + \text{Pi}$$

$$\text{核苷} + \text{ATP} \xrightleftharpoons{\text{核苷磷酸激酶}} \text{核苷酸} + \text{ADP}$$

在生物体内，缺乏除腺苷激酶外的其他嘌呤激酶，因此通过这一途径合成的主要是腺嘌呤核苷酸。

另一种重要的补救途径是嘌呤碱在嘌呤磷酸核糖转移酶催化下，与 5-磷酸核糖焦磷酸反应,直接形成嘌呤核苷酸。

$$\text{腺嘌呤}+5\text{-磷酸核糖焦磷酸}\xrightleftharpoons{\text{磷酸核糖转移酶}}\text{腺嘌呤核苷酸}+\text{PPi}$$

$$\text{鸟嘌呤}+5\text{-磷酸核糖焦磷酸}\xrightleftharpoons{\text{磷酸核糖转移酶}}\text{鸟嘌呤核苷酸}+\text{PPi}$$

3.脱氧嘌呤核苷酸的合成

生物体内脱氧嘌呤核苷酸的合成主要有两条途径:一条是由嘌呤核糖核苷酸还原,将其中核糖第二位碳原子上的氧脱去,形成相应的脱氧嘌呤核糖核苷酸,这种还原反应通常都在核苷二磷酸的水平上发生;第二条途径是在特异的脱氧核糖核苷酸激酶和 ATP 的作用下,由脱氧核糖核苷磷酸化形成相应的脱氧核糖核苷酸,脱氧核糖核苷则是由碱基和脱氧核糖-1-磷酸在嘌呤核苷磷酸化酶的催化下形成。但是生物体内不存在磷酸脱氧核糖转移酶,因此,不能由嘌呤直接通过磷酸脱氧核糖转移合成。

4.嘌呤核苷酸合成的调节

嘌呤核苷酸的从头合成受两个终产物腺苷酸和鸟苷酸的反馈抑制(图 9-6)。主要控制点有三个:第一个控制点在合成反应的第一步,催化这一反应的酶是一个变构酶,它可被终产物所抑制;第二个控制点是抑制次黄嘌呤核苷酸脱氢酶;第三个控制点是腺苷酸琥珀酸合成酶。第二、三控制点位于嘌呤环合成后,分头合成腺苷酸和鸟苷酸的第一步,可见无论腺嘌呤还是鸟嘌呤哪一个在体内过量积累,嘌呤环的合成都会受到抑制以节约资源,但是当两种嘌呤核苷酸中的一种过量积累,却并不影响另一种嘌呤核苷酸的合成。

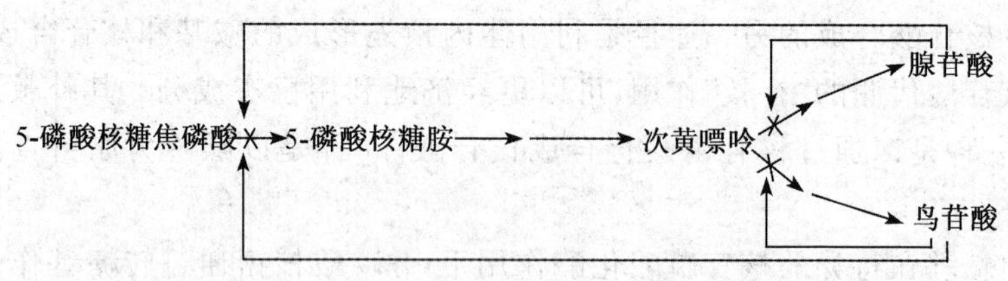

图 9-6 嘌呤核苷酸生物合成的反馈抑制

二、嘧啶的代谢

(一)分解代谢

嘧啶碱的分解与嘌呤碱类似,不同种类的生物对嘧啶碱的分解过程也不完全一样。一般具有氨基的嘧啶首先需要脱去氨基,如胞嘧啶脱去氨基生成尿嘧啶。

$$\text{胞嘧啶}+H_2O\xrightarrow{\text{胞嘧啶脱氨酶}}\text{尿嘧啶}+NH_3$$

与嘌呤一样，在人和某些动物体内其脱氨基过程也可能是在核苷或核苷酸水平上进行。

尿嘧啶在脱氢酶的作用下经还原生成二氢尿嘧啶，水解开环，然后继续水解生成 CO_2、NH_3 和 β-丙氨酸；β-丙氨酸经转氨基作用脱去氨基后参加有机酸代谢。

$$\text{尿嘧啶}+NAD(P)H+H^+\xrightleftharpoons{\text{二氢尿嘧啶脱氢酶}}\text{二氢尿嘧啶}+NAD(P)^+$$

$$\text{二氢尿嘧啶}+H_2O\xrightleftharpoons{\text{二氢尿嘧啶酶}}\beta\text{-脲基丙酸}$$

$$\beta\text{-脲基丙酸}+H_2O\xrightarrow{\text{脲基丙酸酶}}\beta\text{-丙氨酸}+CO_2+NH_3$$

胸腺嘧啶的分解代谢与尿嘧啶相似，先脱氢生成二氢胸腺嘧啶，再水解生成 CO_2、NH_3 和 β-氨基异丁酸。

$$\text{胸腺嘧啶}+NAD(P)H+H^+\xrightleftharpoons{\text{二氢尿嘧啶脱氢酶}}\text{二氢胸腺嘧啶}+NAD(P)^+$$

$$\text{二氢胸腺嘧啶}+H_2O\xrightleftharpoons{\text{二氢尿嘧啶酶}}\beta\text{-脲基异丁酸}$$

$$\beta\text{-脲基异丁酸}\xrightarrow{H_2O}NH_3+CO_2+\beta\text{-氨基异丁酸}$$

嘧啶碱总的分解代谢如图 9-7 所示。

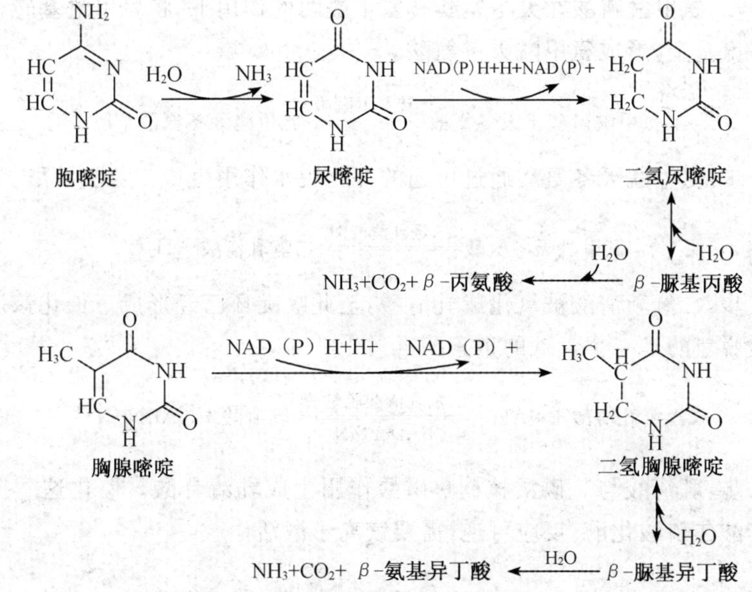

图 9-7　嘧啶碱的分解代谢

(二)合成代谢

嘧啶核苷酸在体内的合成同样有两条主要途径，一条是以简单化合物为前体的“从头合成”途径，一条是利用已有嘧啶碱和核苷合成核苷酸。但在具体过程上，与嘌呤又有较大的差别。

1.嘧啶核苷酸的“从头合成”

嘧啶环的合成与嘌呤环的合成不一样，在合成嘧啶核苷酸时首先形成嘧啶环，再与磷酸核糖结合成为乳清苷酸，然后生成尿嘧啶核苷酸。其他嘧啶核苷酸则由尿嘧啶核苷酸转变而成。

(1)尿嘧啶核苷酸的合成。嘧啶环的来源相对比较简单，2 位碳和 3 位氮来自于氨甲酰磷酸，1 位氮和 4、5、6 位碳来自于天冬氨酸(图 9-8)。

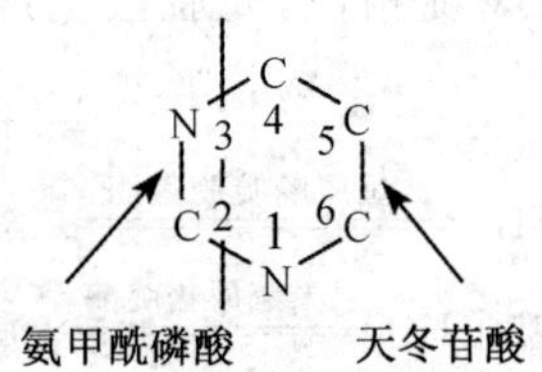

图 9-8 嘧啶环中各原子的来源

尿嘧啶核苷酸的合成反应包括五个步骤：

第 1 步：氨甲酰磷酸在天冬氨酸转氨甲酰酶的作用下，将氨甲酰基转移到天冬氨酸的 α-氨基上，形成氨甲酰天冬氨酸。

$$\text{氨甲酰磷酸}+\text{天冬氨酸}\xrightarrow{\text{转氨甲酰酶}}\text{氨甲酰天冬氨酸}+\text{Pi}$$

第 2 步：氨甲酰天冬氨酸通过可逆的环化脱水作用生成二氢乳清酸。

$$\text{氨甲酰天冬氨酸}\overset{\text{二氢乳清酸酶}}{\rightleftharpoons}\text{二氢乳清酸}+H_2O$$

第 3 步：二氢乳清酸被氧化成乳清酸，至此嘧啶环已经形成。催化该反应的二氢乳清酸脱氢酶是一个含铁的黄素酶。

$$\text{二氢乳清酸}+NAD^+\underset{\text{FAD,FMN}}{\overset{\text{二氢乳清酸脱氢酶}}{\rightleftharpoons}}\text{乳清酸}+\text{NADN}+H^+$$

第 4 步：乳清酸与 5-磷酸核糖焦磷酸作用生成乳清苷酸。催化这一反应的酶是乳清苷酸焦磷酸化酶，反应可逆，需要镁离子激活。

$$\text{乳清酸}+\text{5-磷酸核糖焦磷酸}\underset{Mg^{2+}}{\overset{\text{焦磷酸化酶}}{\rightleftharpoons}}\text{乳清苷酸}+\text{PPi}$$

第5步：乳清苷酸在乳清苷酸脱羧酶的催化下脱去羧基，即生成尿嘧啶核苷酸。

$$\text{乳清苷酸}\xrightarrow{\text{脱羧酶}}\text{尿嘧啶核苷酸}+CO_2$$

尿嘧啶核苷酸的合成过程如图9-9所示。

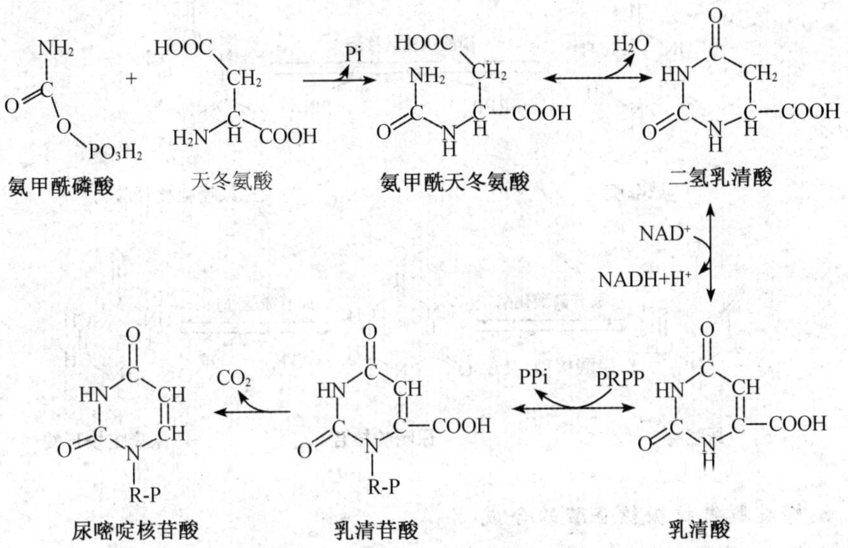

氨甲酰磷酸　天冬氨酸　氨甲酰天冬氨酸　二氢乳清酸　乳清酸　乳清苷酸　尿嘧啶核苷酸

图9-9　尿嘧啶核苷酸的合成途径

(2)胞嘧啶核苷酸的合成。尿嘧啶、尿嘧啶核苷和尿嘧啶核苷酸在体内都不能氨基化变成相应的胞嘧啶化合物，由尿嘧啶核苷酸转变成胞嘧啶核苷酸只能在核苷三磷酸水平上进行。在哺乳动物中，需要谷胺酰胺提供氨基，而细菌则可直接利用氨。反应需要ATP供给能量。

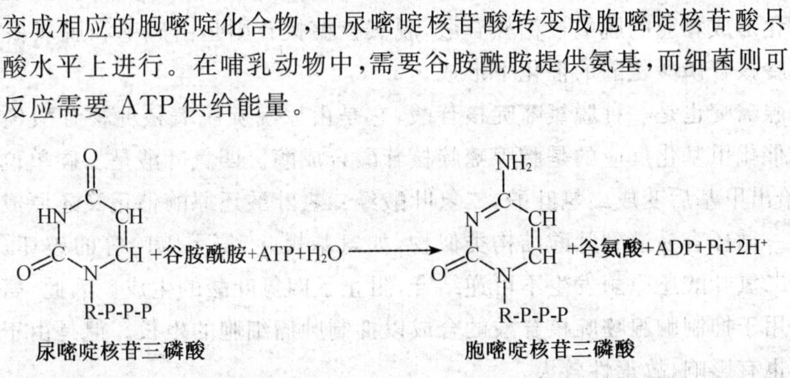

$$\text{尿嘧啶核苷三磷酸}+\text{谷胺酰胺}+ATP+H_2O\longrightarrow\text{胞嘧啶核苷三磷酸}+\text{谷氨酸}+ADP+Pi+2H^+$$

2. 嘧啶核苷酸合成的“补救”途径

由尿嘧啶转变成为尿嘧啶核苷酸的补救途径包括两种方式：一种方式是在磷酸核糖转移酶的催化下，与5-磷酸核糖焦磷酸反应，直接生成尿嘧啶核苷酸；第二种方式是尿嘧啶先与1-磷酸核糖反应生成尿嘧啶核苷，尿嘧啶核苷再被磷酸化形成尿嘧啶核苷酸。

胞嘧啶不能直接与5-磷酸核糖焦磷酸反应生成胞嘧啶核苷酸，只能由胞嘧啶核苷磷酸化生成胞嘧啶核苷酸，催化这一反应的是尿苷激酶。

磷酸核糖转移酶
PRPP PPi
尿嘧啶 尿嘧啶核苷酸

尿苷磷酸化酶 尿苷激酶 Mg^{2+}
1-磷酸核糖 Pi ATP ADP
尿嘧啶 尿嘧啶核苷 尿嘧啶核苷酸

3. 嘧啶脱氧核糖核苷酸的合成

与脱氧嘌呤核苷酸一样，嘧啶脱氧核糖核苷酸可由相应的核糖核苷酸还原，将其中核糖第二位碳原子上的氧脱去形成，这种还原反应通常都在核苷二磷酸的水平上发生，还可以在特异的脱氧核糖核苷酸激酶和ATP的作用下，由脱氧核糖核苷磷酸化形成相应的脱氧核糖核苷酸，脱氧核糖核苷则是由碱基和脱氧核糖-1-磷酸在嘌呤核苷磷酸化酶的催化下形成。

胸腺嘧啶也是一种脱氧嘧啶核苷酸，它是由尿嘧啶脱氧核糖核苷酸经甲基化生成。催化甲基化反应的是胸腺嘧啶核苷酸合成酶。四氢叶酸是一碳单位甲基的载体，给出甲基后变成二氢叶酸，二氢叶酸经二氢叶酸还原酶催化又还原成四氢叶酸。这一循环容易遭到叶酸结构类似物，如氨基蝶呤、氨甲喋呤等的破坏，因为它们可与二氢叶酸还原酶发生不可逆结合，阻止了四氢叶酸的生成。因此，氨甲喋呤等常被用于抑制胸腺嘧啶核苷酸的合成以抑制肿瘤细胞的生长。但是由于其对正常细胞也有影响，故毒性较大。

4. 嘧啶核苷酸合成的调节

大肠杆菌嘧啶核苷酸的合成在三个位点上受到终产物的反馈抑制(图9-10)：第一个位点是氨甲酰磷酸的合成，受尿嘧啶核苷酸的反馈抑制；第二个位点是氨甲酰天冬氨酸的合成，受胞嘧啶核苷酸的反馈抑制；第三个位点是胞嘧啶核苷酸合成酶。

另外，ATP对于胞嘧啶核苷酸合成酶具有激活作用，这把嘌呤核苷酸的合成和嘧啶核苷酸的合成联系起来，有助于使嘌呤核苷酸和嘧啶核苷酸的形成速度大致相等，而核酸合成对这两种核苷酸的需要量也大致相等。

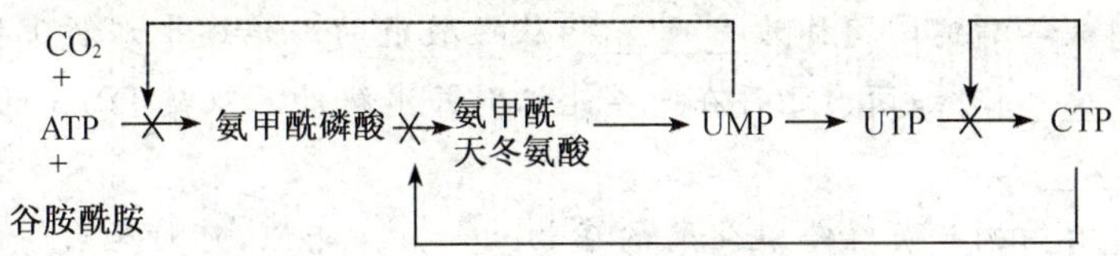

图 9-10　嘧啶核苷酸生物合成的反馈抑制

阅读材料

核苷酸代谢疾病——痛风与Lesch-Nyhan(莱-纳二氏)综合征

痛风是一种影响关节并且导致关节炎的疾病，它的主要生物化学特征是血清中尿酸的水平升高。尿酸钠晶体的沉淀触发关节的炎症。由于尿酸晶体在肾脏中沉积也可能发生肾脏疾病。痛风主要是影响成年男性。多数痛风病例是由核苷酸的代谢异常引起。有些患者的次黄嘌呤、鸟嘌呤磷酸核糖转移酶具有缺陷，而这种酶催化IMP和GMP的补救合成。这种酶的缺陷导致5-磷酸核糖焦磷酸水平升高，从头合成嘌呤核苷酸的速度明显加快。

别嘌呤醇是次黄嘌呤的类似物，可用来治疗痛风。它首先是作为黄嘌呤氧化酶的底物，反应产物又是黄嘌呤氧化酶的抑制剂，与该酶的活力部位保持紧密结合。这称之为自杀式抑制作用。服用别黄嘌呤后，尿酸的合成量很快降低，血清中次黄嘌呤和黄嘌呤的浓度升高，嘌呤生物合成的总速度也有所降低。此外，别嘌呤醇核苷酸抑制酰胺磷酸核糖转移酶将5-磷酸核糖焦磷酸转变为磷酸核糖胺。

另一种核苷酸先天性代谢疾病是Lesch-Nyhan(莱-纳二氏)综合征，患者体内几乎完全没有次黄嘌呤-鸟嘌呤磷酸核糖转移酶。它最突出的表现是强制性的自残行为，患者在2～3岁时就开始咬自己的手指和嘴唇，并伴随彼此寻衅的倾向。患者一般都会表现出智力缺陷和痉挛，血清中尿酸升高而最终引起痛风。别嘌呤醇对于莱-纳二氏综合征，只能从一定程度上降低尿酸的合成，但对嘌呤重新合成的速度没有影响。因为他们缺乏次黄嘌呤-鸟嘌呤磷酸核糖转移酶，所以不能把别嘌呤醇变为核苷酸，也不能降低这些人的5-磷酸核糖焦磷酸水平。

服用别嘌呤醇也不能使患者的神经性症状得以缓解。大脑在IMP和GMP合成方面非常依赖于补救途径，次黄嘌呤-鸟嘌呤磷酸核糖转移酶在大脑中的正常水平远比任何其他组织高，这表明核苷酸生物合成的补救途径可能有着特殊的生物学意义。

习题

一、填空题

1. 核酸在核酸酶的作用下水解成低级多核苷酸或单核苷酸，其中能水解核酸分子内磷酸二酯键的酶称为________；从核酸链的一端逐个水解下核苷酸的酶称为________；细菌内还存在一类能识别并水解外源双链DNA的核酸酶，称为________。
2. 别嘌呤醇结构与黄嘌呤氧化酶的底物________相似，可对生成________的反应产生抑制，同时，其产物别黄嘌呤又能保持与氧化酶的活力部位紧密结合而使酶失活。别嘌呤醇的这种作用方式称为________。
3. 不同种类的生物分解嘌呤碱的能力不一样，因而代谢产物也不尽相同：人和猿类嘌呤代谢的最终产物是________；除人和猿以外的其他哺乳动物嘌呤代谢的最终排泄物是________；某些硬骨鱼嘌呤代谢的最终排泄物是________，多数鱼类和两栖类动物的最终排泄物是________和________；某些低等动物以________和________为最终排泄物。
4. 生物体可利用二氧化碳、甲酸盐、谷胺酰胺、天冬氨酸和甘氨酸作为合成嘌呤环的前体。嘌呤环的第1位氮来源于________；第2位和第8位碳来自________；第3位和第9位氮来自________；第4、5位碳和第7位氮来自于________；第6位碳来自________。
5. 嘧啶环的来源相对比较简单，2位碳和3位氮来自于________，1位氮和4、5、6位碳来自于________。
6. 胞嘧啶不能直接与________反应生成胞嘧啶核苷酸，只能由________磷酸化生成胞嘧啶核苷酸。
7. 胸腺嘧啶核苷酸合成酶催化的甲基化反应中，________是一碳单位甲基的载体，其结构类似物________、________等可抑制该反应。
8. ATP对于胞嘧啶核苷酸合成酶具有________作用，这把嘌呤核苷酸的合成和嘧啶核苷酸的合成联系起来，有助于使嘌呤核苷酸和嘧啶核苷酸的形成速度________。

二、选择题

1. 生物体内嘌呤核苷酸的从头合成过程中5-磷酸核糖自始至终连接在反应物上，只是构型(　　)。

A. 由原来的 α-构型转变为 β-构型　　B. 由原来的 β-构型转变为 α-构型

C. 构型没发生变化　　D. 都不对

2. 甲酰甘氨酰胺核苷酸与谷胺酰胺在有 ATP 供能的情况下，在核苷酸合成酶的催化下转变成甲酰甘氨脒核苷酸，该反应可被(　　)不可逆地抑制。

A. 氨甲喋呤

B. 6-重氮-5-氧-正亮氨酸和氨基蝶呤

C. 抗菌素重氮丝氨酸和 6-重氮-5-氧-正亮氨酸

D. 重氮丝氨酸和氨甲喋呤

3. 黄嘌呤核苷酸经氨化即生成鸟嘌呤核苷酸。不同生物的氨供体并不一样，动物以(　　)作为氨供体。

A. 氨　　B. 天冬氨酸　　C. 谷胺酰胺的酰胺基　　D. 都不对

4. 各种碱基在特异的核苷磷酸化酶作用下，1-磷酸核糖通过转糖基作用生成糖苷，然后在磷酸激酶的作用下，由 ATP 供给磷酸基形成核苷酸，在生物体内，通过这一途径合成的主要是(　　)。

A. 腺嘌呤核苷酸和鸟嘌呤核苷酸　　B. 腺嘌呤核苷酸

C. 鸟嘌呤核苷酸　　D. 都不能合成

5. 生物体内脱氧嘌呤核苷酸的合成主要有两条途径，一条是由嘌呤核糖核甘酸还原，将其中核糖第二位碳原子上的氧脱去，形成相应的脱氧嘌呤核糖核苷酸，这种还原反应通常都在(　　)的水平上发生。

A. 核苷一磷酸　　B. 核苷二磷酸

C. 核苷三磷酸　　D. 都不是

6. 嘌呤核苷酸的从头合成受两个终产物的反馈抑制，下述说法正确的是(　　)。

A. 腺嘌呤核苷酸的过量积累影响鸟嘌呤核苷酸的合成

B. 鸟嘌呤核苷酸的过量积累影响腺嘌呤核苷酸的合成

C. 当两种嘌呤核苷酸中的任何一种过量积累，都会影响另一种嘌呤核苷酸的合成

D. 当两种嘌呤核苷酸中的一种过量积累，却并不影响另一种嘌呤核苷酸的合成

7. 尿嘧啶在脱氢酶的作用下经还原生成二氢尿嘧啶，水解开环，然后继续水解生成 CO_2、NH_3 和(　　)。

A. β-氨基乙酸　　B. β-丙氨酸

C. β-氨基异丁酸　　D. 都不是

8. 由尿嘧啶核苷酸转变成胞嘧啶核苷酸只能在(　　)水平上进行。

A. 核苷一磷酸　　B. 核苷二磷酸

C. 核苷三磷酸　　D. 都不是

三、问答题

1. 简述嘌呤核苷酸合成的主要途径和步骤。

2. 简述嘧啶核苷酸合成的主要途径和步骤。

3. 简要说明嘌呤核苷酸和嘧啶核苷酸生物合成的反馈抑制机制。

4. 比较不同生物对嘌呤分解代谢产物的差别。

5. 别嘌呤醇为什么可被用来治疗痛风？

第十章　核酸与蛋白质的生物合成

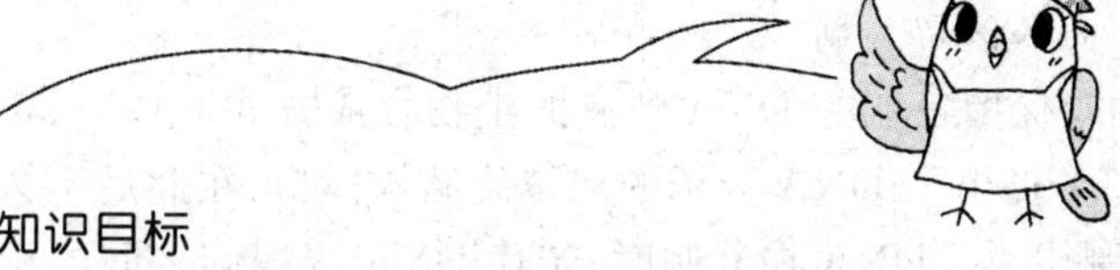

知识目标

理解并掌握中心法则、半保留复制、转录、翻译、遗传密码的含义

掌握核酸在蛋白质合成中的作用

技能目标

了解DNA重组技术、PCR技术的原理和基本方法

核酸是贮存和传递遗传信息的生物大分子，蛋白质是生命活动的体现者，蛋白质的生物合成与核酸有着密切的关系。在DNA分子上以特定的核苷酸顺序贮存着生物体的遗传信息，在细胞分裂过程中DNA通过自我复制把遗传信息由亲代传递给子代，在子代的个体发育中，遗传信息从DNA分子转录到mRNA分子上，然后翻译成特异蛋白质的氨基酸顺序，通过蛋白质执行各种生物学功能从而表现出与亲代相似的遗传特征。在某些情况下RNA也是重要的遗传物质，如在RNA病毒中，RNA是遗传信息的携带者，具有自我复制的能力，并同时作为mRNA模板，指导病毒蛋白质的合成。在致癌RNA病毒中，RNA还以逆转录的方式将遗传信息传递给DNA分子。上述遗传信息的流向称为中心法则，它是由F. Crick在1958年提出的，以后又得到不断的补充和完善。中心法则如图10-1所示。

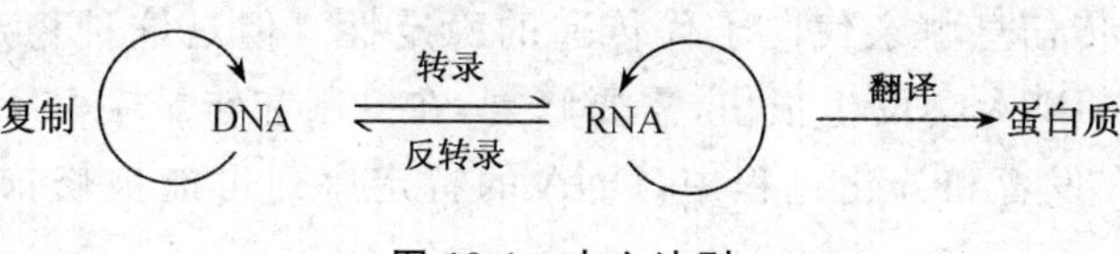

图10-1　中心法则

一、DNA 的生物合成

(一)DNA 的复制

复制是指以亲代 DNA 为模板,按照碱基互补配对原则,合成子代 DNA 的过程。现已证明 DNA 复制过程的基本性质和酶促反应的机制在各种生物中基本上是相同的。DNA 的复制是通过半保留复制进行的。

1.DNA 的半保留复制

DNA 的半保留复制是 DNA 特有的生物合成方式。1953 年沃森(Watson)和克里克(Crick) 提出了 DNA 分子的双螺旋结构模型,在此后不久,就提出了 DNA 的半保留复制假说。DNA 在复制时,亲代 DNA 双螺旋之间的氢键断开成两条单链,再以每条单链为模板,按照碱基互补配对原则,在两条链上各合成一条新的互补链(图 10-2),这样新生成的两个 DNA 分子与原来 DNA 分子的碱基排列顺序完全相同。在每个子代 DNA 分子中,一条链来自亲代 DNA 分子,另一条链是新合成的,这种复制方式称为半保留复制。

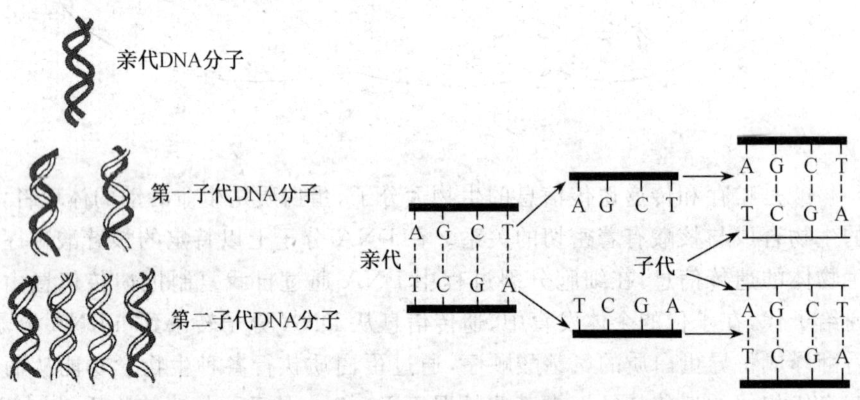

图 10-2 DNA 的半保留复制

1958 年梅塞尔森(Meselson)和斯塔尔(Stahl)利用同位素 ^{15}N 标记大肠杆菌 DNA,用实验证明了 DNA 的半保留复制。后来用多种原核生物和真核生物的 DNA 做了类似的实验,都证实了 DNA 的半保留复制方式。DNA 的半保留复制保证了生物遗传信息由亲代向子代传递的稳定性。但是这种稳定性是相对的,在一定条件下,DNA 会发生损伤,需要修复;在复制和转录中 DNA 会有损耗,必须进行更新;在发育和分化过程中,DNA 的特定序列可能被修饰,删除,扩增和重排。

2. DNA 复制酶系统

DNA 在的复制过程中，需要很多酶和蛋白质因子参与 。如大肠杆菌的 DNA 复制过程需要有 DNA 聚合酶等 20 多种不同的酶和蛋白质因子参与，每种酶和蛋白质因子都发挥不同的作用。我们将参与 DNA 复制的酶和蛋白质因子称为 DNA 复制酶系统。DNA 复制酶系统较重要的有 DNA 聚合酶、引物酶、拓扑异构酶、解螺旋酶和连接酶等。

(1)DNA 聚合酶。DNA 聚合酶在所有的生物中都存在，它的主要功能有催化 DNA 链的延伸、校对错配的碱基、修复损伤的 DNA 和具有外切酶功能等。在 DNA 复制中，DNA 聚合酶以四种脱氧核苷三磷酸为底物，按照碱基互补配对原则，将脱氧核苷酸加到 DNA 链末端 3′-羟基上，形成 3′,5′-磷酸二酯键，同时脱氧核苷三磷酸脱下焦磷酸。焦磷酸水解放出能量，促进 DNA 复制反应的进行。这样的反应重复进行，促使 DNA 链沿着 5′→3′的方向延长(图 10-3)。

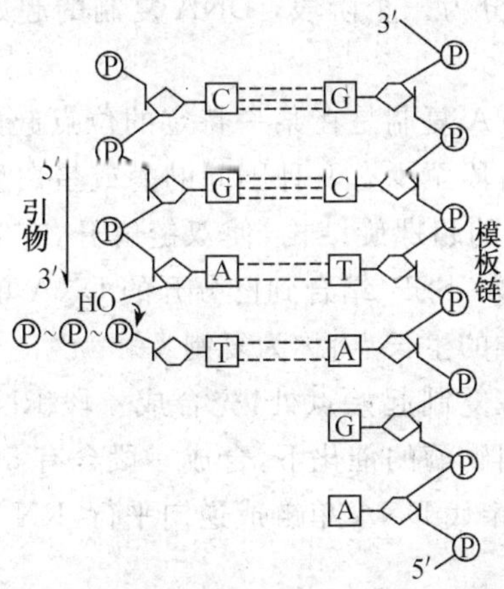

图 10-3 DNA 聚合酶的催化作用

(2)引物酶。DNA 聚合酶能催化脱氧核苷酸链的延长，但不能催化单个的脱氧核苷酸间形成 3′,5′-磷酸二酯键，聚合反应需要有“引物”存在。催化 RNA 引物合成的酶称为引物酶，此酶以 DNA 为模板合成一段与 DNA 模板链互补的 RNA 片段，这段 RNA 片段作为合成 DNA 的引物。引物末端 3′-羟基与脱氧核苷酸的 5′-磷酰基结合形成 3′,5′-磷酸二酯键，DNA 复制时只能在引物上沿 5′→3′的方向延长脱氧核苷酸链。不同生物 RNA 引物的长短不同，一般由十几个至数十个核苷酸构成。

(3)DNA 拓扑异构酶。生物体内 DNA 分子处于超螺旋状态，拓扑异构酶是在复制时使 DNA 超螺旋结构变为松弛状态，暴露起始点处的碱基，促进复制起始与延长。

(4)解螺旋酶。DNA 复制时双螺旋必须解开形成单链才能作为复制的模板，解开螺旋的过程需要解旋酶参与。其作用是从复制点开始促使 DNA 双螺旋的氢键断裂，两条互补链分开形成两条单链，所需要的能量由 ATP 提供，每解开一对碱基，需要消耗 2 分子 ATP。

(5)DNA 连接酶。DNA 连接酶的作用是催化一个 DNA 片段的 3′位—OH 与相邻的另一个 DNA 片段的 5′位磷酰基形成 3′,5′-磷酸二酯键，将断裂的缺口连接上，形成完整的 DNA 链。

(6)蛋白质因子。如单链结合蛋白(SSP)等，其作用是使被解开的 DNA 单链保持稳定，阻止其复性和保护单链不被核酸酶降解。

3. DNA 的复制过程

DNA 的复制过程可分为三个阶段，DNA 复制的起始、DNA 链的延长、DNA 链的终止三个阶段。

(1)复制的起始。DNA 复制是在某一特定的位点起始的，这一点称为复制的起始点。在复制的起始阶段至少有 9 种不同的酶或蛋白质参与。由 DNA 拓扑异构酶和解旋酶松弛 DNA 的超螺旋结构，使双链解开，在起始点处形成一个"复制眼"的结构。单链结合蛋白(SSP)结合到已分开的 DNA 单链上，维持开链状态，在眼的两端出现两个叉了样的生长点，称为复制叉。

DNA 双链解开后，在复制起始点处，先合成一段 RNA 引物。引物是以亲代 DNA 的单链为模板，在引物酶的催化下，合成一段含有 50 ～ 100 个核苷酸短链，合成的方向为 5′→3′，与亲代 DNA 单链成逆向平行，RNA 引物 3′—OH 末端为合成新的 RNA 的起点。

(2)DNA 链的延长。DNA 链的合成是以两条亲代 DNA 链为模板，按碱基配对原则进行复制的。DNA 的合成主要是双向进行的，即从起始点开始，向左右两个相反方向进行复制。但是在复制时，DNA 聚合酶只能催化子链按 5′→3′方向进行合成。而子链合成的走向又只能与亲链成反向平行，由于在复制叉两侧的亲代 DNA 单链中，从起始点向复制叉的方向有一侧为 5′→3′，另一侧为 3′→5′，这样，复制叉两侧子链复制的方式也就不完全相同。其中在一侧的亲代模板上，可以连续复制出子链，而在另一侧亲代模板上，子链是不连续复制的，这种复制方式称为半不连续复制。现将复制叉两侧的 DNA 复制方式分述如下：

①连续复制。从起始点到复制叉的亲代 DNA3′→5′方向链一侧，由于子链的合成是按 5′→3′方向进行的，因此随着复制叉向前解链移动，子链可以连续向前延

长，这种复制方式叫做连续复制。复制时先从起始点合成一段 RNA 引物，然后在 DNA 聚合酶的催化下，第一个脱氧核苷三磷酸加到引物 RNA 的 3′端—OH 上，形成磷酸二酯键。接着四种 dNTP 按碱基互补配对原则以 5′→3′走向，一个接一个地相互连接，使子链连续延伸成长链，这条连续合成的 DNA 链称为前导链。如图 10-4 中复制叉的下侧。

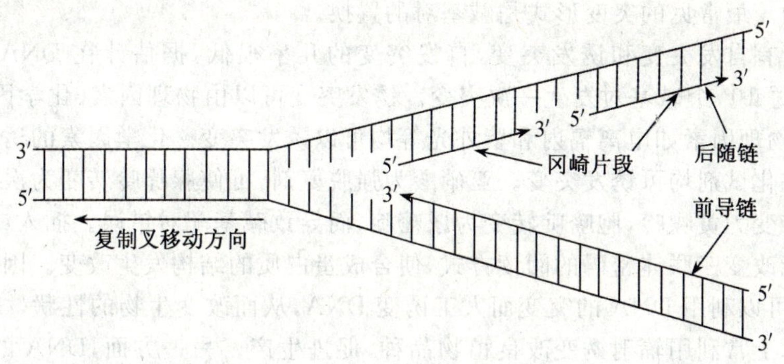

图 10-4　DNA 的复制

②不连续复制。在复制叉的另一侧，亲代 DNA 链从起始点向复制叉的方向为 5′→3′。由于子链复制不能从起点按 3′→5′走向向复制叉进行，因此必须转过头来按 5′→3′走向，一小段一小段地复制带有引物的 DNA 片段，并从起始点倒退着向复制叉方向延伸，这种复制方式叫做不连续复制。不连续复制所形成的这些不连续的 DNA 片段称为后随链，是由日本冈崎等人首先发现的，故又称为“冈崎片段”，每个冈崎片段含有 1 000～2 000 个核苷酸。如图 10-4 中复制叉的上侧。

细菌 DNA 的复制速度较快，新链大约每秒增加 1 000 个脱氧核苷酸，但真核生物复制叉的移动速度仅为每秒约 50 个核苷酸。由于真核生物的 DNA 比细菌大得多，所以真核生物 DNA 复制时有多个起始点，形成多个复制叉，并进行双向复制。

(3)复制的终止。当新合成的冈崎片段延长到一定长度，冈崎片段的 RNA 引物在核酸酶催化下，先后被水解切除掉。引物脱落后留下的缺口，在 DNA 聚合酶催化下，用脱氧核苷酸配对填补上，再由 DNA 连接酶催化，把各片段连接起来，并修复 DNA 链配错的碱基，最后形成两条各与其亲代 DNA 链走向相反新的 DNA 互补链。

(二)基因突变和 DNA 的损伤与修复

1. 基因突变

遗传信息是以基因为单位储存在 DNA 分子中的，因此从分子水平上看，基因就是DNA分子中含有特定遗传信息的一段脱氧核苷酸序列,是遗传的功能单位。基因突变是指DNA的碱基顺序发生突然而永久性地变化,从而影响DNA的复制,并使DNA的转录和翻译也跟着改变,因而表现出异常的遗传特征。DNA的突变可以有几种形式:①置换,一个或几个碱基对被置换;②插入,插入一个或几个碱基对;③缺失,一个或多个碱基对丢失。置换和插入的变化是可逆的,缺失则有不可逆的。最常见的突变形式是碱基对的置换。

突变有自发突变和诱发突变,自发突变的几率很低,据估计在DNA的合成中,大约每10^9个碱基对发生一次突变。诱发突变可以由物理因素、化学因素或病毒引起,物理因素如电离辐射和紫外光等均可以诱发突变。化学因素的诱变,如脱氨剂和烷化试剂均可诱发突变。亚硝酸为强脱氨剂,可使腺嘌呤转变为次黄嘌呤,鸟嘌呤转变为黄嘌呤,胞嘧啶转变为尿嘧啶,而导致碱基配对错误。插入或缺失突变都可能改变三联体密码的阅读方式,使合成蛋白质的结构发生改变。因此,一方面,人们可以利用DNA的突变而人工诱变DNA,从而改变生物的性状。例如,在农业技术上常利用辐射诱变改良植物品种,促进生产。另一方面,DNA的损伤可能导致生物体某些功能异常,造成疾病,甚至死亡。

2.DNA的损伤与修复

由于复制差错或物理化学因素的作用,使DNA分子上的碱基对遭到破坏的现象,称为DNA分子的损伤。紫外线、电离辐射和化学诱变剂都能使细胞DNA受到损伤而引起生物突变。如用260nm的紫外线照射细菌时,可使DNA链中相邻的胸腺嘧啶核苷酸之间形成胸腺嘧啶二聚体(图10-5),二聚体的形成使DNA的复制和转录功能受到阻碍,因而必须除去。生物体在长期的进化过程中,获得了一种自我保护功能,能使损伤的DNA得到修复。目前已知的DNA的修复途径有四种,光修复、切除修复、重组修复和诱导修复。

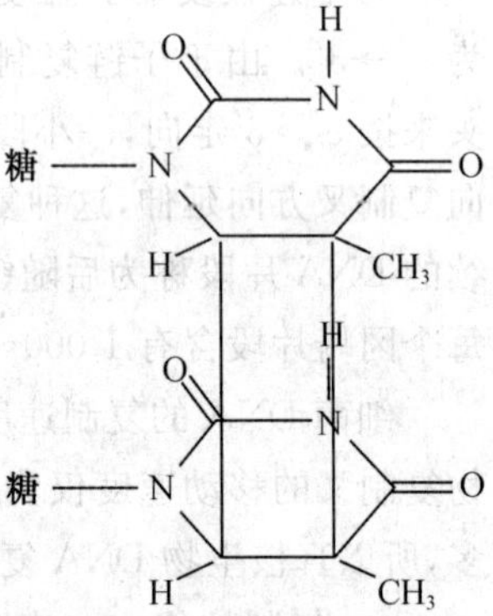

图10-5 胸腺嘧啶二聚体

(1)光修复。光修复又称光复活。这是一种高度专一性的修复形式,只作用于紫外线照射所引起的损伤。其机制是:可见光(最有效波长为400 nm)激活细胞中存在的光复活酶,这种光复活酶能辨认DNA链上的嘧啶二聚体并与其结合形成复合体,这种复合体能以某种方式吸收可见光,并利用可见光提供的能量切断嘧啶二聚体之间的C-C键使DNA恢复正常状态。这种通过解聚作用使DNA损伤回复正常的过程叫做光修复(10-6)。

由于光修复过程需要可见光,所以利用紫外线灭菌消毒时,在黑暗条件下杀菌效果好。过去认为光复活酶只存在于细菌和低等生物体,后来发现在鸟类、甚至人类白细胞中也存在光复活酶。

(2)切除修复。切除修复是指在一系列酶的作用下,将DNA分子中受损伤部分切除,并以完整的一条链为模板,合成切除的部分,使DNA恢复正常结构的过程。(图10-7)切除修复是细胞内普遍存在的一种修复机制,对多种损伤均能起修复作用,由于细胞内存在这种修复功能,对于保护遗传物质DNA不被破坏具有重要的意义。如人细胞中缺乏核苷酸切除修复有关的酶,会对紫外线引起的DNA损伤不能修复,患者对日光紫外线特别敏感,往往容易出现皮肤癌。

(3)重组修复。DNA复制时有些尚未修复的损伤DNA也可以先复制再修复。但在复制时,损伤部位因无模板指导,复制出来的子链在与损伤链对应部位会出现缺口,在一系列酶的催化下,将另一条亲代链上相对应碱基顺序片段移至子链缺口处,使之成为完整的DNA分子,亲链上的缺口再用新合成的多核苷酸链填补上(图10-8)。这种遗传信息有缺损的子代DNA分子可通过遗传重组而加以弥补的过程称为重组修复。因为修复过程发生在复制后,又称为复制后修复。

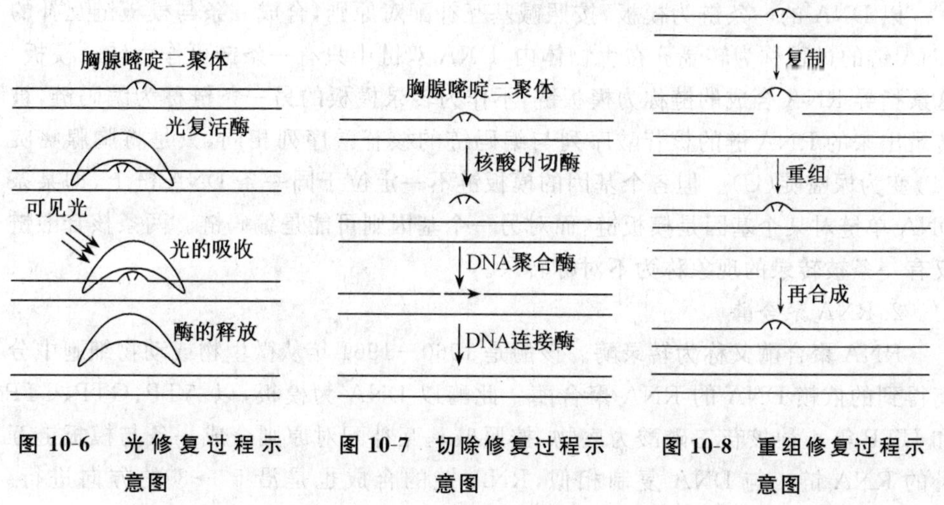

图10-6 光修复过程示意图

图10-7 切除修复过程示意图

图10-8 重组修复过程示意图

在重组修复过程中,DNA损伤并未除去。当进行第二轮复制时,亲链上的损伤仍会影响复制,子链DNA的缺口还要由重组修复过程来修复,直到DNA损伤被切除。DNA的修复过程是生物体内普遍存在的正常生理过程,对维持DNA的相对稳定性极为重要,如果体内缺乏这种修复机制,DNA分子上的核苷酸顺序发生改变时,生物的遗传就会变异,甚至会危及生命。

(4)诱导修复。许多能造成DNA损伤或抑制复制的处理,均能引起一系列复杂的诱导效应，称为应急反应(SOS 反应)。SOS 反应是细胞 DNA 受到损伤或复制系统受到抑制的紧急情况下，为求得生存而出现的应急效应。

SOS 反应诱导的修复系统包括避免差错的修复和倾向差错的修复两类，即 SOS 反应包括 DNA 修复和导致变异两个方面。光复活、切除修复和重组修复能够识别 DNA 的损伤和错配碱基而加以消除，在它们的修复过程中并不引入错配碱基，因此属于避免差错的修复。SOS 反应能诱导缺乏校对功能的 DNA 聚合酶，它能在 DNA 损伤部位进行复制而避免了死亡，但却带来了高的变异率。

以上几种修复系统只有光修复是利用光能，其余均利用 ATP 水解释放的能量。光修复、切除修复都是修复模板链，重组修复是形成一条新的正常模板链，而 SOS 修复是唯一导致突变的修复。

二、RNA 的生物合成——转录

(一)RNA 的转录

1. 转录的概念

以 DNA 的一条链为模板，按照碱基互补配对原则，合成一条与模板链互补的 RNA 链的过程称为转录。在生物体内，DNA 双链中只有一条链可作为转录模板，这条指导 RNA 合成的链称为模板链，不作为转录模板的另一条链称为编码链，被转录出来的 RNA 链的核苷酸序列与编码链的核苷酸序列相同，只是将胸腺嘧啶(T)变为尿嘧啶(U)。但各个基因的模板链不一定位于同一条 DNA 链上，即某条 DNA 单链对某个基因是模板链，而对另一个基因则可能是编码链。两条核苷酸链仅有一条被转录的现象称为不对称转录。

2. RNA 聚合酶

RNA 聚合酶又称为转录酶。该酶是 1960—1961 年从微生物或动物细胞中分离得到的依赖 DNA 的 RNA 聚合酶。此酶以 DNA 为模板，以 ATP、GTP、CTP 和 UTP 等 4 种核苷三磷酸为底物，按照碱基互补配对原则合成一条与模板链互补的 RNA 链。与 DNA 复制相似，RNA 链的合成也是沿 $5' \rightarrow 3'$ 的方向进行。RNA 聚合酶不需要引物，它直接在 DNA 模板链上合成 RNA，RNA 聚合酶也无校对功能。

RNA 聚合酶由核心酶与 σ 因子(σ 亚基)组成，二者可逆地结合成全酶。

$$\text{核心酶} + \sigma\text{因子} \rightleftharpoons \text{全酶}$$

核心酶主要催化 RNA 链的合成，σ 因子起着在 DNA 链上识别转录起始点的作用。

真核生物 RNA 聚合酶主要有三类，分别为 RNA 聚合酶Ⅰ、RNA 聚合酶Ⅱ和 RNA 聚合酶Ⅲ。RNA 聚合酶Ⅰ来源于核仁，转录 rRNA 前体，聚合酶Ⅱ和聚合酶Ⅲ来源于核质，分别与 mRNA 前体和 tRNA 前体的合成有关。

3. RNA 的转录过程

转录的主要过程可分为三个阶段：转录的启动、RNA 链的延长和转录的终止(图 10-9)。

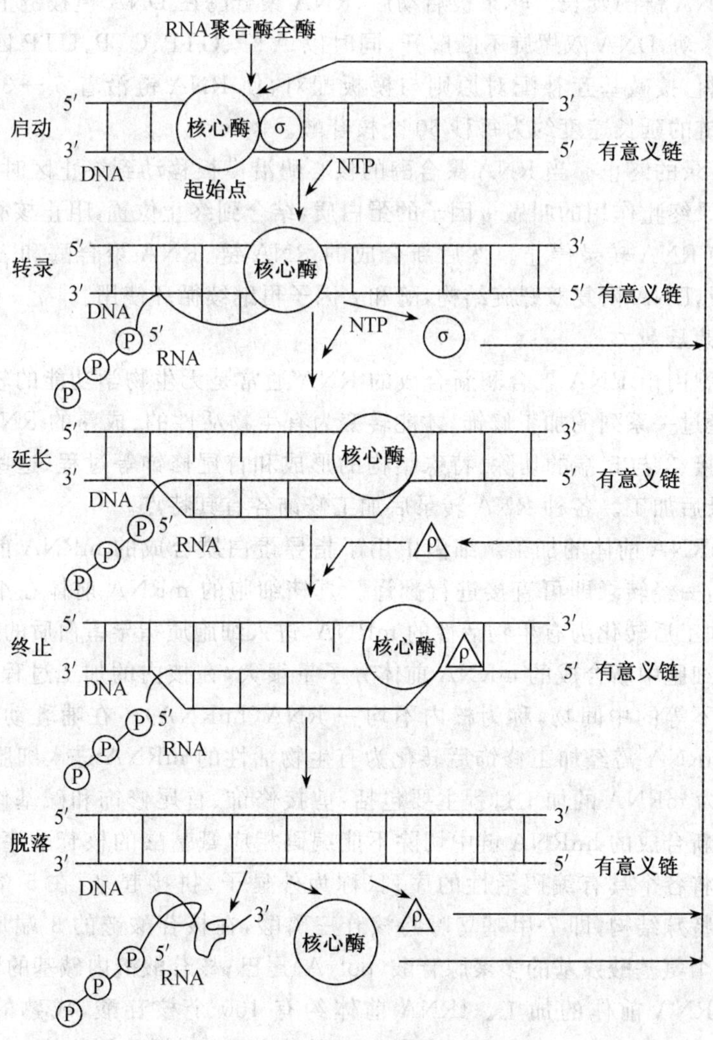

图 10-9 大肠杆菌 RNA 的转录过程

(1)转录的启动。RNA 的转录是在 DNA 链上一定的部位起始的。首先由 RNA 聚合酶中 σ 因子识别起始点,然后酶与该起始点结合,并使 DNA 双链打开,按碱基互补规则,第一个核苷三磷酸结合到转录起始部位,第二个核苷三磷酸随后进入,在 RNA 聚合酶催化下,形成 3′,5′-磷酸二酯键并脱下焦磷酸,转录被启动。这时,σ 因子离开核心酶并脱离 DNA 模板,由核心酶催化 RNA 链的合成,脱落的 σ 因子与另一个核心酶结合成全酶反复使用。

(2)RNA 链的延长。转录被启动后,RNA 聚合酶在 DNA 模板链上沿着 3′→5′的方向移动,DNA 双螺旋不断解开,同时以 ATP、GTP、CTP、UTP 四种核苷三磷酸为原料,按碱基互补配对原则与模板配对,使 RNA 链沿着 5′→3′的方向延长,RNA 链的延长速度约为每秒 50 个核苷酸。

(3)转录的终止。当 RNA 聚合酶的核心酶沿模板移动到终止区时,有一个具有控制转录终止作用的叫做 ρ 因子的蛋白质,结合到终止位置,阻止核心酶继续向前移动,使 RNA 转录停止。然后新合成的 RNA 链、RNA 聚合酶和 ρ 因子离开 DNA 模板,DNA 恢复双螺旋结构,酶和 ρ 因子再继续循环使用。

4. 转录后加工

在细胞内由 RNA 聚合酶新合成的 RNA 通常是无生物学功能的较大前体分子,需要经过一系列的加工修饰,才能转变为有生物活性的、成熟的 RNA 分子,主要包括剪接、3′与 5′端的切除、特殊结构的形成和首尾修饰等过程,这些过程称为 RNA 转录后加工。各种 RNA 转录后加工修饰各有其特点。

(1)mRNA 前体的加工。细菌中用于指导蛋白质合成的 mRNA 前体大多不需要加工,一经转录即可直接进行翻译。真核细胞的 mRNA 前体在细胞核内合成,需经加工后转化为有生物活性的 mRNA,进入细胞质指导蛋白质的合成。

真核细胞中新合成的 mRNA 前体分子量很大,在核内的加工过程中,先形成分子大小不等的中间物,称为核内不均一 RNA(hnRNA)。在哺乳动物中,约有 25%的 hnRNA 需经加工修饰后转化为有生物活性的 mRNA 进入细胞质。hnRNA 转变为 mRNA 的加工过程主要包括:剪接修饰、首尾修饰和碱基修饰几个过程。即在新合成的 hnRNA 链中切除不能编码相应氨基酸的核苷酸序列(称为内含子),再将各个具有编码活性的序列(称为外显子)拼接起来;在 5′端形成称为"帽子"的特殊结构,即 7-甲基鸟嘌呤核苷三磷酸,在核苷酸链的 3′端形成一段大约为 200 个氨基酸残基的多聚腺苷酸(polyA)尾巴;核苷酸链内碱基的甲基化。

(2) tRNA 前体的加工。tRNA 前体约有 100 个核苷酸,成熟的 tRNA 有 70～80 个核苷酸。tRNA 的加工修饰过程较为复杂,包括剪接修饰、3′末端 CCA-OH 结构的形成和碱基修饰等。剪接修饰是在核酸内切酶和核酸外切酶催化下,在3′端和5′端切除多余的核苷酸序列并进行拼接。在3′末端除去个别碱基后，在核苷酸转移酶的催化下，以CTP和ATP为原料，在3′端合成CCA序列的核苷酸，完成CCA-OH结构，该序列可以与氨基酸结合。

tRNA含有很多稀有碱基，它们是通过碱基进行特征性修饰加工形成的。这些修饰加工包括：碱基的甲基化、尿嘧啶还原为二氢尿嘧啶、尿嘧啶核苷的嘧啶环转位变成假尿嘧啶核苷和腺嘌呤核苷脱氨转变为次黄嘌呤核苷等。

(3)rRNA前体的加工。原核生物和真核生物的rRNA都是由较长的前体加工生成的，这种前体称为前核糖体RNA，转录和加工均在核仁中进行。在加工中，这些RNA前体首先被甲基化，然后被专一的核酸酶切割成一定长度的rRNA片段，再通过核酸内切酶作用，除去一些核苷酸序列，使之成为具有生物活性的rRNA分子。

(二)RNA指导的DNA的合成——逆转录

以RNA为模板，按照RNA上的核苷酸排列顺序合成DNA的过程称为逆转录，又称反转录。在病毒体中存在逆转录，例如致癌病毒、小鼠白血病病毒和鸟类劳氏肉瘤病毒等，它们不含DNA，只含RNA，是一类非细胞形态的生物，不能独立生活，必须寄生在动物、植物和微生物体中，依赖于寄生而繁殖。

病毒的逆转录过程十分复杂，病毒颗粒所携带的遗传物质RNA以及逆转录所需要的酶进入宿主细胞。在细胞质内，病毒RNA通过逆转录合成互补链DNA(cDNA)，形成RNA-DNA杂合分子，在核糖核酸酶的作用下，RNA被水解释放出来。然后再以新合成的cDNA为模板合成另一条互补DNA链，形成双链DNA分子。新合成的双链DNA称前病毒。前病毒进入宿主细胞，整合到宿主细胞染色体的DNA中，可以与宿主染色体DNA一起复制和转录，前病毒转录的mRNA可以产生病毒特异性的蛋白质。此前病毒与宿主染色体DNA一起复制后也可以传递给子代细胞，产生新的子代病毒粒子。

(三)RNA的复制

以DNA为模板合成RNA是生物界RNA合成的主要方式，但有些病毒中不含DNA，只含RNA，RNA是遗传信息的携带者，在遗传信息的表达中起着重要作用，并能通过复制合成出相同的RNA而传递遗传信息。某些大肠杆菌噬菌体，如f2、MS2、R17和Qβ都是RNA病毒。

当病毒RNA进入细胞后，可借助复制酶(RNA指导的RNA聚合酶)的催化进行病毒RNA的复制。即以病毒RNA为模板，以4种核苷三磷酸为原料，按照碱基互补配对原则合成新的RNA的过程，称为RNA的复制。RNA链的合成方向为 5′→3′。复制酶的模板特异性很高,它只识别病毒自身的RNA,对宿主细胞和其他与病毒无关的RNA均无反应。

RNA病毒在繁殖上可概括为两种类型,一种类型是以RNA直接作为复制的模板,复制出新的RNA链并装配成子代病毒。如Qβ病毒、脊髓灰质炎病毒、狂犬病病毒等。另一种类型是以病毒RNA为模板逆转录为DNA,然后再从DNA转录出病毒RNA。如白血病病毒和劳氏肉瘤病毒等。

三、蛋白质的生物合成

生物体内的蛋白质在不断地进行自我更新,因此蛋白质的生物合成在细胞代谢中占有重要的地位。蛋白质的生物合成过程,就是将DNA中的遗传信息转录到mRNA中,再将mRNA中的遗传信息转换为蛋白质分子中的氨基酸排列顺序,这个过程类似于从一种语言翻译成另一种语言,因此人们把以mRNA为模板,将遗传信息表达为蛋白质中氨基酸排列顺序的过程叫做翻译(或转译)。其过程如图10-10所示。

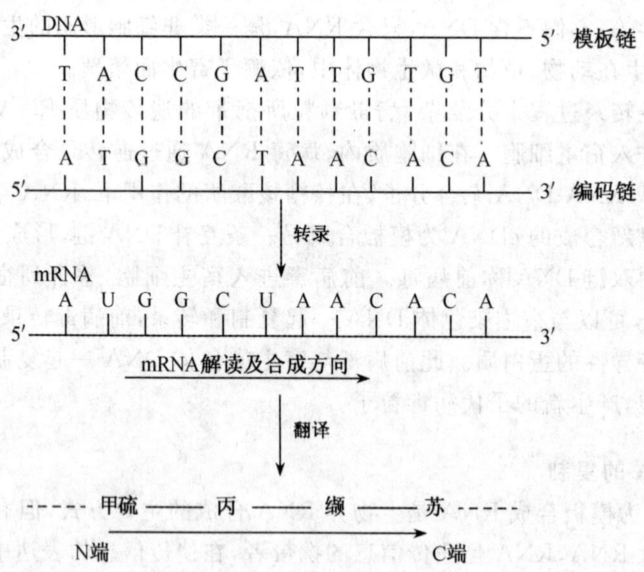

图 10-10 遗传信息的传递过程

(一)蛋白质的生物合成体系

蛋白质的生物合成是一个非常复杂的过程,合成场所在细胞质的核糖体中进行,合成原料是20种氨基酸,合成过程需要3种RNA有关的酶及几十种蛋白质因子，反应所需能量由ATP和GTP提供，此外还需要Mg^{2+}、K^{+}等参与，这些物质共同组成蛋白质合成体系。

1. mRNA与遗传密码

(1) mRNA。在蛋白质的生物合成体系中一个重要组分是mRNA，它由DNA转录合成，携带着DNA的遗传信息。在蛋白质的合成中，核糖体是蛋白质合成的场所，mRNA是蛋白质合成的模板，mRNA中的核苷酸排列顺序直接决定多肽链中的氨基酸顺序。原核生物的mRNA可编码两条或两条以上的多肽链，真核生物的mRNA则只编码一条多肽链。

(2)遗传密码。DNA分子中含有4种脱氧核苷酸，通过脱氧核苷酸的不同排列贮存遗传信息。因此，所谓遗传密码就是指mRNA中决定蛋白质分子中20种氨基酸的排列顺序的核苷酸组合。

mRNA分子中的核苷酸有4种，而蛋白质分子中的氨基酸有20种，4种核苷酸如何编码20种氨基酸呢？用数学方法推算，如果1种核苷酸编码1种氨基酸，那么只能编码4种氨基酸，这显然是不可能的。如果2个核苷酸编码1种氨基酸，可以有$4^2=16$种排列方式，仍不能编码20种氨基酸。如果3个核苷酸编码1种氨基酸，可以有$4^3=64$种排列方式，即64个密码了，这就满足了20种氨基酸编码的需要。实验证明，mRNA分子中每3个相邻的核苷酸为一组编码一种特定的氨基酸。编码一种特定氨基酸的三联体核苷酸称为三联体密码，也称为密码子。现已完全弄清了编码20种氨基酸的61个密码子，如表10-1所示。

遗传密码具有以下几个特点：

①密码的编码性。在64个密码子中，有61个为20种氨基酸编码，其中AUG为甲硫氨酸的密码子兼起始密码子，UAA、UAG、UGA为终止密码子，也就是蛋白质合成的终止信号，不编码任何氨基酸。

由于AUG既是起始密码也是甲硫氨酸的密码子，所以，蛋白质合成的第一个氨基酸在真核生物中为甲硫氨酸，但在原核生物中是甲酰甲硫氨酸。起始密码(AUG)位于mRNA的5′端，而终止密码(UAA、UAG、UGA)单独或共同存在于mRNA的3′端。因此多肽链的合成是沿着mRNA分子5′→3′的方向进行的，直到遇到终止密码子为止。

②密码的简并性。在64个密码子中，除了三个终止密码外，其余61个密码子编码20种氨基酸，所以许多氨基酸有多个密码子。同一种氨基酸有两个或多个密码子的现象称为密码子的简并性。对应于同一种氨基酸的多个密码子叫做简并密码子或同义密码子。在所有氨基酸中只有色氨酸和甲硫氨酸仅有一个密码子，而其他氨基酸都有多个密码子。氨基酸的简并性如表10-2所示。

表 10-1 遗传密码表

5′-末端碱基	中间碱基				3′-末端碱基
	U	C	A	G	
U	苯丙氨酸	丝氨酸	酪氨酸	半胱氨酸	U
	苯丙氨酸	丝氨酸	酪氨酸	半胱氨酸	C
	亮氨酸	丝氨酸	终止密码子	终止密码子	A
	亮氨酸	丝氨酸	终止密码子	色氨酸	G
	亮氨酸	脯氨酸	组氨酸	精氨酸	U
C	亮氨酸	脯氨酸	组氨酸	精氨酸	C
	亮氨酸	脯氨酸	谷氨酰胺	精氨酸	A
	亮氨酸	脯氨酸	谷氨酰胺	精氨酸	G
	异亮氨酸	苏氨酸	天冬酰胺	丝氨酸	U
	异亮氨酸	苏氨酸	天冬酰胺	丝氨酸	C
A	异亮氨酸	苏氨酸	赖氨酸	精氨酸	A
	甲硫氨酸或甲酰甲硫氨酸	苏氨酸	赖氨酸	精氨酸	G
G	缬氨酸	丙氨酸	天冬氨酸	甘氨酸	U
	缬氨酸	丙氨酸	天冬氨酸	甘氨酸	C
	缬氨酸	丙氨酸	谷氨酸	甘氨酸	A
	缬氨酸	丙氨酸	谷氨酸	甘氨酸	G

表 10-2 密码的简并性

	密码子数				
	1	2	3	4	6
氨基酸	色氨酸、甲硫氨酸	天冬酰胺、天冬氨酸、半胱氨酸、谷氨酰胺、谷氨酸、组氨酸、赖氨酸、苯丙氨酸、酪氨酸	异亮氨酸	丙氨酸、甘氨酸、脯氨酸、苏氨酸	精氨酸、亮氨酸、丝氨酸

同义密码子的前两位碱基是相同的，只有第三位的碱基不同。如 GGU、GGC、GGA 和 GGG 都是甘氨酸的密码子。所以密码子的专一性取决于前两位碱基，第三位碱基是可变的。这样，即使第三个碱基发生突变，也能翻译出正确的蛋白质，这对于保持物种的稳定、减少有害突变具有重要意义。

③密码的连续性。遗传密码在 mRNA 中是连续排列的，相邻两个密码子之间没有任何核苷酸间隔，因此在合成蛋白质的多肽链时，从起始密码 AUG 开始，一个密码子接着一个密码子连续地进行翻译，直到出现终止密码为止。在蛋白质的合成中译读遗传密码时不能发生密码子的重读，因此，遗传密码是没有重叠的。由于密码子的连续性和非重叠性，在核苷酸链中插入或缺失一个核苷酸就会引起遗传信息的改变而造成误译，从而产生异常的蛋白质。

④密码的通用性。密码的通用性是指各种高等生物和低等生物，包括病毒、细

菌和真核生物，都使用同一套遗传密码，这说明生物有共同的起源。地球上生命起源已有40亿年，现在仍共用同一套遗传密码，说明遗传密码是十分保守的。

但密码的通用性也不是绝对的，近年来研究发现某些线粒体的遗传密码与通用密码不完全相同。例如，在哺乳动物的线粒体中，AUG是蛋氨酸的起始密码；UGA不是终止密码而是色氨酸的密码子；AGA和AGG不是精氨酸的密码子而是终止密码子。除线粒体外，还在其他真核生物和微生物中也发现与通用密码不同的遗传密码。

2. tRNA

tRNA称为转运RNA，它一般由73～93个核苷酸组成，而大多数约为76个核苷酸。tRNA的主要功能是识别mRNA上的密码子和携带与密码子相对应的氨基酸，并将氨基酸转运到核糖体中用于蛋白质的合成。tRNA有两个关键部位：一个是氨基酸的结合部位，另一个是与mRNA的结合部位。对于组成蛋白质的20种氨基酸，每一种至少有一种tRNA负责转运，大多数氨基酸具有几种用来转运的tRNA。一个细胞中通常含有50或更多种不同的tRNA分子。

tRNA氨基酸臂中的序列CCA-OH中的羟基与活化的氨基酸结合，反密码环上的反密码子可以识别mRNA模板上的三联体密码子，从而将密码子所对应的氨基酸转运到核糖体中用于蛋白质的合成。反密码子上的碱基与mRNA上的碱基也是通过碱基互补识别的，它们的结合是反向平行的，如图10-11所示。

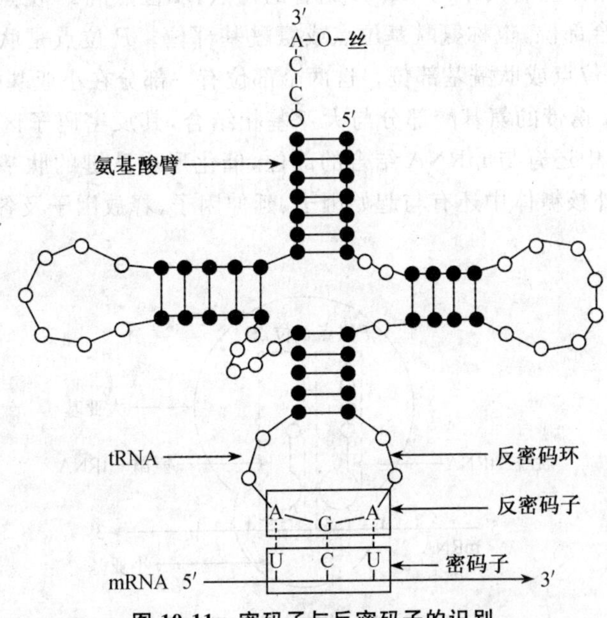

图10-11　密码子与反密码子的识别

3. rRNA与核糖体

rRNA是构成核糖体的骨架，原核生物如大肠杆菌核糖体中的rRNA有三类：5S rRNA，16S rRNA，23S rRNA。真核生物如动物细胞核糖体中的rRNA有四类：5S rRNA，5.8S rRNA，18S rRNA，28S rRNA。S为大分子物质在超速离心沉降中的一个物理学单位，即沉降系数。在细胞内，单独的rRNA不能执行其功能，在细胞内，它与蛋白质结合成核糖核蛋白体（核糖体），在蛋白质的生物合成中作为蛋白质合成的场所。

核糖体由核糖核酸和蛋白质组成。大肠杆菌中核糖体约占细胞干重的25%，其中含有65%的rRNA和35%的蛋白质。真核细胞中的核糖体其中含有55%的rRNA和45%的蛋白质。在原核细胞中，核糖体可以游离形式存在，也可以与mRNA结合成串状的多核糖体。真核细胞中的核糖体既可游离存在，也可以与细胞内质网相结合，形成粗面内质网。真核细胞内核糖体的数量比原核细胞多很多，线粒体、叶绿体及细胞核内也有自己的核糖体。

核糖体由沉降系数不同的大小两个亚基组成，大肠杆菌中核糖体由沉降系数为50S的大亚基和30S的小亚基组成。真核细胞的核糖体由沉降系数为60S的大亚基和40S的小亚基组成。

真核细胞和原核细胞的核糖体在结构和功能上十分相似，只是在某些细节上有所差异。核糖体上有两个与tRNA结合的位点：*A*位点和*P*位点。*A*位点是氨酰tRNA的结合部位，也称氨酰基位点或氨酰基部位。*P*位点是肽酰基的结合部位，又称肽酰基位点或肽酰基部位。这两个部位有一部分在小亚基内，一部分在大亚基内。tRNA携带的氨基酸部分与大亚基相结合，其反密码子区段则与小亚基结合，在小亚基中还有与mRNA结合的部位，催化形成肽键的肽基转移酶分布在大亚基中。此外核糖体中还有与起始因子、延伸因子、释放因子及各种酶结合的位点（图10-12）。

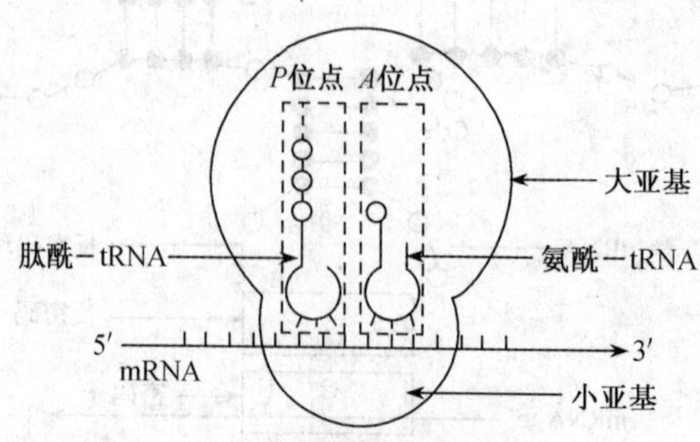

图10-12　核糖体结构示意图

4. 辅助因子

在蛋白质的合成体系中，除上述几种 RNA 外，还有一些辅助因子，这些因子均是蛋白质，主要有以下 3 种。

(1)起始因子。在蛋白质合成的起始过程中需要先形成起始复合物，与起始复合物形成有关的所有蛋白质因子统称为起始因子(IF)。真核生物的起始因子至少有 10 个。原核生物的起始因子主要有 IF_1、IF_2、IF_3。它们的主要功能是促进起始复合物的形成。

(2)延长因子。真核细胞中的主要延长因子有：eEF-1、eEF-2，原核细胞的延长因子主要有 EF-Tu、EF-Ts、EF-G 等，它们的主要功能是催化移位步骤的进行，使肽链延长。

(3)释放因子。当 mRNA 分子上密码阅读遇到终止密码子时，肽链合成终止，这时需要有释放因子(RF)参与，它的主要功能是识别终止密码子和促使肽链的释放。释放因子主要有 RF_1、RF_2、RF_3 等。

除上述的蛋白质因子外，蛋白质的生物合成还需要各种酶及 ATP、GTP、Mg^{2+} 等的参与。

(二)蛋白质的生物合成过程

原核生物和真核生物的蛋白质合成过程基本相同，但也有不同之处，下面着重介绍原核生物的蛋白质合成过程，并指出真核生物与其不同之处。其合成过程可分为五个阶段，即氨基酸的活化、肽链合成的起始、肽链的延长、肽链合成的终止与释放和肽链合成后的加工与折叠。在蛋白质的合成过程中，多肽链是从 N 端向 C 端延长的。

1. 氨基酸的活化

氨基酸在合成蛋白质前必须进行活化，所谓氨基酸的活化是指氨基酸与其对应的 tRNA 相结合，形成氨酰-tRNA 的过程。氨基酸的活化在细胞质中完成，而不是在核糖体上进行。活化反应需要消耗 ATP，反应分两步进行。

第一步：生成氨酰-AMP。氨基酸在氨酰-tRNA 合成酶催化下，利用 ATP 供能，将氨基酸、ATP 与氨酰-tRNA 合成酶三者结合，形成氨酰-AMP-酶复合物。此反应需要 Mg^{2+} 参与，反应如下：

$$\underset{\text{氨基酸}}{\mathrm{R{-}\underset{\underset{NH_2}{|}}{CH}{-}\overset{\overset{O}{\|}}{C}{-}OH}} + \mathrm{ATP} + \text{酶} \xrightarrow{Mg^{2+}} \underset{\text{氨酰-AMP-酶复合物}}{\mathrm{R{-}\underset{\underset{NH_2}{|}}{CH}{-}\overset{\overset{O}{\|}}{C}{-}AMP{-}}\text{酶}} + \underset{\text{焦磷酸}}{\mathrm{PPi}}$$

第二步:生成氨酰-tRNA。在氨酰-tRNA 合成酶催化下,活化的氨基酸的氨酰基转移到 tRNA 上形成氨酰-tRNA。

$$\underset{\text{氨酰-AMP-酶复合物}}{\mathrm{R{-}\underset{\underset{NH_2}{|}}{CH}{-}\overset{\overset{O}{\|}}{C}{-}AMP{-}酶}} + \mathrm{tRNA} \xrightarrow{\text{酶}} \underset{\text{氨酰-tRNA}}{\mathrm{R{-}\underset{\underset{NH_2}{|}}{CH}{-}\overset{\overset{O}{\|}}{C}{-}tRNA}} + \mathrm{AMP} + \text{酶}$$

氨酰-tRNA 合成酶具有极高的专一性,每一种酶只催化特定的一种氨基酸和与其相应的一种或几种 tRNA 相结合。即每种氨基酸只由一个专一的氨酰 tRNA 合成酶催化。对应于合成蛋白质的 20 种氨基酸,在大多数细胞中每一种氨基酸只含有一种与之对应的氨酰 tRNA 合成酶。每一种氨酰 tRNA 合成酶既能识别相应的氨基酸,又能识别与此氨基酸相对应的一个或多个 tRNA 分子,以保证蛋白质合成的正确性。

2.肽链的起始

肽链合成起始于起始复合物的形成,大肠杆菌的起始复合物是由核糖体的 30S 小亚基、50S 大亚基、三个起始因子(IF_1、IF_2、IF_3)、mRNA 等共同参与形成的。起始复合物的形成可分为三步,如图 10-13 所示。

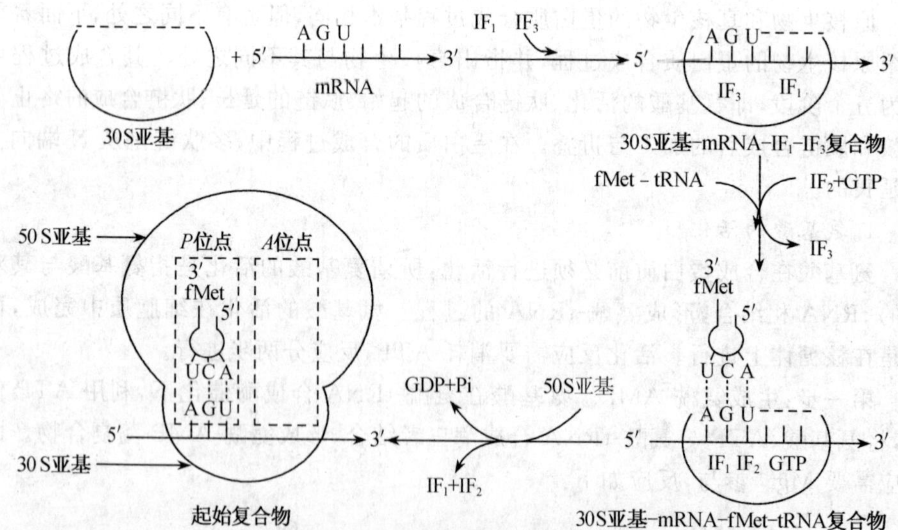

图 10-13 蛋白质合成起始复合物的形成

第一步:在起始因子(IF_1、IF_3)的作用下,30S 亚基核糖体与 mRNA 相结合,形成 30S 亚基-mRNA-IF_1-IF_3 复合物。IF_1 的作用是帮助 IF_3 与核糖体结合,IF_3

的作用是阻止 30S 亚基与 50S 亚基提前结合在一起。

第二步：在起始因子 IF_2 的参与下，甲酰甲硫氨酰-tRNA（fMet-tRNA）与 30S 亚基 mRNA-IF_1-IF_3 复合物相结合，形成 30S 亚基-mRNA fMet-tRNA 复合物，并释放出 IF_3。其中甲酰甲硫氨酰-tRNA（fMet-tRNA）是对应于起始密码子的氨酰 tRNA。此步反应需要 GTP 参与。

第三步：50S 大亚基与 30S 亚基-mRNA fMet-tRNA 复合物结合，形成一个完整的具有生物学活性的起始复合物。在此过程中，起始因子全部离开核糖体，GTP 水解为 GDP 并释放出能量。在起始复合物中，fMet-tRNA 结合在肽酰 tRNA 位点上（*P* 位点），空着的氨酰-tRNA 位点（*A* 位点）可以接受下一个相应的氨酰-tRNA。至此起始复合物为蛋白质肽链的延长做好了准备。

真核生物起始复合物的形成与原核生物相似，但比原核生物复杂。蛋白质合成起始复合物中合成的氨酰-tRNA 是甲硫氨酰-tRNA 而不是甲酰甲硫氨酰-tRNA。

3. 肽链的延伸

蛋白质合成中，肽链延长是一个循环过程，需要有延长因子的参加并消耗 GTP。循环过程包括四个步骤。

(1)进位。氨酰-tRNA 在延长因子 EF-Tu、EF-Ts 和 GTP 作用下，新来的氨酰-$tRNA_2$ 识别起始复合物中 A 位点上 mRNA 的密码子，并结合到 A 位点上。此步反应消耗 1 分子 GTP。

(2)转肽。在转肽酶的催化下，结合于 *A* 位点的氨酰-$tRNA_2$ 与 *P* 位点上的 fMet-tRNA 两个氨基酸间形成肽键。在形成肽键时，*P* 位点氨基酸残基的羧基与 *A* 位点上氨基酸残基的氨基结合形成肽键。使 *P* 位点 tRNA 空出，*A* 位点 tRNA 上增加一个氨基酸。

(3)脱落。转肽后 *P* 位点的“空载”tRNA 从 *P* 位点上脱落，并移出核糖体。空出 *P* 位点。

(4)移位。移位是指核糖体沿着 mRNA 链 $5' \rightarrow 3'$ 方向移动一个密码子的位置。移位的结果使肽酰-tRNA 的 *A* 位点移到 *P* 位点，此时 *A* 位点空出，可以接受下一个氨酰-tRNA。移位反应消耗 1 分子 GTP。

蛋白质合成中，多肽链每增加一个氨基酸就按进位、转肽、脱落、移位四步循环进行。每一个循环，多肽链增加一个氨基酸，直到肽链终止。多肽链的延伸过程如图 10-14 所示。

4. 肽链合成的终止与释放

终止是多肽链合成的最后阶段，当 mRNA 的 *A* 位点遇到终止密码子时，多肽链的延长即终止。具有反密码子的 tRNA 不能识别终止信号，终止信号需要 RF_1、RF_2、RF_3 3 个释放因子。其中 RF_1 识别密码子 UAA 和 UAG，RF_2 识别密码子 UAA 和 UGA，RF_3 具有协助多肽链释放的活性。

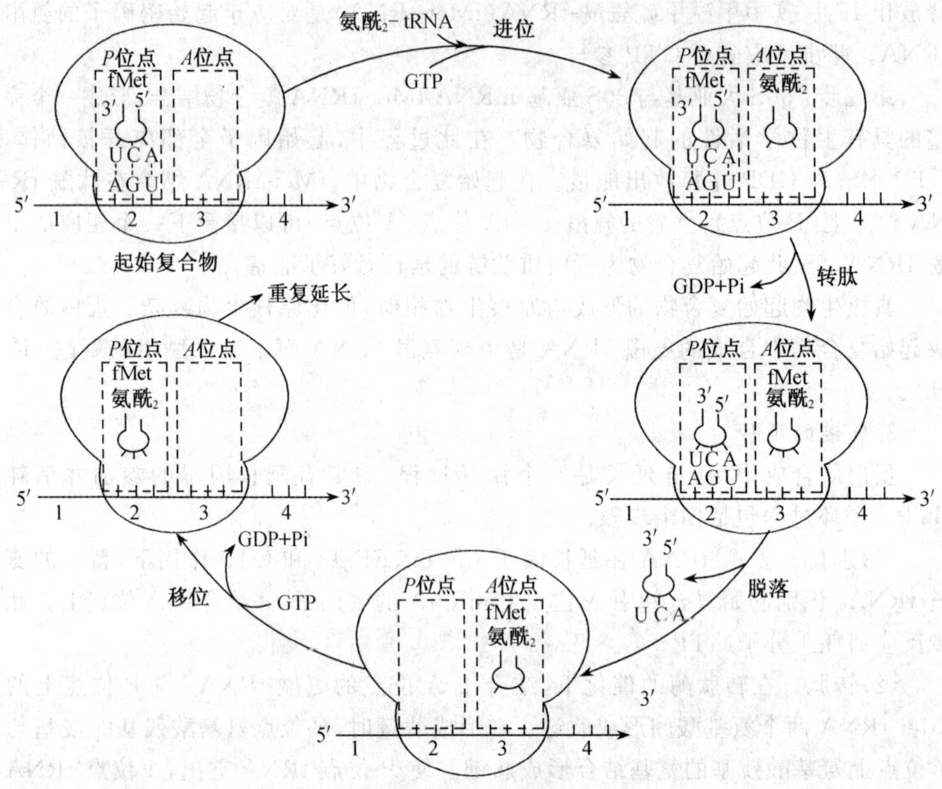

图 10-14 肽链的延伸过程

多肽链的终止与释放包括两个步骤，第一步，终止因子进入核糖体的 A 位点，识别终止密码子。第二步，从 P 位点的肽酰-tRNA 上水解释放出多肽链，最后 mRNA 脱氨酰基的 tRNA 和释放因子离开核糖体，核糖体分解成 30S 亚基和50S 亚基。起始因子 IF_3 结合到 30S 亚基上，重新形成起始复合物，准备进行另一分子蛋白质的合成。肽链的终止与释放如图 10-15 所示。

蛋白质的合成是消耗能量的过程，每活化一分子氨基酸形成氨酰-tRNA 需要消耗 2 个高能磷酸键，相当于消耗 2 分子 ATP，在肽链的延长阶段消耗 2 分子 GTP(一分子 GTP 用于进位，另一分子 GTP 用于移位)。因此，形成一个肽键需要消耗 4 个高能磷酸键。如果氨基酸活化形成错误的氨酰-tRNA，水解改正还需要消耗 ATP，所以，蛋白质合成要消耗很多能量。

蛋白质的合成过程因消耗能量，所以进行的很快，原核生物核糖体每秒钟能结合多至18个氨基酸，真核生物每秒可结合6个氨基酸。真核细胞可以形成串珠状多核糖体，在多个核糖体中同时进行多条多肽链的合成，以加快蛋白质的合成速度。

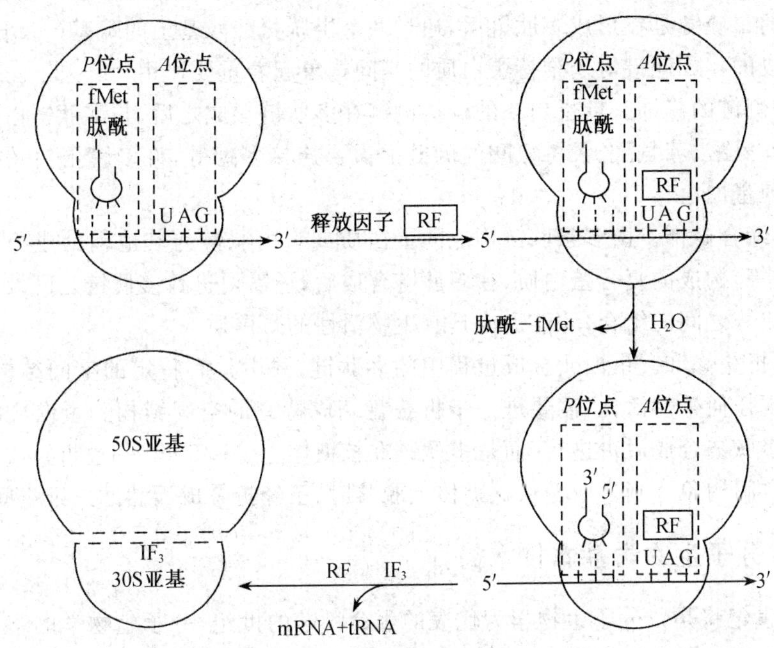

图 10-15　肽链的终止与释放

5.肽链合成后的加工

从mRNA翻译出来的蛋白质，多数不具有生理活性，还需要经过进一步的加工修饰，才能成为具有生物学活性的蛋白质。粗面内质网上的核糖体是蛋白质合成的场所，多肽链合成后，在内质网中被加工修饰。多肽链的修饰加工主要有下列方式：

(1)氨基末端和羧基末端的修饰。多肽链的合成是从甲酰甲硫氨酸(细菌内)残基或甲硫氨酸残基(真核生物内)开始的。这些残基可经酶水解切除，在最终蛋白质中不出现这些残基。在50％的真核蛋白质中，末端氨基被乙酰化。在一些蛋白质氨基末端的15～30个氨基酸残基，在引导蛋白质转运到最终目的地发挥作用，这些氨基酸残基最终被切除。

(2)个别氨基酸的修饰。某些蛋白质中的一些氨基酸，如丝氨酸、苏氨酸和酪氨酸残基的羟基通过酶的催化被ATP磷酸化生成磷酸丝氨酸、磷酸苏氨酸和磷酸酪氨酸。这些磷酸化具有某些特殊的功能。例如,促进糖原分解的磷酸化酶,无活性的磷酸化酶 b 经磷酸化后,变成具有活性的磷酸化酶 a,加速糖原的分解。磷酸化和去磷酸化是酶的共价修饰调节的重要方式。

(3)二硫键的形成。由于 mRNA 分子中没有胱氨酸的密码子,因此,肽链内和肽链间的二硫键是在形成多肽链后,通过两个半胱氨酸残基上的巯基(—SH)脱氢氧化形成的。二硫键对于维持蛋白质的空间构象起着重要作用。

(4)侧链的修饰。糖蛋白质的糖类侧链在多肽链形成之后,与多肽链以共价键连接。丝氨酸、苏氨酸、天冬氨酸的侧链上需要连接多糖等,许多膜蛋白及抗原蛋白都是糖蛋白。

(5)缔合修饰。由多条肽链构成的蛋白质或者由肽链与其他辅助成分(糖、脂类、核酸等)构成的复合蛋白质,在多肽链合成后,还需要进行多肽链之间及多肽链与辅助成分之间的缔合,才能形成具有生物活性的蛋白质。

(6)折叠修饰。蛋白质合成过程中的多肽链,并不具有特定的空间结构,当然也不表现任何生物活性,需要进一步折叠盘绕成特有的空间结构。蛋白质的折叠并不是多肽链合成后再进行,而是多肽链在核糖体上一边延长,一边折叠成蛋白质特有的空间构象。当多肽链从核糖体上脱落时,已经折叠成天然的三维空间结构。

四、分子生物学基本技术简介

21 世纪将是以分子生物学为代表的生命科学的世纪,分子生物学的基本理论和实验技术已渗透到农业、医学和生物学的各个领域并促进了一批新学科的兴起和发展。以分子生物学为基础的 DNA 重组技术、PCR 扩增技术、分子杂交技术、核酸序列测定技术是现代生物技术的核心。掌握现代分子生物学的基本技术,对农业、医学和生物学的发展将起到巨大的推动作用。本节简要介绍聚合酶链反应(PCR)技术和 DNA 重组技术的基本原理和操作过程。

(一)DNA 重组技术

DNA 重组技术(recombinant DNA technique)又称基因工程或遗传工程,在体外把特定的外源 DNA(基因)和载体 DNA 重新组合连接,形成杂交 DNA。将杂交 DNA 转入宿主生物细胞中并使之在受体细胞中增殖和表达,使受体细胞获得新的遗传特性的技术。由于它不受亲缘关系限制,为遗传育种和分子遗传学研究开辟了崭新的途径。DNA 重组技术一般包括 4 个步骤。

(1)选择人们所期望的目的基因和合适的基因载体。要进行 DNA 重组,首先要取得人们所需要的目的基因,而基因处于 DNA 长链中某一特定部位,现在广泛采用的是限制性核酸内切酶降解法。这类酶能催化双链 DNA 的断裂，产生限制性片段，通过凝胶电泳将这些片段分离，然后用能够与目的基因特异结合的探针与这些 DNA 片段进行分子杂交，能够与探针杂交的 DNA 片段就是目的基因。图 10-16 列出 DNA 重组技术主要步骤。目的基因要进入受体细胞，必须有一个适当的运载工具将其带入细胞内，并和外源 DNA 一起复制和表达，这种运载工具称为载体。目前重组 DNA 技术中所用的载体主要有：

①细菌和酵母的质粒。质粒是一种存在于细菌染色体之外的稳定遗传单元，为双链、闭合环状的 DNA 分子。它具有自主复制和转录能力，能在子代细胞中表达所携带的遗传信息。常见的天然质粒有 F 质粒（又称 F 因子或性质粒）、R 质粒（抗药性因子）和 Col 质粒（产大肠杆菌素因子）等。经研究发现，细菌质粒是 DNA 重组技术中常用的理想载体。

②大肠杆菌的 λ 噬菌体、M13 噬菌体以及病毒。噬菌体是细菌病毒，可独立复制。在实际应用中的载体几乎都是经过改造的质粒或噬菌体。它们都能插入（或整合）一定长度的外源性 DNA 片段，并能在宿主细胞中自我复制。

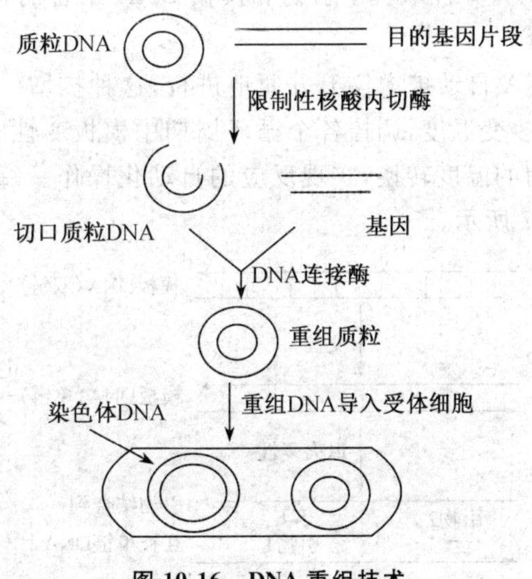

图 10-16　DNA 重组技术

（2）用限制性核酸内切酶切割质粒载体和目的基因，形成可以互补的缺口。

（3）目的基因与载体 DNA 分子在体外进行重组以获得重组体（杂交 DNA）。

（4）重组 DNA 分子导入受体细胞，使目的基因在受体细胞中复制扩增并表达。重组 DNA 分子导入合适的受体细胞，进行复制和扩增的过程称为 DNA 克隆。在大肠杆菌中，游离于细菌染色体外的质粒就可获得表达，但在高等生物中，重组DNA分子引入受体细胞后，需要整合到受体的基因组中，才可能表现应有的生物活性。受体细胞有多种，原核细胞、植物细胞、哺乳动物细胞都可以作为受体。例如胰岛素基因工程的生产就是将外源DNA导入原核细胞大肠杆菌中进行表达实现的。

(二)聚合酶链反应(PCR)技术

聚合酶链式反应(Polymerase Chain Reaction，PCR)是近年发展起来的一种体外扩增特异DNA片段的技术，由Kary Mullis于1985年创立。此法操作简便，短时间内在试管中可获得数百万个特异DNA序列的拷贝。1993年Mullis因此获得了诺贝尔奖。PCR技术已迅速渗透到分子生物学的各个领域，在分子克隆、遗传病的基因诊断、医学、考古学等方面得到了广泛的应用，而且与PCR相关的技术不断被开发应用。

PCR技术实际上是模拟生物体内的DNA复制过程，在模板DNA、两种寡核苷酸引物和4种脱氧核糖核苷酸存在下，依赖于DNA聚合酶的体外DNA酶促合成反应。PCR技术的特异性取决于引物和模板DNA结合的特异性，引物是PCR反应中最主要的成分。

PCR可以在DNA自动扩增仪上方便地进行，这种扩增仪可以根据输入的正确程序，自动快速地改变温度，调控各个循环周期中模板变性、模板和引物退火及模板延伸3个步骤间的温度转换，实现反应的自动化操作。每个循环周期均包括三步反应，如图10-17所示。

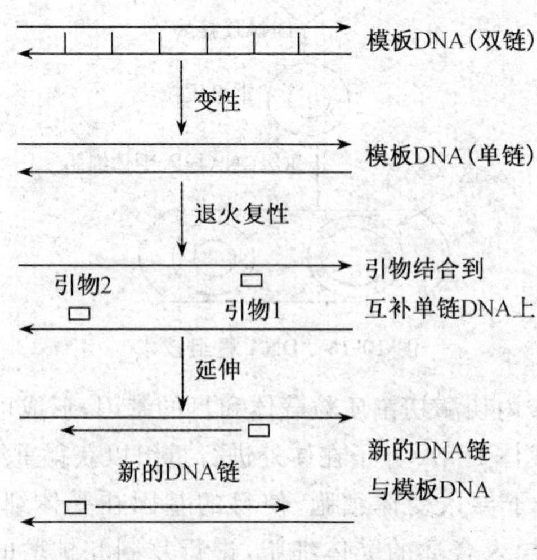

图10-17 PCR技术合成DNA的反应步骤

(1)DNA 模板变性(denaturation):首先是双链 DNA 分子在 94～95℃高温下加热 15 s,DNA 双螺旋配对碱基间的氢键断裂,双链解离成单链 DNA 作为聚合反应的模板。

(2)模板与引物的退火(annealing):降低温度使引物与其互补的模板形成杂交链,退火条件一般为 50～60℃时 30 s。由于反应体系中引物 DNA 量大大多于模板 DNA,模板 DNA 链之间再形成互补链的机会较少。

(3)模板延伸(extension):在有 DNA 聚合酶和 4 种脱氧核糖核苷酸底物及 Mg^{2+} 存在的条件下,聚合酶催化以引物为起始点的 5′→3′方向的 DNA 链延伸反应,将单核苷酸逐个加到引物的 3′-OH 端,使引物延长,从而合成新的 DNA 链。引物延伸的时间一般为 15 min 以上,一般要经过 25～35 个循环,扩增产物需经凝胶电泳进行鉴定。

经过高温变性,低温退火和中温延伸 3 个温度的循环,模板上介于两个引物之间的序列不断得到扩增。每循环一次,目的 DNA 的拷贝数加倍,随着循环次数的增加,目的 DNA 以指数的形式堆积。在反应的最初阶段,原来的 DNA 担负着起始模板的作用,随着循环次数的递增,由引物引导延伸的片段急剧地增多而成为主要模板。因此,绝大多数扩增产物将受到所加引物 5′末端的限制,最终扩增产物是介于两种引物 5′端之间的 DNA 片段。

PCR 的主要用途:①扩增微量 DNA,理论上只要有一条双链 DNA 作为模板,即可通过 PCR 扩增到下一步试验所需要的 DNA 量。②可以在基因工程中获得目的基因。③可以通过检测 mRNA 的含量测定基因的表达水平。④可以进行基因的定点突变,将诱变的碱基设计在引物中,当下一轮 PCR 以引物延伸的链为模板扩增时,DNA 的碱基就产生了定点突变,从而使生物的遗传性状发生定向改变。

PCR 技术具有灵敏度高、特异性强、种属特异性好、扩增产物和分析方法多样化等特点,一些新的 PCR 相关技术在法医 DNA 分析上得到应用。

阅读材料

田野上的奇迹

1. 与病虫害“不共戴天”的农作物

向作物导入抗病虫害基因,获得抗病虫害的转基因作物,使作物不受病虫的伤害,是植物基因工程比较成功的领域。目前,已经发现了多种杀虫基因,但应用最多的是杀虫毒素蛋白基因(*Bt*)和蛋白酶抑制剂基因(*CPTI*)。杀虫毒素蛋白基因是从苏云金芽孢杆菌(一种细菌)上分离出来的。将该基因转入植物后,植物体内能合成毒素蛋白,害虫食过转入这种基因产生的毒素蛋白后,即会死亡。目前已成功转入毒素蛋白基因的作物有烟草、马铃薯、番茄、棉花和水稻等，正在转入该基因的作物还有玉米、大豆、油菜、苜蓿、多种蔬菜以及杨树等林木。

蛋白质抑制基因最早先从菜豆中分离出来，害虫食入转入该基因的作物组织后，就无法消化某些必要的蛋白质，会由于营养不良而死亡。目前，转入该基因的作物有烟草、玉米、马铃薯、番茄和绿化的草坪草等。

在利用杀虫毒素蛋白基因方面，1985 年比利时的科学家最先从苏云金芽孢杆菌中分离出了杀虫毒素蛋白基因，并将修饰后的该基因转入烟草中，获得的转基因植株内毒素蛋白含量高达 5 mg/g 植株。这种转基因植物的叶片能有效地阻止烟草天蛾幼虫的危害。害虫 1 d 内停食，3 d 内全部死亡。而对照植株在 4～6 d 内遭到严重损害，12 d 后被咬食得片叶无存。

1987 年美国培育出的抗虫番茄中转入了该基因，这种植株对危害番茄果实的烟草天蛾和烟草夜蛾幼虫防效为 100%，对棉铃虫也有良好的杀虫作用。未转入基因的对照植株果实受害率高达 18%～23%，而转基因植株受害率仅为 4%～8%。

1990—1991 年，将该种基因转入棉花中，对转基因植株在田间进行试验，发现这种植物几乎消灭了烟青虫、棉铃虫、红铃虫及其他一些鳞翅目害虫。在 1990 年，转基因棉花所受的损失有时低于 1%，低于施用化学药剂的常规棉花。

美国还获得了转基因马铃薯新品种，这个品种从外观上看与普通的马铃薯植株没有什么两样，但它的叶片却是马铃薯瓢虫的剧毒剂。试验表明，瓢虫只要咬食一两口，即可落地死亡。这种含在马铃薯叶绿素中的致命性物质，也是从苏云金芽孢杆菌的基因链中分离出来转到马铃薯植物中获得的。

我国科学家利用该基因，获得了转基因水稻，这种水稻抗二化螟和三化螟。

2. 不再变软的番茄

利用基因工程方法改进蔬菜品质的最典型的例子就是转基因番茄。1988 年，美国科学家成功地改进了番茄的品质。番茄成熟时，自身即合成多聚半乳糖醛酸酶（PG 酶）。这种酶分解细胞壁的有效成分，使番茄变软，这样给运输和贮藏带来很大不便。为了解决这个问题，科学家们把能产生阻碍 PG 酶基因发挥作用的基因导入番茄，这样，番茄就不能产生正常的 PG 酶，从而使番茄成熟变软的问题得到解决。这样，成熟的番茄就能像梨、苹果一样具有更长的保鲜期。

3. 含有抗冻鱼基因的番茄和高蛋白马铃薯

科学家们正在尝试将鱼抗冻基因转入番茄中，以期北方的农民能一年四季在户外种植番茄，那时人们将吃到含有鱼肉的番茄。

科学家们还从大豆中获取蛋白质合成基因，并将其转入马铃薯中，培养出了

“高蛋白质马铃薯”这种马铃薯的蛋白质含量接近大豆，从而使其营养价值大大提高。

4.能固氮的小麦

生物固氮的遗传工程研究是一个令人神往的重要领域，其目的就是培养出能自行供氮的作物。一切植物的生长都需要氮元素，大气中氮的质量分数虽高达80%，但除了豆科植物外，都不能直接利用空气中的N_2，与豆科植物根部共生的根瘤菌可以固定分子态氮并转化成能被植物吸收的状态。如果把根瘤菌的固氮基因转移到水稻、小麦、玉米等作物细胞中，就有可能使这些作物直接利用空气中的氮，这不仅可以提高产量，增加禾谷类作物的蛋白质含量，而且能大大节省化肥，从而降低生产成本，减少环境污染。遗传工程研究的开展，将为解决人类面临的食品与营养、健康与环境、资源与能源等一系列重大问题开辟新途径，具有极大的经济潜力。

5.光采奕奕的植物

在美国加利福尼亚的植物园内，种植着几畦奇异的植物，每当夜幕降临时，人们就会看见一片发出紫蓝色荧光的植物，这是科学家们用转基因的方法创造出来的杰作。以后又先后在小麦、棉花、苹果等植物上移植了“发光基因”。

这项研究成果的作用是：在一大片农田中，只要有几株植物被移植上发光基因，一旦遭受细菌、害虫、或寒冷、干旱等侵害时，便会发出蓝光。一旦发现蓝光，人们就可以立即采取措施，减少施肥、用药、灌水的盲目性，降低农作物的成本。

面对这些研究成果，科学家们对未来进行了大胆而乐观的设想：未来的世界，高速公路两旁不再是现代化的路灯，而是被一排排高能发光植物所代替。人们对植物的施肥、浇灌将更有目的，更为科学。

6.秀外慧中的植物

美国科学家们用杂交育种和转基因技术，现已培育出五彩缤纷的各种彩色棉花，其颜色有浅蓝色、粉红色、浅黄色与浅褐色等。一旦这种棉花投入生产，纺织品无需染色、又不褪色的时代就会到来。随着对色素物质合成途径了解的不断深入，人为控制色彩及其式样终将会实现。也就是说，总有一天大街上的花店里将出现蓝色的玫瑰或康乃馨。

7.含有疫苗的水果

科学家们正致力于利用转基因技术开发含有疫苗的水果蔬菜，如携带霍乱抗原基因的苜蓿，携带乙肝抗原基因的香蕉，防止白喉的土豆。到了那个时候，吃一两个番茄、苹果、香蕉，就可以预防乙肝、天花、小儿麻痹症、百日咳、破伤风和白喉等疾病。这样一来人们就可以免除打针、吃药的痛苦，只要吃一些美味的水果、蔬菜,就可以达到免疫的目的了。这是农业与医学结合,是尖端 DNA 重组技术与医学免疫的结合。

习题

一、名词解释

1. DNA 的复制 2. 半保留复制 3. 复制叉 4. 切除修复 5. 基因突变 6. 翻译 7. 密码子 8. 同义密码子 9. 密码的简并性 10. 逆转录

二、填空题

1. DNA 的复制方式是________,复制叉两侧 DNA 的复制方式一侧为________,另一侧为________。

2. 突变方式一般分为________、________和________,引起突变的物理因素有________,引起突变的化学因素有________。

3. DNA 损伤的修复方式主要有________、________、________和________。

4. 在 DNA 复制中解旋酶的作用是________。

5. 蛋白质的生物合成是以________作为模板,________作为运输氨基酸的工具,________作为合成的场所。

6. 细胞内多肽链合成的方向是从________端到________端,而阅读 mRNA 上的密码子的方向是从________端到________端。

7. 蛋白质的合成的起始密码子为________;终止密码子为________、________和________。

8. 核糖体上能够结合 tRNA 的部位有________部位和________部位。

9. 原核生物蛋白质合成中第一个加入的氨基酸是________。

10. 原核细胞内起始氨酰- tRNA 为________;真核细胞内起始氨酰- tRNA 为________。

11. 肽链延伸包括________、________、________和________四个步骤循环进行。

三、选择题

1. DNA 的生物合成主要是通过(　　)。

A. 半保留复制　　B. 逆向转录　　C. 连续复制　　D. 不连续复制

2. 下列关于 RNA 转录的叙述错误的是(　　)。

A. 转录是以 DNA 为模板

B. 转录是以 mRNA 为模板

C. 真核细胞是在细胞核中进行转录

D. DNA 双链只有一条链被作为转录模板

3. DNA 合成中脱氧核苷酸链的延长方向是(　　)。

A. 5′至3′的方向　　B. 3′至5′的方向　　C. 都有可能　　D. 无法判断

4. 在 DNA 复制中拓扑异构酶的作用是(　　)。

A. 解开 DNA 双螺旋

B. 消除解旋后 DNA 双螺旋链产生的应力,使 DNA 链松弛

C. 催化 3′,5′-磷酸二酯键的形成

D. 检查 DNA 复制过程中的错误

5. 真核生物 RNA 聚合酶 Ⅰ 转录的是(　　)。

A. rRNA 前体　　B. mRNA 前体　　C. tRNA 前体　　D. tRNA

6. 在蛋白质生物合成中起转运氨基酸作用的物质是(　　)。

A. DNA　　B. tRNA　　C. rRNA　　D. mRNA

7. tRNA 的主要功能是(　　)。

A. 把一个氨基酸连接到肽链上

B. 将 mRNA 连接到 rRNA 上

C. 增加氨基酸的有效浓度

D. 识别密码子,并将氨基酸转运到核糖体中

8. 没有同义密码子的氨基酸是(　　)。

A. 蛋氨酸　　B. 丙氨酸　　C. 谷氨酸　　D. 天冬氨酸

9. 氨酰-tRNA 中,tRNA 与氨基酸之间的结合键是(　　)。

A. 肽键　　B. 酯键　　C. 糖苷键　　D. 磷酸二酯键

10. 原核细胞中新生肽链的 N-端氨基酸是(　　)。

A. 甲酰甲硫氨酸　　B. 甲硫氨酸

C. 蛋氨酸　　D. 任何氨基酸

11. 蛋白质生物合成中多肽链的氨基酸排列顺序取决于(　　)。

A. tRNA 的专一性

B. 氨酰 tRNA 合成酶的专一性

C. tRNA 上的反密码子

D. mRNA 分子中核苷酸的排列顺序

12. 氨基酸活化形成的产物为(　　)。

A. 氨酰-tRNA　　B. 氨酰-ATP　　C. 氨酰-GTP　　D. 氨酰-mRNA

13. 在氨基酸合成中,起始复合物不含有的成分为(　　)。

A. 小亚基 30S rRNA　　B. 大亚基 50S rRNA

C. 起始因子　　D. fMet-tRNA

14. 肽链延长循环过程中，消耗 GTP 的步骤为(　　)。

A. 结合　　B. 转肽

C. 移位　　D. 以上三步都消耗 GTP

15. 在多肽链合成终止时，能识别终止密码的是(　　)。

A. tRNA　　B. 终止因子　　C. 释放因子　　D. 氨酰-tRNA

四、问答题

1. 简述 DNA 的复制过程。

2. 根据下列 DNA 单链. 3′GCTTCGACGATGACTGCTTCGACTCGT5′

试写出：

(1)DNA 复制时，另一单链的序列；

(2)转录成的 mRNA 的序列；

(3)合成的多肽的序列。

3. 根据遗传密码填下表

DNA	编码链	CCA				
	模板链			AGT		
转录的 mRNA 链					CGA	
相应的 tRNA 反密码子			UAC			
相应的氨基酸						色氨酸

4. DNA 损伤后主要有哪几种主要修复途径？

5. 简述 RNA 的转录过程。

6. 遗传密码有哪些基本特点？

7. mRNA、tRNA 和核糖体在蛋白质生物合成中各具有什么作用？

8. 简述蛋白质的生物合成过程。

第十一章　水分及无机盐代谢

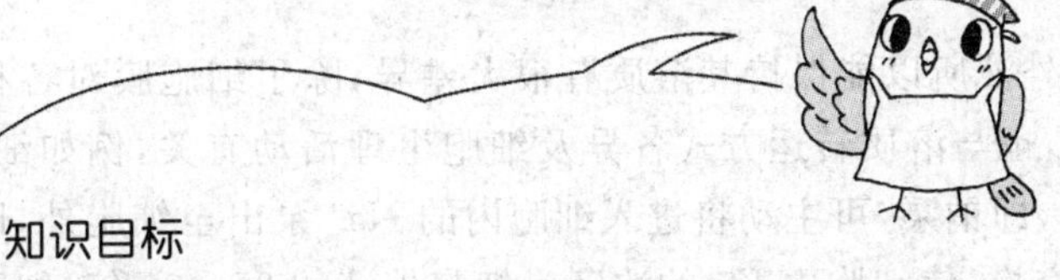

知识目标

掌握水分代谢的一般理论及无机盐中的钠、钾等的代谢变化

熟悉体液的分区及体液的酸碱平衡

了解体液酸碱平衡紊乱的相关知识

技能目标

能从水分及无机盐代谢异常角度解释某些疾病

在过去的生物化学教学中，一般对无机物的代谢重视不够。一方面是由于无机物在体内的化学变化很少，另一方面则由于对无机物代谢的重要性认识不足。近年来越来越多的事实证明，无机物在生物体内的含量虽然不多，约占干重的3%～4%，但对于生命活动却起着非常重要的作用，本章重点介绍水分及部分无机盐的代谢变化。

一、体液及体液的酸碱平衡

（一）体液

1. 体液

生物体内所含的液体称为体液。体液是一种溶液，溶剂是水，溶质是葡萄糖、尿素、蛋白质等有机物及钠、钾、钙、镁、氯和 HCO_3^- 等无机物。由于体液中的无机盐和有机物大多以离子状态存在，故体液为电解质溶液。体内无纯水存在。

体液可分为两部分，细胞内液和细胞外液，它们是用细胞膜隔开的。细胞内液约占体重的 35%～40%，即 350～400 mL/kg，细胞外液占 20%～25%，即 200～250 mL/kg。细胞外液又分为两个主要的部分，即存在于血管内的血浆和血管外的组织间液，它们是用血管壁分开的。血浆约占体重的 5%，组织间液（包括淋巴液）约占15%。一般认为胃肠道内的液体已不属体液。

细胞内、外液所含溶质差异很大。细胞内液主要成分为有机磷酸盐、蛋白质、K^+、Mg^{2+}等，细胞内的有机阴离子分子量较大，不易通过细胞膜，使细胞内液溶质保持相对恒定。细胞外液中血浆和组织间液的无机盐部分主要成分是Na^+及其相对应的阴离子Cl^-及HCO_3^-，其主要差异是血浆中的蛋白质含量比组织间液高很多。

细胞内外液所以能保持其溶质有很大差异，除了细胞膜对各种溶质具有不同的通透性外，也与溶质转运方式各异及细胞生理活动有关，例如细胞膜上的Na^+-K^+-ATP酶，即钠泵，可主动将进入细胞内的Na^+泵出至细胞外，以与细胞外液中的K^+进行交换，使细胞内K^+的浓度为细胞外液的25～30倍，细胞外液Na^+浓度为细胞内液的10倍。

2. 体液中所含物质浓度的表示方法

体液中所含物质浓度的表示方法有三种：一种是百分浓度表示法，即用每100 mL中所含某物质的克数或毫克数来表示（g/100 mL或mg/100 mL）。第二种是用摩尔或毫摩尔浓度来表示，毫摩尔浓度是指1 L溶液中所含某物质的毫摩尔数（mmol/L），等于摩尔浓度的0.1%。第三种是毫渗透摩尔浓度，毫渗透摩尔浓度是指每升溶液中所含某物质的毫渗透摩尔量（简称毫渗量）数（mOsm/L）。此浓度可以表示各种物质在体液中所起的渗透压作用，故现在常用。人体在止常生理状态下，体液渗透压保持在285～295 mOsm/L。

3. 体液在各分区间的交流

动物在其生命活动过程中，各种营养物质不断地经过血浆到组织间液，再进入细胞。细胞代谢的产物以及多余的物质也不断地进入细胞间液，再经过血液进入其他细胞或排出体外。这说明为了维持生命活动，体液各分区的成分必须不断的穿过毛细血管壁和细胞膜进行交流。

（1）血浆和组织间液的交流。物质在血浆和组织间液之间的交流需要穿过毛细血管壁。毛细血管壁虽然不允许蛋白质自由穿过（不是绝对的），但水和其他溶质则可自由通过。因此水和其他溶质在这两个分区间的交流主要靠自由扩散，即各种溶质由高浓度一方向低浓度一方扩散，水则由低渗一方向高渗一方扩散，直至平衡为止。正因为这样，使得血浆中各种物质的浓度与组织间液基本相同，只有血浆中蛋白质的浓度高于组织间液。

由于其他溶质都能自由透过毛细血管壁，因而不能产生有效的渗透压。而血浆中的蛋白质浓度高，它所产生的胶体渗透压是有效的，使得血浆的渗透压大于组织间液，成为组织间液流向血管内的力量。与之相反的力量是血管内的水静压，它使血管内的液体流向血管外。在毛细血管的动脉端，水静压大于血浆的胶体渗透压，使体液向血管外流动。在毛细血管的静脉端，则水静压小于血浆的胶体渗透压，于是体液向血管内流动。这是血浆和组织间液交流的另一个方式。此外淋巴循环也起一定的作用。

(2)组织间液和细胞内液的交流。物质在这两个分区之间的交流需要通过细胞膜。而细胞膜只允许水、气体和某些不带电荷的小分子(如尿素)自由通过。而蛋白质则只能少量通过，有时甚至完全不能通过。无机离子，尤其是阳离子一般不能自由通过。这是造成细胞内液和细胞外液中的成分差异很大的原因。

然而生命活动需要各种物质不断地在这两个分区之间进行交流，而事实上这种交流非常活跃。那么物质是怎样在这两个分区之间进行交流的呢?

已知细胞膜有主动转运物质的机能，它能使物质由低浓度向高浓度方向转运。例如细胞膜上的钠泵，就是在消耗能量的基础上把 K^+ 摄入细胞内，把 Na^+ 排出细胞外，以保持细胞内外 K^+、Na^+ 浓度的巨大差异。许多营养物质也靠主动转运摄入细胞内。

另外，在细胞膜上还有转运各种物质的穿膜孔道，这些孔道随着生理条件的不同而时开时闭。开时物质可顺浓度梯度转运，闭时不能转运，这就是易化扩散。例如当神经冲动传来时，则神经和肌肉细胞膜上的 Na^+ 穿膜孔道和 K^+ 穿膜孔道开放，于是 Na^+ 通过其孔道进入细胞，K^+ 则通过其孔道由细胞逸出。许多物质都有其特异的穿膜孔道，它们可通过这种方式进出细胞。

至于水的转移则主要取决于细胞内外的渗透压，亦即当细胞内外的渗透压发生差异时，靠水的转移来调节，以维持细胞内外渗透压相等。可自由穿过细胞膜的物质随水一起移动。由于细胞外液渗透压主要取决于其中钠盐的浓度，细胞内液渗透压主要取决于其中钾盐的浓度，所以水在细胞内外的转移主要取决于细胞内外 K^+、Na^+ 的浓度。例如，当饮水后，水首先进入细胞外液，使细胞外液 Na^+ 的浓度降低，从而降低了细胞外液的渗透压，于是水进入细胞，至细胞内外的渗透压相等为止；反之，当细胞外液的水减少或 Na^+ 增多时，则细胞外液的渗透压升高，于是水由细胞内转向细胞外。

总之，各种物质进出细胞的机制比较复杂，它受细胞代谢和多种生理功能的调控，许多机制目前还不清楚。很明显，进一步研究这些机制，将有助于我们深入理解许多生理的和病理的现象。

(二)体液的酸碱平衡

1.体液的酸碱度

正常动物细胞外液(以血浆为代表)的 pH,一般在 7.24～7.54 之间,人体体液 pH 一般在 7.35～7.45 之间,各种动物之间的差别不大,超出这个范围就是不正常的。如果动物细胞外液的 pH 高于 7.8 或低于 6.8 时,动物就会死亡。由此可见,动物细胞外液的 pH 必须维持在一个很窄的范围之内。但是动物在其正常生命活动中,一方面不断由肠道吸收一些酸性或碱性物质,另一方面在代谢过程中,也会产生各种不同的酸和碱。例如在脂肪酸、氨基酸和葡萄糖的分解代谢中产生的有机酸和碳酸;核酸代谢产生的磷酸;胱氨酸和甲硫氨酸分解产生的硫酸等。碱性物质有氨基酸脱氨基产生的氨等,吸收的和产生的这些物质都进入血液和其他细胞外液,对这些体液的 pH 产生影响。然而在正常生理条件下,动物并不发生酸中毒或碱中毒,这是为什么呢? 这是因为在动物体内有强大而完善的调节酸碱平衡的机制。

2.体液酸碱平衡的调节

机体通过体液的缓冲体系、由肺呼出 CO_2 和由肾排出酸性或碱性物质以调节体液的酸碱平衡。

(1)血液的缓冲体系。

①血液的缓冲剂。动物体液中的缓冲体系一般都是由一种弱酸和其盐构成。血液中的缓冲体系主要有以下几种:第一种,碳酸氢盐缓冲体系。它是由碳酸(弱酸)和碳酸氢盐(钠盐或钾盐)组成的。CO_2 几乎是所有有机物在动物体内代谢的最终产物,而 CO_2 能溶于水,可生成碳酸。碳酸是弱酸,可解离为 HCO_3^- 和 H^+,HCO_3^- 主要与血浆中的 Na^+ 结合成 $NaHCO_3$ 或与红细胞中的 K^+ 结合成 $KHCO_3$。分别构成 $NaHCO_3/H_2CO_3$ 和 $KHCO_3/H_2CO_3$ 缓冲体系。第二种,磷酸盐缓冲体系。在血浆中它是由磷酸二氢钠(NaH_2PO_4)和磷酸氢二钠(Na_2HPO_4)组成的,而红细胞内则主要是磷酸二氢钾(KH_2PO_4)和磷酸氢二钾(K_2HPO_4)。磷酸盐缓冲体系在细胞内比细胞外更重要。第三种,血浆蛋白体系及血红蛋白体系。血浆中含有数种弱酸性蛋白质,它也可以生成相应的盐,从而构成 Na-蛋白质/H-蛋白质缓冲体系,此缓冲体系缓冲能力较小,只有碳酸氢盐缓冲体系的 1/10 左右;血红蛋白缓冲体系只存在于红细胞中,血红蛋白也是一种弱酸,血红蛋白与氧结合后生成的氧合血红蛋白也是一种弱酸,在红细胞内均可以钾盐形式存在,分别构成血红蛋白缓冲体系 KHb/HHb 和氧合血红蛋白缓冲体系 $KHbO_2/HHbO_2$。

血液中各种缓冲体系的缓冲能力是不同的(表 11-1)。

表 11-1 血液中各种缓冲体系的缓冲能力

缓冲体系	pK	缓冲能力**
$BHCO_3$/ H_2CO_3	6.10	18.0
$KHbO_2$/$HHbO_2$	7.16	8.0
KHb/HHb	7.30	8.0
Na-蛋白质/H-蛋白质	*	1.7
B_2HPO_4/BH_2PO_4	6.80	0.3

引自：周顺伍. 动物生物化学. 北京：中国农业出版社，1999

* 血浆中含有数种 H-蛋白质，其 pK 值各不相同。

** 是每升血浆的 pH 自 7.4 降至 7.0 时，其所含各种缓冲体系所能中和 0.1 mol/L 盐酸的体积(mL)。

由表 11-1 可见在血液中的各种缓体系中以碳酸氢盐缓冲体系的缓冲能力最大。而且肺和肾调节酸碱平衡的作用，又主要是调节血浆中碳酸和碳酸盐的浓度，再者测定这种缓冲剂浓度的方法也比较简便，因此在研究体液的酸碱平衡时，血浆中碳酸氢盐缓冲体系是最重要的。在酸碱平衡的讨论中，主要是讨论碳酸氢盐这个缓冲体系。

②缓冲作用的原理。以碳酸氢盐缓冲体系为代表来讨论缓冲作用的原理。

根据 Henderson-Hasselbalch 公式：

$$pH = pK_a + \lg \frac{[盐]}{[酸]}$$

可见一种缓冲溶液的 pH，主要决定于两个因素，一个是组成缓冲体系的弱酸的解离常数(K_a 值)；另一个是组成缓冲体系的酸和其盐浓度的比值。

各种弱酸的 pK 值是一定的，例如碳酸的是 pK 值是 6.1。因此，血浆的 pH 是由血浆中$[HCO_3^-]/[H_2CO_3]$的比值决定的，而与二者的绝对浓度无关。只要保持这个比值血浆 pH 将不会改变，但当这个比值发生改变时，血浆的 pH 也就发生相应的改变。根据测定，正常动物血浆中 $[HCO_3^-]/[H_2CO_3]$ 的比值约为 20/1，因而根据上述公式计算得：pH＝7.4。

由于血浆中 H_2CO_3 的浓度相当于血浆中溶解的 CO_2 的浓度，而血浆中溶解的 CO_2 的浓度与气态 CO_2 的分压成正比。因此为了应用方便，血浆中的 H_2CO_3 的浓度也可用 CO_2 分压(Pco_2) 来表示和计算，即$[H_2CO_3] = [CO_2] = \alpha \times Pco_2$。式中 α 为 CO_2 的溶解度系数(38℃血浆中 CO_2 的 α 值是 0.000 2 $mmol \cdot L^{-1} \cdot Pa^{-1}$)，因此血浆的 pH 又可以下式表示：

$$pH = pK_a + \lg \frac{[HCO_3^-]}{\alpha \times P_{CO_2}}$$

正常情况下，动物血浆中 HCO_3^- 的含量约为 26 mmol·L^{-1}，CO_2 分压约为 5.732 Pa，代入上式得：pH＝7.4。

实际测定时，血浆的 pH，Pco_2 和[HCO_3^-]都可以直接测定，但只要测出三者中的两项，即可根据公式计算出第三项。

在弄清楚上述血浆 pH 与其[HCO_3^-]和[H_2CO_3]的关系之后，就可以进一步讨论机体调节血浆 pH 的机制了。首先我们讨论缓冲体系在调节血浆 pH 中的作用。例如当动物体在代谢过程中产生了强酸性物质之一的硫酸（H_2SO_4）时，这种强酸的解离度很大，可产生大量 H^+，进入体液后，本来会导致体液的 pH 明显下降，但由于与血浆中的缓冲剂，例如碳酸氢盐进行下列反应：$2NaHCO_3 + H_2SO_4 \rightarrow Na_2SO_4 + 2H_2CO_3$。其结果使解离度很大的 H_2SO_4 转变为解离度很小的 H_2CO_3。因此，使体液的氢离子浓度（即 pH 值）改变不大。同样当强碱进入血浆时，则 H_2CO_3 与之中和，即 $OH^- + H_2CO_3 \rightarrow H_2O + HCO_3^-$。结果使强碱变为弱碱（$HCO_3^-$），也可保持血浆的 pH 不致发生较大的改变。

③缓冲作用的局限性和碱贮。从上述讨论中可见，当强碱或强酸进入血液时，缓冲体系防止 pH 发生较大改变的作用是迅速的，立即的。然而只靠缓冲体系而无其他调节机制时，则会发生两个不可克服的问题。第一个问题是：当酸或碱侵入时，虽然 pH 的改变不大，但还是有所改变的。当酸的进入量不大时，当然不会发生问题。但是细胞代谢继续进行，产生的酸继续进入血液，则使体液的 pH 继续下降，终于会低于正常范围而导致酸中毒。强碱的侵入原理一样，不再赘述。第二个问题是：根据 $pH = pK_a + \lg[HCO_3^-]/[H_2CO_3]$ 的原理，虽然血浆的 pH 只与[HCO_3^-]/[H_2CO_3]的比值有关，而与二者的绝对浓度无关。但血浆的缓冲能力却与它们的绝对浓度有关。因此当强酸（例如 H_2SO_4）进入时虽可因缓冲作用而使血浆 pH 不致下降很大，但 HCO_3^- 的浓度下降了，因而血浆缓冲酸的能力也随之下降。下降到一定程度，血浆就会失去缓冲能力，此时在稍有强酸进入即可使血浆的 pH 有显著下降。

由上述问题可见，机体为了维持体液 pH 的正常恒定，除了体液的缓冲作用外还必须有随时调整血浆中[HCO_3^-]/[H_2CO_3]比值以及恢复二者的绝对浓度的机制。在动物体内这种作用是靠肺和肾来完成的。

由于人和许多动物在正常代谢过程中产生的酸（其中包括蛋白质分解代谢产生的硫酸和磷酸）比较多，因而体液受到酸的作用比较大，所以血浆中必须经常保持一定量的 HCO_3^- 以便随时中和进入的酸，因而我们把血浆中所含 HCO_3^- 的量称为碱贮，意即中和酸的碱贮备，通常以毫摩尔/升($mmol \cdot L^{-1}$)来表示。

这里还需指出的是，体内代谢产生最多的酸性物质碳酸或未水合的 CO_2，它们不能被碳酸盐缓冲，而主要是靠血红蛋白来缓冲，很小一部分是被血清蛋白和磷酸盐缓冲的。

(2)肺呼吸对血浆中碳酸浓度的调节。前面我们已经谈到当酸或碱进入血液时会使血浆中 HCO_3^- 和 H_2CO_3 的浓度改变，这种趋向单靠缓冲作用是不能解决的，必须靠肺和肾的调节机能来调整。肺对血浆 pH 的调节机能在于加强或减弱 CO_2 的呼出，从而调节血浆和体液中 H_2CO_3 的浓度，使血浆中$[HCO_3^-]/[H_2CO_3]$的比值趋于正常，从而使血浆的 pH 趋于正常。

例如当酸进入血浆时，因中和作用使血浆中$[HCO_3^-]$下降，因而$[HCO_3^-]/[H_2CO_3]$的比值下降，血液偏酸。它刺激呼吸中枢兴奋，于是肺加强呼吸，多呼出一些 CO_2，使血液中 H_2CO_3 的浓度下降，因而使$[HCO_3^-]/[H_2CO_3]$的比值和 pH 均趋于正常。反之当碱进入血液而血浆偏碱时，则肺的呼吸减弱，从而多保留一些 CO_2，使血浆中$[HCO_3^-]/[H_2CO_3]$的比值和 pH 也趋于正常。由此可见，肺调节酸碱平衡的作用是快速的。肺的作用在于调整血浆中$[HCO_3^-]/[H_2CO_3]$的比值，但不能调整血浆中 HCO_3^- 和 H_2CO_3 的绝对含量。例如当酸进入血液，血浆中 HCO_3^- 浓度下降时，肺的作用是使 H_2CO_3 的浓度也相应下降，其结果是二者的含量均下降。同样当碱进入血液时，二者均上升。因此肺的调节虽然在维持血浆 pH 正常中有重要作用，但仍不能从根本上解决问题。

(3)肾脏的调节作用。肾脏是通过肾小管的重吸收作用和分泌作用排出酸性或碱性物质，以维持血浆的碱贮和 pH 的恒定。

①肾对血浆中碳酸氢钠浓度($[NaHCO_3]$)的调节。肾是维持机体内环境恒定最重要的器官。它可通过多排出或少排出 HCO_3^- 以维持血浆中 HCO_3^- 的浓度恒定，在肺机能的配合下，使血浆中 HCO_3^- 和 H_2CO_3 的浓度保持恒定，从而使其 pH 趋于正常恒定。已知血浆中的碳酸氢盐几乎全部从肾小球滤出，而肾的近端小管细胞腔膜对碳酸氢盐是完全没有通透性的。那么，如何实现碳酸氢盐的重吸收呢？

现已证明碳酸氢盐的重吸收需要有 H^+ 和碳酸酐酶存在。H^+ 可由近端肾小管主动(远端肾小管亦可排 H^+)排泄到肾小管管腔中，并与滤出液中的 Na^+ 进行交换。碳酸酐酶是一个分子较小的蛋白质(相对分子质量 30 000)，可以由肾小球滤出。但通常血浆中碳酸酐酶浓度很低，滤过量不能很多。而近端肾小管细胞的刷状缘上碳酸酐酶的浓度很高，这可能是管腔液中碳酸酐酶的主要来源。碳酸氢盐重吸收的化学反应如下：

$$HCO_3^- + H^+ \leftrightarrow H_2CO_3 \xrightarrow{\text{碳酸酐酶}} CO_2 + H_2O$$

即由肾小管排出的 H^+ 与管腔中的 HCO_3^- 结合成 H_2CO_3，H_2CO_3 被碳酸酐酶分解为 CO_2 和 H_2O。CO_2 顺浓度梯度自由扩散进入细胞，使上述反应朝右进行，即当 CO_2 扩散进入肾小管细胞后，在碳酸酐酶催化下，它与 H_2O 化合形成 H_2CO_3，H_2CO_3 再解离为 H^+ 和 HCO_3^-。H^+ 被主动转移到管腔中进行 H^+、Na^+ 交换，而 HCO_3^- 被保留在细胞内和 Na^+ 结合成 $NaHCO_3$。与管腔膜不同，HCO_3^- 可以自由通过肾小管细胞的基底膜，顺浓度梯度向细胞外扩散，进入血液。可见这种重吸收的 HCO_3^- 并非是直接来自肾小球滤液中的 HCO_3^-。

通过上述机制可见，HCO_3^- 的重吸收作用主要决定于体液的 pH（即 H^+ 的浓度）。当体液 pH 低时，肾小管排 H^+ 增加，HCO_3^- 的重吸收作用增强。而当 pH 高时，肾小管排 H^+ 减少，HCO_3^- 的重吸收作用也就减弱。

为了更清楚的说明这个问题，我们再以 H_2SO_4 进入血浆后所引起的结果进行讨论。由于 H_2SO_4 的进入，血浆中 HCO_3^- 浓度降低，pH 也随之稍有下降。于是肾小管细胞中的 H^+ 增加，其排出 H^+ 的量不仅能把肾小球滤过的 HCO_3^- 全部重吸收回来，而且还要多排出一些 H^+，以增加血浆中 HCO_3^- 的含量。肾脏多排出一个 H^+，即使血浆中增加一个 HCO_3^-，直至血浆的碱贮恢复至正常为止，其结果是使尿液偏酸。肾同时还把 SO_4^{2-} 排出，所以总的结果是把进入血浆中的 H_2SO_4 全部排出，从而保持了血浆碱贮的正常含量。当血浆的碱贮恢复正常时，肺呼吸再减慢，多保留一些 CO_2，于是血浆中的 HCO_3^- 和 H_2CO_3 含量均恢复至正常。

②肾小管的泌氨作用。这是肾脏调节酸碱平衡的另一种方式。远端肾小管具有的一种重要功能是泌氨。肾小管管腔内的尿液流经远端肾小管时，尿中氨的含量逐渐增加。排出的 NH_3 与 H^+ 结合生成 NH_4^+ 使尿的 pH 升高。这种泌氨作用有助于体内强酸的排出。肾小管的泌氨作用与尿液的氢离子浓度有关。尿越呈酸性，氨的分泌越快。尿越呈碱性，氨的分泌越慢。

肾小管分泌的氨大部分来自谷氨酰胺，少部分来自氨基酸的氧化脱氨基作用。肾上皮细胞中含有丰富的谷氨酰胺酶、谷氨酸脱氢酶和氨基酸氧化酶。它们分别使谷氨酰胺、谷氨酸或其他氨基酸脱氨，脱下的氨由肾上皮分泌到管腔中和 H^+ 结合生成 NH_4^+。

综上所述，可见动物体液酸碱平衡的调节是由体液的缓冲体系、肺和肾共同配合进行的。缓冲体系和肺调节酸碱平衡的作用是迅速的，它保证了当酸或碱突然进入体液时，体液的 pH 不发生或发生较小的改变。但不能把进入的酸或碱由体内清除出去，而这种清除要靠肾的作用。但肾的作用较缓慢，故单靠肾不能应付酸或碱的突然进入。因而为了维持体液 pH 的正常恒定，这三方面的作用是缺一不可的。

(三)体液酸碱平衡的紊乱

在正常情况下，动物通过其调节机制保持着体液 pH 的正常恒定，即在7.24～7.54之间。当由于某种原因使体液的 pH 超出 7.24～7.54 范围时，机体就会出现代谢紊乱。我们将 pH 低于7.24 称为酸中毒，高于7.54 称为碱中毒。引起体液 pH 改变的原因大体上可分为两类：一类是由于肺功能失常影响体内 CO_2 的排出；另一类则是由于肺功能失常以外的某种原因引起的体液酸碱平衡失常。因此可将酸碱平衡紊乱分为四种，即呼吸性酸中毒、呼吸性碱中毒、代谢性(亦称非呼吸性)酸中毒和代谢性碱中毒。无论是在酸中毒还是碱中毒时，机体还可以通过肺(非呼吸性时)或肾进行调整，使体液的 pH 趋于正常，机体的这种调节作用称为代偿作用。超过机体代偿能力时则称为失代偿。现将这四种酸碱平衡紊乱发生的生化机制分别叙述如下。

1. 呼吸性酸中毒

是由于肺的通气或肺循环障碍，CO_2 不能畅通地排出而引起。它的特点是原发性二氧化碳潴留，动脉血液中 P_{CO_2} 升高，[$NaHCO_3$]/ [H_2CO_3]比值下降，pH 降低。在这种情况下代偿功能主要是肾脏的排 H^+ 增加，$NaHCO_3$ 的重吸收增强，因而血浆中的 $NaHCO_3$ 的浓度也升高。如代偿完全，血液 pH 接近正常或稍偏低，即为代偿性呼吸性酸中毒；呼吸性酸中毒严重，超过肾代偿能力，为失代偿(称为呼吸性酸血症)。呼吸性酸中毒主要见于下列情况：使用挥发性麻醉剂和采用密闭系统麻醉机麻醉；广泛性肺部疾患(肺水肿、严重的肺气肿、胸膜炎等)；气胸、胸廓外伤或药物引起的呼吸中枢的抑制。

2. 呼吸性碱中毒

由于通气过度，肺排出 CO_2 过多而引起。呼吸性碱中毒的特征是，动脉血液中 P_{CO_2} 原发性降低，[$NaHCO_3$]/ [H_2CO_3]比值升高，引起 pH 值升高。呼吸性碱中毒时，肾脏的代偿性作用与呼吸性酸中毒相反，肾小管排 H^+ 减少，HCO_3^- 重吸收减少，$NaHCO_3$ 的排出增加，故血浆中[$NaHCO_3$]降低，致 pH 值趋于正常或稍偏高，即为代偿性呼吸性碱中毒，若 P_{CO_2} 降低超过肾代偿能力，即为失代偿(称为呼吸性碱血症)。主要见于疼痛或生理应激时引起的呼吸增加。

3. 代谢性酸中毒

这是临床上最常见和最重要的一种酸碱平衡紊乱。产生的原因主要是体液内源或外源性固定酸增加或丢碱(HCO_3^-)过多，两种情况都引起血浆中 $NaHCO_3$(碱贮)减少,[$NaHCO_3$]/[H_2CO_3]比值下降,使血液 pH 下降。代谢性酸中毒时,其代偿功能主要是肺增加换气率(呼吸加深加快),增加 CO_2 的排出,降低血中 P_{CO_2},使[$NaHCO_3$]/[H_2CO_3]比值趋于正常。肾小管功能正常时,肾小管增加 H^+ 的排出,同时增加碳酸氢盐的重吸收,使[$NaHCO_3$]/[H_2CO_3]比值趋于正常。如酸中毒严重超过机体代偿能力,或肺代偿功能发生障碍时,可形成代谢性酸血症即为失代偿。

代谢性酸中毒的常见病因:酮体产生过多引起的酮症,如糖尿病或饥饿时;当组织相对缺氧(如剧烈运动、持续惊厥)或绝对缺氧(如呼吸心搏骤停、窒息、休克)时体内经无氧分解产生大量乳酸,反刍动物饲喂不当,使瘤胃发生异常发酵而产生大量乳酸,都可引起高乳酸血症;急、慢性肾功能衰竭时,体内酸性物质如硫酸、磷酸不能完全经肾从尿中排出,而在体内堆积,均可引起代谢性酸中毒。

由于丢碱过多引起代谢性酸中毒的病例主要是肠道疾病如腹泻、胃肠引流、肠梗阻等。

4.代谢性碱中毒

代谢性碱中毒主要是由于从胃黏膜或肾小管上皮丢失 H^+ 过多引起体内产生 HCO_3^- 过多,或从体外摄入过多 HCO_3^- 所致。它主要表现为细胞外液中 $NaHCO_3$ 浓度增高,导致[$NaHCO_3$]/[H_2CO_3]比值增高,血液 pH 升高。代偿机能的作用是呼吸中枢受抑制,肺呼吸变浅变慢,换气减少,血中 CO_2 保留较多,使[$NaHCO_3$]/[H_2CO_3]比值和血液 pH 趋于正常。但此种代偿有一定限度,因为肺减少通气到一定程度必然会引起缺氧。常见的病例有大量呕吐引起的胃酸丢失过多;外源性摄入过多碱性溶液;原发性醛固酮增多症;肾动脉狭窄;呼吸性酸中毒被迅速纠正;细胞外液丢 Cl^- 过多等。

二、水及部分无机盐代谢

(一)水分代谢

1.水的生理功能

地球上的水比生命更早出现,水是地球上第一批生命的先天环境,从进化角度看,地球上的一切生物都从水中发生。水是生物体生命活动不可缺少的条件。植物缺水,正常生命活动就会受到干扰和破坏,甚至死亡。动物在禁水时一般比单纯禁食死亡得快。水的生理功能主要体现在以下几个方面:水是原生质的重要组成成分;水本身也参加许多代谢反应;营养物质的运入细胞和细胞代谢产物的运到其他组织或排出体外,都需要足够的水才能进行;水是体温调节所必需的物质。

因此机体的含水量必须恒定适当,当体内的含水量过多或过少时,都会引起代谢的紊乱而造成疾病。体内水的含量正常恒定是靠水的摄入和排出来维持。

2. 水的摄入

动物体内水的来源有三：即饮水、食物中的水和代谢水。

尽管不同食物中的含水量差异很大，但在任何情况下动物从食物中摄入的水量都是相当大的。例如青贮饲料的含水量常在70%以上，风干草的含水量也在10%左右。营养物质在体内氧化所产生的水叫代谢水或内生水。每氧化1 g脂肪、糖和蛋白质约产生1.07、0.60和0.41 mL水。当水源缺乏时，代谢水在对机体水的供应上起着非常重要的作用。饮水在动物水的来源中占有非常重要的地位。这不仅是因为在许多情况下，饮水量比其他水的来源大，更重要的是饮水量的多少是调节体内水平衡的重要环节之一。在一般情况下，动物随食物摄入的水量和代谢产生的水量都不受体内水含量的影响。已知饮水量是受丘脑下部的渴中枢调节的。当动物由于缺水而使细胞外液的渗透压升高时，则可兴奋渴中枢，使动物有渴感而增加饮水；反之，当体内水足够而渗透压正常时，则动物没有渴感而不饮水。

3. 水由体内的丢失

水由体内丢失的重要途径是由肾排出。这不仅是因为大多数动物在一般情况下随尿丢失的水量最大，更重要的是肾脏能够根据机体的情况来调节其排尿量。已知肾脏的排尿量是受垂体后叶分泌的抗利尿激素控制。抗利尿激素促进肾小管重吸收水而使尿液浓缩，从而减少水由尿排出。抗利尿激素的分泌是由血浆渗透压控制的。例如当机体内水的来源减少而使血浆渗透压升高时，它促进垂体分泌抗利尿激素，于是肾小管多吸收水以减少排尿量而避免机体缺水；反之，当机体水的来源增多而使血浆渗透压下降时，则抑制抗利尿激素的分泌，于是肾脏多排尿、排稀尿，使多余的水排出以避免体内水分过多。不过动物的排尿量有没有最高限，目前还不清楚，但是是有最低限的，即动物虽然可以随摄入水量的减少而减少排尿量，但尿量减少到一定程度就不能再减少了，即使在水源完全断绝动物已经缺水的情况下也是如此。这是因为代谢废物（主要是尿素）必须以溶解的状态排出，尿液不能过分浓缩之故。不同动物最低排尿量不同，一方面取决于废物的产量，另一方面还取决于动物浓缩尿的能力。

动物可通过大肠随粪便排出一部分水分。不同动物的粪便排出的水量差异较大，而且任何动物在正常情况下，其粪中的排水量是不受体内水含量的影响的。

水由体内排出的另一条途径是由皮肤和肺蒸发。这种蒸发是看不见的，称为不感觉失水。水的这种蒸发可使体内热量散失，是调节体温所必需的，它很少受体内水含量的影响，即使体内已经缺水，也要蒸发一定量的水。例如成年人每天约为850 mL。当机体释放的能量增多或环境温度升高到一定程度时，一般的热量散失不能满足需要，则汗腺活动而出汗。此时大量的水由此途径丢失。而且不感觉失水基本上是纯水，而汗中则含比血浆低的一定量的无机盐。

泌乳动物的乳汁也排出水。

不管体内水含量的情况如何,动物正常总是要从粪中(人为 80～150 mL)和不感觉蒸发丢掉一定量的水,这个数量再加上最低排尿量就是临床所说的“生理需水量”。

(二)钠的代谢

1.钠的生理作用

体内的钠约一半在细胞外液中,其余大部分在骨骼中。当体内缺钠时,骨中钠的一部分可被动用以维持细胞外液的钠含量,但大部分不能动用。细胞内液中钠的含量很少。

(1)Na^+是维持细胞外液的渗透压及其容积的决定性因素。由于细胞外液中Na^+占阳离子总量的 90%左右,而且阴离子的含量随阳离子的增减而增减,所以Na^+和与之相应的阴离子所起的渗透压作用占细胞外液总渗透压的 90%左右。

阅读材料

脱　水

脱水又称失水,是指机体因摄水过少或失水过多,超过机体生理调节能力所致的体液容量不足(首先是细胞外液减少)的病理现象。按脱水性质不同分为三类:高渗性脱水、等渗性脱水和低渗性脱水。列表对比如下:

类型	特点	原因	
高渗性脱水	失水＞失盐	单纯性脱水	水摄入不足(食物、饮水不足)
↓	(缺水性)		胃肠道异常发酵分解变为高渗
水缺乏		低渗液体丢失	发热、肺通气过度等水分从肺、皮肤丢失
			大量应用利尿剂
等渗性脱水	失水＝失盐	丢失的液体成分和	胃肠道消化液的大量丢失:呕吐、腹泻;
	(最常见)	细胞外液基本相同	肠变位、肠梗阻(肠液的分泌增多)
			弥漫性腹膜炎(血浆进入腹腔)
			大面积烧伤面的渗出(血浆流失)
			外伤或手术中的失血
			中暑(出汗)
低渗性脱水	失水＜失盐	高渗液体丢失	肾功能不全(排盐过多,重吸收抑制)
↓	(缺盐性)		糖尿病等
钠缺乏		等渗液体丢失却只	治疗胃肠道消化液大量丢失、大面积烧
		补水分而	伤渗出等时,仅补 5%葡萄糖等

(2)Na^+的正常浓度对维持神经肌肉的正常应激性有重要作用。由于在代谢

过程中，像 Na^+ 这类离子是不会产生或消失的，所以体内 Na^+ 的含量主要由摄入和排出来调节。

2. 钠的摄入

动物体内 Na^+ 的来源靠由食物摄入，人体主要来自食盐。食物中的钠是易于充分吸收的。在野生动物中只有草食性动物常常舔吃食盐，因为植物中含钠很少，肉食性动物不需要补充盐，因为肉的细胞外液提供了足够的钠。

3. 钠的排出

钠由体内排出的途径之一是在剧烈劳动或热天时的出汗。

消化道内的各种分泌液中也含有钠，但在肠道后段 Na^+ 几乎全部被吸收，因而粪中的钠的丢失可以忽略，但粪量很大，粪中又含有较多水分的草食性动物由粪中排出的钠量还是相当可观的。

钠排出的最主要途径是通过肾的排尿。肾的排钠受到严格调控，借以维持细胞外液中的最适含钠量。肾排出钠是有阈值的，钠的正常肾阈值为 110～130 mmol/L血浆。在正常情况下，当血浆中的钠浓度低于此阈值时，则尿中不再排出 Na^+。已知无论机体情况如何，肾小球滤过液中的 Na^+ 的 90%以上是被肾小管重吸收，其余一小部分则根据机体情况或者重吸收或者排出以调节排钠量。而控制吸不吸收这部分钠的主要因素是醛固酮，醛固酮是肾上腺皮质分泌的一种激素，它的作用是促进肾小管重吸收 Na^+。当醛固酮的分泌量多时，Na^+ 的排出则减少甚至不排；当醛固酮分泌少时，则 Na^+ 的排出增多。虽然醛固酮能控制的滤过液中 Na^+ 的比例很少，但其绝对量则很大，这是因为肾小球滤过液的量很大之故。例如人滤过钠中只有 2%～3%是受醛固酮控制的，但其量为每天 15～20 g，即约为体内总钠量的 1/10。

4. 水、钠平衡的调控

细胞的正常生命活动要求体液各分区的容积和各种电解质的含量都要正常恒定。由于水是由低渗向高渗方向转移的，而细胞膜的转运功能保证了细胞内各种电解质的含量正常恒定，其中首先是 K^+ 含量的正常恒定，即使细胞内有正常恒定的渗透活性。因而只要细胞外液的渗透压正常，细胞内的容积和渗透压也就正常恒定了。

细胞外液的渗透压取决于其中水、钠含量的比例，细胞外液的容积取决于其中水、钠的绝对含量。因此要想使体液各分区的容积和渗透压都正常恒定，就必须调控体内水和钠的含量正常恒定。这种调控是通过调控水和钠的摄入和排出来实现的，即必须使水和钠的摄入量和其各自的排出量相等，以达到水、钠的平衡。

虽然通过渴的机制调控水的摄入在水平衡的调节中起着重要作用，但水、钠平衡主要是靠肾的排出进行调控。肾脏能对体液容积以及其中所含各种离子浓度的改变立即发生反应，通过排出各种物质的多少以调节它们在体内的含量，从而使体液的容积和渗透压维持正常恒定。然而这个调节机制相当复杂，因为引起体液变化的因素很多，而且这些变化的信号又必须通过某种途径，灵敏、迅速而又准确地传达给肾脏，使之发生相应的反应。

现在认为在体内的不同部位存在有各种感受器，它们能够灵敏的分辨出体液的各种变化，然后，或者直接通过神经，或者通过激素的媒介，把信号迅速传给肾脏，引起肾脏的调节作用。由于这个调节系统比较复杂，途经也不只一个，有些机制还不很清楚，下面只介绍一个简单的例子来说明这个机制问题。

例如当摄入的 Na^+ 较多而使细胞外液的渗透压升高时，则其调节过程为：

(1)丘脑下部的渗透压感受器兴奋。

(2)它引起抗利尿激素的产生和释放增加。

(3)此激素通过循环到达肾脏，引起肾小管增加水的重吸收。

(4)因而使细胞外液的渗透压降至正常，但容量增大了。

(5)这直接或间接抑制了容量感受器。

(6)它使醛固酮的分泌降低。

(7)因而降低了肾小管对的 Na^+ 重吸收而多排出 Na^+，同时多排出水，最后使细胞外液的容量和渗透压都恢复正常。

由此可见，总的结果是把多余的钠排出体外，其他情况可依此类推。

上述例子中，把细胞外液渗透压的改变作为调控抗利尿激素分泌的因素，即细胞外液渗透压升高时，抗利尿激素分泌增多；渗透压低时，抗利尿激素分泌减少。把细胞外液容积的改变作为调控醛固酮分泌的因素，当细胞外液容积增大时，醛固酮分泌减少；缩小时则分泌增多。当然影响抗利尿激素和醛固酮分泌的还有其他因素，不过这是最基本的。通过上述调节步骤，则无论细胞外液的容积变大变小，渗透压变高变低，都可恢复至正常。

5.水、钠代谢的紊乱

当体内水过多或过少时，称为水的代谢紊乱或平衡失常。钠过多或过少时，称为钠的代谢紊乱或平衡失常。但在临床上常见的体液平衡失常一般是混合性的，即水、钠、钾以及其他电解质的平衡失常，结果引起体液容积、渗透压、酸碱度以及重要电解质的浓度和分布发生改变。而且虽然从原则上说，体内水、钠、钾等的含量失常，只是一个摄入和排出不平衡的问题，但实际情况常因机体的调节作用而变得复杂。因此在遇到实际问题时，必须根据情况详加分析。部分无机盐代谢紊乱见阅读材料。

(三)钾的代谢

1.钾的生理作用

体内钾的98%以上存在于细胞内,人体细胞内液钾浓度为150 mmol/L,比外液高35～40倍,细胞外液钾含量只占体内钾的2%,其浓度也很低,仅为3.5～5 mmol/L,细胞内、外液间所以能保持钾浓度这样大的梯度,主要靠细胞膜上的Na^+-K^+-ATP酶,即钠泵,通过消耗热卡不断将细胞内的Na^+转运至细胞外液,并将K^+由细胞外液转运入细胞内。这一浓度梯度的恒定有着非常重要的作用。

(1)维持细胞的正常代谢。已知许多酶的活性依赖于钾的正常浓度;

(2)由于钾是细胞内的主要阳离子,因而在维持细胞内液的正常渗透压中起着重要的作用,在维持体液的酸碱平衡中也起着重要作用;

(3)神经肌肉的正常应激性靠体液中各种离子的正常浓度和比例来维持,K^+是其中的重要成员;

(4)K^+的浓度对心肌收缩运动的协调具有重要作用。血浆K^+浓度高时对心肌有抑制作用,高到一定程度可使心脏停搏在舒张期。血浆K^+浓度低时则常产生心律紊乱,过低时可使心脏停搏在收缩期。

2.钾的平衡及其调控

体内钾的正常恒定靠钾的摄入和排出来维持。

(1)钾的摄入。和钠一样,食物中的钾也是极易被动物吸收的,钾是动物和植物细胞中含量最丰富的阳离子,因此只要正常进食,任何动物都很少缺钾。

(2)钾的排出。钾绝大部分由尿排出。此外由汗和消化液也排出一些。和钠一样只有排粪量大而粪中含水又比较多的动物,才能由粪中排出显著量的钾,其他动物的粪中排钾量则是可以忽略的。

肾是排钾的主要器官,也是调节钾平衡的主要器官,即通过排出钾的多少以维持体内钾含量的正常恒定。由于在一般情况下动物摄入钾的量总是多余的,所以肾脏的主要作用是防止钾在体内积存至有毒的量。正常肾排K^+的能力很强。尽管摄入的钾很多,肾总是能很快的由血浆中把K^+清除掉,而使细胞外液中K^+的浓度不致升高。但是肾保钾的能力却比保钠的能力小很多。当Na^+的摄入断绝时,肾重吸收Na^+的作用可立即增强以致尿中无Na^+,从而把钠涸留在体内。但肾涸留钾的作用却不能这样快,当钾的摄入断绝而尽管体内已经缺钾时,钾的排出还要继续几天才能停止。

已知K^+由肾小球滤出并在近曲肾小管中重吸收,但肾远曲小管细胞还泌出K^+。因此尿中的K^+包括了近曲肾小管未能重吸收的K^+和远曲肾小管泌出的K^+。

肾小球滤出的K^+被近曲肾小管重吸收的程度取决于血浆中K^+的浓度，亦即摄入钾量的多少。当摄入的钾多而血浆中K^+的浓度较高时，则肾小球滤出的K^+不能全部被重吸收，因而有一部分被排出。当摄入的钾少而血浆中K^+的浓度较低时，则滤出的K^+实际上全部被重吸收，此时尿中的K^+只是由远曲肾小管细胞分泌出来的。

远曲肾小管对K^+的泌出受血浆pH影响。当碱中毒时，由于细胞内的H^+和细胞外液中的K^+进行交换，使远曲肾小管细胞中K^+的浓度升高，促进了K^+的泌出。而酸中毒时，由于细胞内的K^+和细胞外液中的H^+进行交换，降低了远曲肾小管细胞中K^+的浓度，从而抑制了K^+的泌出。影响远曲肾小管泌出K^+的其他重要因素是远曲肾小管中Na^+的浓度和醛固酮。已知在远曲肾小管进行K^+和Na^+的交换，因此在远曲肾小管液中的Na^+越多时，则K^+的分泌越多，反之亦是，二者一般成正比关系。而醛固酮则促进这种交换，所以醛固酮的作用是保钠排钾。醛固酮的分泌虽然也受体内钾含量的影响，即当摄入的钾多时，醛固酮的分泌也增多，以促进K^+的排出；而当体内缺钾时，醛固酮的分泌则减少，以降低K^+的泌出。但醛固酮的主要作用是保钠，它的分泌首先取决于体内Na^+含量的情况。

综上可见，当摄入的钾多时，则尿中不仅有远曲肾小管泌出的K^+，还有肾小球滤出而未被重吸收的K^+，因而尿中排K^+很多；当摄入的钾少时，则肾小管滤出的K^+全部被重吸收，远曲肾小管泌出的K^+也减少，因而尿中排K^+较少。但当体内缺钠而远曲肾小管中还有Na^+时，则醛固酮分泌增多以保钠，此时即使体内已经缺钾，醛固酮也要促进K^+的泌出以换回Na^+，只有当肾小管液中Na^+的含量极少时，K^+的泌出才能停止。

（四）钙和磷代谢

1.钙的分布及生理作用

机体内总钙量的99%以上存在于骨骼和牙齿中，以维持骨骼和牙齿的正常硬度，其余1%钙，大部分分布在细胞外液（血浆和组织间液）中，细胞内钙的含量很少。

体液中钙的含量虽然很少但在维持机体的正常机能中却起非常重要的作用。细胞外液中钙的作用主要有：降低神经肌肉的兴奋性；降低毛细血管和膜的通透性；维持正常肌肉收缩；维持神经冲动的正常传导；参与正常血液凝固；此外钙可激活许多酶，其中有些与上述机能有关，有些则说明钙还有其他重要的作用。近年来，越来越多的材料表明Ca^{2+}是重要的代谢调节物。

2.磷的分布及生理作用

磷在体内含量丰富，仅次于碳、氮及钙，占第四位。体内总磷量的85%左右存在于骨骼和牙齿中，14%位于细胞内，其余1%位于细胞外液。

骨骼外的磷对生命活动起着更为广泛的作用：参与构成活细胞的结构物质，如核酸中的核苷酸和细胞膜上的磷脂；参与几乎所有重要有机物的合成和降解代谢；高能磷酸化合物则在能量的释放、储存和利用中起着极为重要的作用；红细胞传递氧，及维持白细胞、血小板正常功能均需有机磷酸盐的作用。骨骼内的磷在骨的形成、维持骨的硬度及血液中磷的含量上起重要作用。磷酸盐（B_2HPO_4和BH_2PO_4）是细胞外液及肾小管内尿液中的缓冲系统成分。关于有机磷化合物的代谢在其他章节内分别讨论，本章只讨论无机磷酸化合物的代谢。

3. 骨骼中的钙和磷

正常成年动物骨骼的组成成分大致如下：水，45%；灰分，25%；蛋白质，20%；脂肪，10%。哺乳动物骨的灰分大致是由36%的钙、17%的磷和0.8%的镁以及其他一些元素组成的。其中钙和磷比值总在2∶1左右，甚至当骨部分脱盐时也是如此。

从骨的组织结构来看，它是由一个有机物组成的骨母组织，分散在其中的是骨细胞和骨盐结晶。骨盐的成分很像羟磷灰石，其分子式可写成$3Ca_3(PO_4)_2 \cdot Ca(OH)_2$，并具有羟磷灰石的基本晶格。不过此式只表示了主要的成分钙和磷，而实际上还有少量的其他离子，如Na^+、K^+、Mg^{2+}、F^-、CO_3^{2-}以及柠檬酸根等。

现在认为在这些晶体之间有介质存在。介质可能是半液体态的，许多离子悬浮在其中，其物理、化学以及生理学性质和晶体很不相同。羟磷灰石晶体在结构上是稳定的，不易溶解，因而不易和体液的离子进行交换，称为骨盐的不易交换部分。但其表面离子则易于交换，这些晶体极小，而总表面积很大。至于晶体间介质中的离子则是易于溶解并易于和体液中的离子进行交换的，称为骨盐的易交换部分。动物在其生命活动过程中，体液中的钙和磷不断地进入并沉积在骨中，同时骨骼中的钙和磷也不断的动员进入体液。因此骨盐不仅是维持骨的硬度所必需的，也是体内钙、磷的贮存库。当动物由食物中摄入不足，或机体对钙、磷的需求增加（如妊娠、泌乳或产卵时），以致摄入少于排出时，钙和磷就由骨组织中动员出来以满足机体的需要。

4. 血液中钙和磷

正常成年动物血钙的浓度平均约为10 mg/100 mL，一般正常范围为9～12 mg/100 mL。血钙以三种形式存在，其中45%～50%是游离的Ca^{2+}，约5%是与柠檬酸等阴离子酸根形成的不解离的钙，这两部分都是可扩散的，其余的40%～50%是与蛋白质结合的钙，它是不能扩散的。在组织间液中则主要是游离的Ca^{2+}，其浓度与血浆中游离Ca^{2+}浓度大致相同。现在认为体液中发挥生理作用的

主要是游离的 Ca^{2+}。因此为了维持正常的生理活动，血浆中游离 Ca^{2+} 的浓度必须恒定在一个极小的范围内。

血液中的磷大多数是在红细胞内以有机磷酸酯的形式存在，红细胞中有少量的无机磷。血浆中磷的总含量为 14～15 mg/100 mL，其中有 5～8 mg 是有机磷。本章只讨论血浆中的无机磷，它主要以 HPO_4^{2-} 和 $H_2PO_4^-$ 形式存在。正常成年动物血浆无机磷含量为 4～7 mg/100 mL，青年动物一般含量较高，变动较大(5～9 mg/100 mL)。

5. 细胞内的钙

细胞内钙的含量虽然很少，但却不是均匀分布的。许多细胞中的钙聚集在线粒体中，而肌细胞中的钙则聚集在肌浆网内。这种聚集是由于这些亚细胞结构的膜上钙泵活动的结果。当机体需要时，钙可由这些亚细胞结构中顺浓度的梯度冲入胞液，发挥生理作用。Ca^{2+} 在细胞内的转移具有多方面的重要生理意义，因而已成为当前生物化学研究的重要课题之一。

6. 钙和无机磷代谢

关于动物体钙和无机磷的代谢，我们着重讨论两个方面的问题：一是动物由食物摄入的钙、磷量和由体内排出的钙、磷量之间的平衡问题。对成年动物来说，其摄入量和排出量要相等，以维持体内钙、磷含量的正常恒定，否则当摄入量少于排出量而形成负平衡时，则使骨中的钙、磷丢失，造成骨软化症。对幼年动物来说，由于骨骼的生长，需要摄入的钙、磷量大于其排出量，使骨盐充分沉积，否则就会骨盐沉积不足引起佝偻病。二是维持血浆中钙、磷特别是钙浓度正常恒定的问题。它要求进入血液的钙、磷量和同时由血液中清除的量相等，否则会造成血浆中钙、磷浓度的过高或者过低而引起疾病。例如血钙过低时，由于神经肌肉的高度兴奋而引起痉挛和瘫痪。动物产后瘫痪就是血钙过低的常见病例。

这两方面的问题又是相互关联的，因为钙、磷的摄入和排出同样影响着血浆中钙、磷的浓度。不过除此以外，血浆中钙、磷的浓度还受着与骨中钙、磷的相互交换的影响。而且在许多情况下，这种交换对维持血浆中的钙、磷浓度更为重要。

(1)钙、磷的吸收。食物中的钙和无机磷不必经过消化就能被吸收，而有机磷则需经过酶水解成无机磷后才能被吸收。因此食物中的钙和无机磷主要在小肠前段吸收，而食物中的有机磷，由于需要消化，则主要在小肠后段被吸收。这样在大部分钙吸收后再吸收磷，有利于二者的吸收。

影响钙、磷吸收的因素很多，主要的有：食物中钙、磷的含量越多吸收的钙、磷量也越多；肠道 pH 对磷酸钙、碳酸钙等的溶解度有很大影响，在碱性、中性溶液中这些化合物的溶解度很低，难于吸收，而在酸性溶液中它们的溶解度大大增加，易于吸收，因此增高肠道酸性的因素有利于钙、磷的吸收，胃酸分泌不足时，则不利于钙、磷的吸收；食物中钙磷的比值对钙、磷的吸收有很大影响，这是因为磷酸钙的溶解度积是一个常数的原因，一般说来食物中钙磷比值以 2∶1～1.5∶1 为宜；食物中任何影响钙磷溶解度的因素都会影响钙、磷的吸收，例如脂肪酸可与钙形成不溶解的钙皂，因而它过多进食会影响钙的吸收，铁、锰、铅、铝等与磷酸形成不溶的盐，因而影响磷的吸收；维生素 D 促进钙的主动吸收，对磷的吸收也有一定作用；甲状旁腺素促进钙的吸收；随年龄的增长钙的吸收降低。

(2)钙、磷的排出。动物主要是通过粪和尿排出钙和磷。①粪中排出钙的大部分是食物中未被吸收的钙。②钙和磷由尿排出是受到调控的。肾小球滤过的钙和磷大部分被肾小管重吸收，尿中排出的钙和磷的量受血浆中钙和磷浓度的影响，钙排出的肾阈值在 6.5～8.0 mg/100 mL 血浆，血钙浓度低时排出较少，高时则尿钙稍有增加。并且甲状旁腺素增加肾小管重吸收钙的作用，降钙素则增加尿中排钙量，因此，现在虽然普遍认为血钙浓度的调节主要是激素直接对骨的作用，但看来肾机能也起着重要作用，而且肾脏疾病可明显的改变血钙的含量。③由乳腺和随蛋排除。泌乳动物有显著的钙和磷分泌到乳中，并且发现乳中几种成分的浓度高于血液，例如乳钙浓度为血液的 12～13 倍，磷为 7 倍，镁为 6 倍左右。产蛋母鸡随蛋排出大量钙。据计算母鸡体内的总钙量约为 20 g，而每个蛋中约含 2 g 钙。如果母鸡每天产一个蛋，这意味着每天体内的钙的 1/10 左右被转换。从这里也可以看出研究钙、磷代谢的重要性。

7.血浆中钙、磷浓度恒定的调节机制

血浆和其他细胞外液中的钙的浓度是维持在一个很狭窄的变动范围内。甚至在动物已严重缺钙，但只要调节机能正常和骨中还有一定储备时也是这样。可见血浆中 Ca^{2+} 浓度的恒定非常重要。动物机体调节血浆中 Ca^{2+} 浓度恒定的机构也非常完备和有效，这种调节机构是通过控制钙、磷的吸收，在骨中的沉积和动员以及由尿的排出来维持血钙恒定的。由于溶解度等的因素，血浆中钙的浓度恒定了，磷的浓度一般来说也是恒定的。

现在认为在调节血浆中 Ca^{2+} 浓度恒定的机制中，起主要作用的是体液中的钙与骨中钙的交换。其包括两种机制：一种是血浆中 Ca^{2+} 和易交换骨钙之间的物理化学平衡，它不依赖激素的作用。另一种机制是在甲状旁腺素的作用下，把骨盐晶体中的钙(不易交换钙)动员出来，使血钙达到正常水平。这是甲状旁腺素激活骨细胞和使破骨细胞增殖的结果。而甲状旁腺素的分泌则受血浆中 Ca^{2+} 浓度的控制，当血浆中 Ca^{2+} 浓度低于正常时，它促进甲状旁腺素的分泌，于是由骨中动员钙以提高血浆中 Ca^{2+} 的水平；而当血浆中 Ca^{2+} 浓度偏高时，则抑制此激素的分泌。

这是一个很有效的反馈控制机制。通过这个机制,血浆中的游离 Ca^{2+} 自己把自己的浓度控制在正常范围内。

甲状旁腺素除了促进骨的吸收外,还促进尿中排磷量的增加。甲状旁腺素可促进肾小管细胞增高 cAMP 的产生,而 cAMP 抑制磷重吸收从而降低血磷。血磷的降低也有利于血钙的升高。此外,由于 cAMP 加速骨盐的动员而使骨质脱钙和血钙升高,因而尿钙也增加。但它同时促进肾小管对钙的重吸收作用,故使肾对钙的清除率降低。这些是初期的比较快的作用(骨细胞的解骨作用)。甲状旁腺素作用时间较长时,引起强烈的骨改造,此时破骨细胞增殖并且活性增强,大量破坏骨质。继之成骨细胞也积极活动,以进行骨的重建。由于成骨细胞活性增高,释放的碱性磷酸酶增多,这就是佝偻病以及骨质软化症动物血中碱性磷酸酶活性增高的原因。

在维持血钙浓度恒定中另一个重要的激素是甲状腺分泌的降钙素。当血浆中 Ca^{2+} 浓度高于正常时促进降钙素的分泌增多,它抑制骨的吸收并促使钙在骨中沉积,因而使血钙降低。看来正是在甲状旁腺素和降钙素的共同作用下,使血钙浓度维持在正常水平的。目前正在研究这两种激素在分子水平上的作用机制。

(五)铁代谢

1. 分布及功能

动物体内铁的含量虽少(成年人 3～5 g)但铁非常重要。它是血红蛋白、肌红蛋白和细胞色素以及其他呼吸酶类(细胞色素氧化酶、过氧化氢酶、过氧化物酶)的必需组成成分。其主要功能是把氧转运到组织中(如血红蛋白)和在细胞氧化过程中转运电子(如细胞色素体系)。

全身的铁 60%～70%以血红蛋白的形式存在于红细胞中,而血浆中的铁的含量极少。在血浆中铁主要以铁传递蛋白的形式运输,游离的铁极微。约 3%的铁以肌红蛋白形式存在于所有细胞中。所有含铁的酶中的铁约占全身铁的 1%。其余的铁以铁蛋白或血铁黄素形式贮存,贮存的部位主要在肝、脾、肠黏膜以及骨髓的细胞中。

2. 吸收和排出

与其他电解质不同,体内铁的含量不是用排出调节而是用吸收调节,体内需要多少铁就吸收多少铁。机体能把体内的铁很有效的保存起来。各种含铁物质在降解时,其中的铁几乎能全部被机体再利用,因而排出的铁量极少。动物粪中的铁绝大多数是食物中未被吸收的铁,极少量是随胆汁以及肠黏膜细胞脱落而由体内排出的。尿中排铁量更少。此外通过出汗、毛发脱落以及皮肤脱落也丢失少量的铁。动物主要是在失血时丢失较多的铁。

阅读材料

部分无机盐平衡失调的原因

类型	原因			
低钠血症	缺钠性低钠	尿路失钠		肾上腺皮质功能降低（醛固酮分泌增多）；应用强心剂、利尿剂；糖尿病
		胃肠失钠		腹泻、肠变位等大量含 $NaHCO_3$ 的肠液丢失
		皮肤失钠		大汗后饮水过多而未补盐；皮肤烧伤失钠
		渗（漏）出液失钠		腹膜炎、肝硬化腹水期大量放出腹水
	稀释性（贮量正常）	水中毒		外伤手术等应激（抗利尿激素 ADH 分泌增多造成水潴留）；医源性水过剩（静脉补液）；少尿、无尿时（急性肾衰、尿路梗阻等）给水过多；等渗液体丢失而只补水
		血脂（胆固醇）过多		糖尿病；昏迷；犬肾变性
	其他	晚期肝硬化；肾变性期后肾功能衰竭；顽固性充血性心力衰竭		
高钠血症	暂时性高钠（高热、大汗后饮水不足）			
	肾机能失常；注射高渗盐水；进食大量食盐			
低钾血症	失钾过多性	失钾过多	消化道丢失	含 K^+ 高的胃液、肠液的丢失（呕吐、腹泻、过多使用灌肠剂、缓泻剂）；高位肠梗阻；肝硬化腹水
			尿路丢失	肾上腺皮质功能亢进（皮质肿瘤）；注射（促）肾上腺皮质药物；长期使用钾利尿剂（速尿、利尿酸）；慢性肾炎、肾盂肾炎、肾小管机能严重损伤（多尿）
			其他	透析治疗；心功能不全；急性失血；缺氧；碱中毒
		K^+ 摄入减少	废食（盐摄入不足）；食物缺钾	
	钾贮量正常性	大量输葡萄糖或过量使用胰岛素（糖原合成增多）		
	钾转入胞内	酸中毒（H^+ 增高，细胞内 H^+ 与细胞外 K^+ 交换增强，K^+ 进入胞内）		
高钾血症	钾摄入过多	在严重失水（排尿量减少）；心脏、肾功能失常投服含钾食物		
	肾排泄过少	少尿、无尿或尿闭；肾上腺皮质功能减退		
	钾由胞内逸出	大量溶血，兼肾损伤排钾困难时；酸中毒		
	钾浓缩	胞外液减少	休克晚期	
低钙血症	低蛋白血症（最重要的原因）；犬产后子痫；甲状旁腺功能减退；慢性肾衰竭；维生素 D 缺乏			
高钙血症	恶性肿瘤及原发性甲状旁腺功能亢进；维生素 D 或维生素 A 中毒；肾上腺皮质功能减退；甲状腺功能亢进；结节病；肾功能衰退；应用噻嗪类利尿剂			

铁主要以 Fe^{2+} 在十二指肠吸收。食物中的有机铁可在胃酸的作用下释放出来，而 Fe^{3+} 则被肠道中的还原剂还原成 Fe^{2+} 被吸收。这种还原剂有维生素 C、谷胱甘肽以及蛋白质中的硫氢基等。Fe^{2+} 可与维生素 C、某些糖和氨基酸形成螯合

物，这些化合物在较高的 pH 中也能溶解，故有利于吸收。消化道疾病和食物中较多的磷酸以及其他降低 Fe^{2+} 溶解度的物质，都会影响铁的吸收。铜缺乏影响铁的吸收。

铁的吸收量取决于机体的需要，需要多少吸收多少，多余的则拒绝吸收，这种吸收或不吸收是由肠黏膜细胞直接控制的。肠黏膜上皮细胞中含有铁蛋白，它是由聚集的氢氧化铁和脱铁铁蛋白组成的，含铁量约为 20%。关于控制铁吸收的机制虽已提出了几种学说，但都未证实，这里不再叙述。

铁吸收不足当然引起缺铁，它常伴有红细胞中原卟啉含量的增加，这不仅在发生缺铁性贫血时，而且在铁储存量下降时也是如此，测定红细胞中原卟啉的含量对确诊缺铁性贫血是有价值的。

3. 转运、利用和贮存

吸收的 Fe^{2+} 从肠黏膜细胞进入血浆后，再氧化为 Fe^{3+}，并与血浆中的一种 β-球蛋白结合起来，此化合物称为铁传递蛋白。铁传递蛋白结合铁的能力较强，正常含铁量仅约为其结合能力的 33%。不同病变时此数值有变化，故可作为诊断指标。在铁掺和到血红蛋白中去时，似乎是铁传递蛋白进入发育着的网织红细胞内，并在其中把铁释放出来以进行掺和。

现在认为网状内皮系统不仅储存铁，而且也释放其中的铁为组织利用，即在维持血浆的铁含量中起部分作用。当网状内皮细胞向细胞外液中释放铁时，其铁蛋白中的 Fe^{3+} 必须还原为 Fe^{2+} 才能进入血浆，而到达血浆后又需再氧化为 Fe^{3+} 与铁传递蛋白结合起来转运，血浆铜蓝蛋白参与此过程，至少是参与此氧化作用。

当组织需要时，血浆中的铁由铁传递蛋白中释放出来，并穿过毛细血管进入细胞，在其中储存或利用。由铁传递蛋白把铁转运至储存位置是需要维生素 C 和 ATP 的，可能还需要其他阴离子。

肝、脾和肠黏膜是储存铁的主要部位，其他器官（如胰、肾上腺）以及所有网状内皮细胞都起储存铁的作用。储存的形式是铁蛋白和血铁黄素。正常时铁蛋白占 60%，在铁沉积过多的疾病中，则血铁黄素突出地多。在一般普鲁士蓝组织化学染色时，铁蛋白不染色，血铁黄素则染色。

铁主要用于合成血红蛋白、肌红蛋白和某些呼吸酶类。呼吸酶是在所有的细胞中都合成的，肌红蛋白在肌肉细胞中合成，血红蛋白则在造血组织，主要是在骨髓的发育中的红细胞中生成。当血红蛋白降解时，其中的铁是易于再利用的。肌红蛋白和呼吸酶中的铁则不易再利用。在贮存铁中，铁蛋白的铁比血铁黄素中的易于利用。

(六)微量元素

1.微量元素的概念及分类

动物体内的微量元素指占体重0.05%以下的各种元素,这是因为占体重0.05%以下的元素只能用微量分析的方法测定之故。而含量占体重0.05%以上的各种元素,则可用常量分析的方法进行测定,故称为常量元素。显然这种用化学分析的方法来划分体内的元素是不合理的,因为它不能反映各种元素在体内的代谢情况或生理作用。但目前尚无更好的划分方法,因而还只能这样划分。

动物体内的微量元素一般分为两大类:一类是必需微量元素。因为已经查明它们都各自具有特殊的生理功能,而且当动物体内缺乏它们时,会患有特殊疾病;另一类是异常微量元素。这类元素到目前为止还未发现它们有任何特殊的生理功能,也未发现当动物体内缺乏它们时会患有疾病,因而认为它们不是动物体所必需的元素。目前已知动物体内的微量元素多达50多种,其中有14种已肯定为必需的微量元素,即锰、铁、钴、铜、锌、钼、碘、氟、硅、钒、铬、硒、锡和镍。其余的则是非必需的异常微量元素。

非必需的异常微量元素又可分为毒性元素和惰性元素两类。汞、铬、砷、碲、铅、铍、锑、钡、铊、钇等已被证明是毒性元素,它们在体内微量存在时就能引起毒性反应,而溴、硼、铝等30多种元素在体内微量存在时,并不引起有害反应,故为惰性元素。当然毒性元素和非毒性元素的划分并不是绝对的,实际上任何元素,包括必需元素在内,在体内过量存在时都会引起毒性反应。

2.微量元素的吸收和排泄

大多数微量元素是随食物和饮水经消化道吸收进入体内的。但某些元素还可随大气通过呼吸道或通过皮肤等途径进入体内。对大多数微量元素来说,胃肠吸收它们的机制是不清楚的,影响它们吸收的因素了解的也很少。这些都是值得研究的问题。目前已知天然食物和饮水中各种微量元素的含量与动物对它们的需求量和吸收量之间有高度的一致性,这大概是生物在长期进化中对其环境进行适应的结果。目前发现的微量元素中毒现象,多半是由于工业污染或农药污染引起的。

微量元素的排出途径有随尿、粪排出以及由汗腺、皮肤、被毛等排出。不同元素的排出途径差异较大。钴、钼、氟、碘、硒等主要有尿排出;铜、锌、铬、锰等则主要随粪排出。铁、锌、溴、铅、铜、铝、镉、钡、硼、锰、锑、砷、硒、氟等有一部分能进入被毛而排出。现在,分析被毛中某些异常微量元素的含量,以被用为检测环境污染的指标。

3.微量元素在体内的分布和存在方式

微量元素在体内的分布极不均匀。许多微量元素都有其特异的集中存在的部位。例如:氟、锶、铅、钡的90%以上集中在骨骼;锌、溴、锂、汞有50%以上集中在肌肉;碘有85%以上集中在甲状腺;钒有90%以上集中在脂肪组织;铁由70%左右集中在红细胞内;铜大部分集中在肝脏等。这种集中存在,有的是与它们的特殊生理功能有关(如铁在红细胞中,碘在甲状腺中等),有的则是储存部位。

微量元素在动物体内存在的方式是多种多样的。有的以离子形式存在;有的与蛋白质紧密结合;有的则形成有机化合物等等。而且同一元素可以多种形式存在。这种存在方式往往与它们的生理功能、运输或储存有关。例如:碘以甲状腺素的形式存在,钴以维生素 B_{12} 的形式存在等,都与它们的生理功能有关。许多元素(如铜、铁、锌等)都是在血浆中与蛋白质结合起来进行运输的。在组织中许多元素(如铜、铁)都是以和蛋白质结合起来的方式储存起来的。

4. 必需微量元素的生理功能

已知动物体内缺乏某种必需微量元素时,会发生特异的症状。而且对这些元素的生理功能,现在也知道一些。然而由于对它们的功能了解的还很不够,因而目前还不能很好的用以阐明缺乏时所发生的特异症状的原因。已知微量元素的生理功能是多种多样的,现归纳如下。

(1)许多微量元素与酶的活性有关,这大概是已知的微量元素最为广泛的作用。例如:铜是酪氨酸酶、细胞色素氧化酶的必需成分;钼是黄嘌呤氧化酶和醛氧化酶的必需成分;锌是硫酸酐酶、碱性磷酸酶、胰羧基肽酶等的必需因子;锰是精氨酸梅、碱性磷酸酶、异柠檬酸脱氢酶、葡糖磷酸变位酶、肠肽酶等的激活剂和琥珀酸脱氢酶等的必需因子;硒是谷胱甘肽过氧化物酶的必需因子等。很明显这些微量元素是通过酶来发挥它们的生理作用的。

(2)有些微量元素是构成某些生物活性物质的成分。例如碘是甲状腺激素的成分;钴是维生素 B_{12} 的成分;铁是血红素的成分等。这些微量元素的生理作用即表现为这些生物活性物质的作用。缺乏它们,即引起这些活性物质的含量不足而发生疾病。

(3)有的元素(如氟)可被吸附在牙齿珐琅质的羟磷灰石晶体表面,形成一层抗酸的氟磷灰石,因而对牙齿有保护作用。

此外已知许多微量元素还有许多其他生理作用。例如缺铜可引起贫血;锌对蛋白质的合成有促进作用等。但由于对其机制还不明了,因而尚不知道它们是通过何种途径发挥作用的。

5. 微量元素中毒

任何元素摄入体内的量过多时,都会产生对机体有害的作用而引起中毒现象。这里所要谈的是那些少量甚至微量进入体内而引起中毒的元素。有些元素甚至进入体内的量极微，但可因在体内积累而最后引起中毒。

引起中毒的微量元素主要是金属元素，其中尤其是重金属元素。但有些非金属元素如砷、硒、碲、氟等也有较高的毒性。不同元素引起中毒的机制并不相同。但对重金属来说，它们一般都是与蛋白质结合，引起蛋白质的性能发生改变，从而抑制酶的活性或蛋白质的其他正常功能，使细胞代谢发生紊乱。有些元素如氟等因为是酶的强烈抑制剂而引起中毒。也有些元素是由于和某种必需元素竞争而引起中毒，例如镉中毒是由于它和锌竞争，使许多含锌的酶活性严重降低的结果。还有一些元素引起中毒的机制至今仍不清楚。

许多微量元素在进入体内后，常常积存在某一组织中，这可能是一种解毒的保护性作用。然而当积累到一定程度后，即暴发严重的中毒现象。此积累过程即为慢性中毒。例如铜的摄入量超出其排出量时积存在肝中，肝中的铜超过一定水平时便大量释放入血，引起死亡；氟摄入多余时沉积于骨中，骨中的氟超过一定水平时便冲入软组织而引起死亡；铅也沉积在骨中，当骨的代谢增强时，铅由骨中动员出来而使动物中毒；镉沉积于肾中，逐渐地损害肾功能等。

引起微量元素中毒的原因大多数是由于工农业的污染饮用水、食物、空气或土壤而造成的。防止微量元素中毒是当前环境保护的重要内容之一。

习题

一、填空题

1. 细胞外液主要是指________、________和________。

2. 血浆的稳定主要是因为血浆中有多对对________起缓冲作用的物质即缓冲对，如________、________和________等。

3. 生物体内水的来源有三即________、________和________。水的排出主要有________、________、________、大肠排出。体内水平衡的调节是在________和________的共同作用下，主要通过调节________、重吸收水的量来实现。

4. 动物体内钠的摄入主要来自________，人体需摄入________。钠的排出主要途径是随________排出，其次随________、粪便(极少)排出。

5. 动物体内钾的摄入主要来自________。钾的排出主要途径是随________、________排出，未被吸收的钾盐随粪便排出。

二、选择题

1. 下列物质中不属于细胞外液成分的是(　　)。

A. CO_2、O_2　　B. H_2O、Na^+　　C. $C_6H_{12}O_6$、尿素　　D. 血红蛋白、氧化酶

2. 人体剧烈运动时，肌肉产生的大量乳酸进入血液，但并不引起血浆 pH 发生剧烈的变化。其中发挥缓冲作用的物质主要是(　　)。

A. 碳酸氢钠　B. 碳酸　C. 三磷酸腺苷　D. 钾离子

3. 口腔上皮细胞所处的细胞外液是指(　　)。

A. 淋巴液　B. 组织液　C. 血浆　D. 唾液

4. 人体中占体液总量百分比最大的是(　　)。

A. 细胞内液　B. 细胞外液　C. 血液　D. 淋巴液

5. 人体与外界环境之间进行物质交换，必须经过的系统是(　　)。

①消化系统　②呼吸系统　③神经系统　④泌尿系统　⑤循环系统

⑥运动系统　⑦生殖系统　⑧内分泌系统

A. ①②③④　B. ⑤⑥⑦⑧　C. ①②④⑤　D. ③⑥⑦⑧

6. 肌肉注射时，药液进入人体后经过的一般途径是(　　)。

A. 血浆→组织液→淋巴→血浆→靶细胞

B. 组织液↗血浆→组织液→靶细胞；组织液↘淋巴↑（淋巴→血浆）

C. 淋巴→血浆→组织液→血浆→靶细胞

D. 组织液→血浆→组织液→靶细胞

7. 共同维持人体血液酸碱度相对稳定的物质和结构基础是(　　)。

A. 缓冲物质　B. 骨骼肌　C. 肺　D. 肾

8. 血浆中水的来源可恰当的描述为(　　)。

A. 组织液　B. 消化道、组织液、淋巴

C. 组织液和淋巴　D. 血、消化道

9. 严重缺铁的病人可能会出现(　　)。

A. 丙酮酸中毒　B. 乳酸中毒　C. 尿素中毒　D. CO_2 中毒

10. 长时间行走时脚掌磨出了水泡，几天后水泡消失。此时水泡中的液体主要渗入(　　)。

A. 组织细胞　B. 毛细血管和各级淋巴管

C. 各级动脉和静脉　D. 毛细血管和毛细淋巴管

11. 下列关于皮肤与散失水分的关系，正确的是(　　)。

A. 人体在寒冷的冬季也能通过皮肤散失水分

B. 人体在寒冷的冬季不能通过皮肤散失水分

C. 人体皮肤只有在出汗的情况下才散失水分

D. 出汗的目的是为了排泄

12. 下列关于人体内水和无机盐平衡及调节的叙述中正确的是(　　)。

A. 肾小管和集合管对无机盐的重吸收是伴随水分的重吸收而进行的

B. 血浆渗透压降低时,人体内缺水,引起口渴,同时排尿量减少

C. 肾小管的重吸收要消耗能量,水和无机盐的平衡在神经和激素的共同调节下完成

D. 下丘脑分泌的醛固酮和抗利尿激素在水和无机盐平衡过程中起拮抗作用

13. 钠是组成人体的一种重要元素,下列有关的叙述错误的是(　　)

A. 钠离子参与体内酸碱平衡的调节

B. 钠离子对维持细胞内液的渗透压起重要作用

C. 人在高温条件下工作或剧烈运动时丢失的无机盐主要是钠盐

D. 血液中钠离子含量升高时,醛固酮的分泌减少

14. 遇难而漂浮在海面的人,因缺乏淡水,此人(　　)。

A. 血浆渗透压升高,抗利尿激素增加

B. 血浆渗透压升高,抗利尿激素减少

C. 血浆渗透压降低,抗利尿激素增加

D. 血浆渗透压降低,抗利尿激素减少

15. 调节人体水和无机盐平衡最主要的器官是(　　)。

A. 汗腺　　B. 肾　　C. 大肠　　D. 肺

16. 某人患急性肠胃炎引起腹泻,医生给予补充生理盐水,其主要目的是(　　)。

A. 提供能量　　B. 供给营养

C. 维持水分代谢的平衡　　D. 维持无机盐代谢的平衡

17. 肾脏排尿的意义是(　　)。

①人体排出水分的重要途径 ②可以排出部分热量以调节体温 ③可以排出多余的钠 ④可以排出体内多余的钾和葡萄糖 ⑤可以排出代谢废物 ⑥可以维持体内水分和无机盐的平衡

A. ①②③④　　B. ①③④⑤　　C. ①③⑤⑥　　D. ②③④⑤

三、问答题

1. 简述水及各类无机盐在体内的分布及功能。

2. 人体中钠(Na^+)和钾(K^+)的进出各有什么特点?

3. 有人说:"腹泻、呕吐只会丢水,不会丢盐",这句话是否正确?并简述理由。

4. 抗利尿激素和醛固酮对水盐代谢各有何影响?

5. 试述钙、磷代谢的调节及机理。

6. 试述酸碱平衡作用中血液缓冲体系、肺的调节和肾脏调节作用之间的关系及各自的特点。

第十二章　生物膜的结构与功能

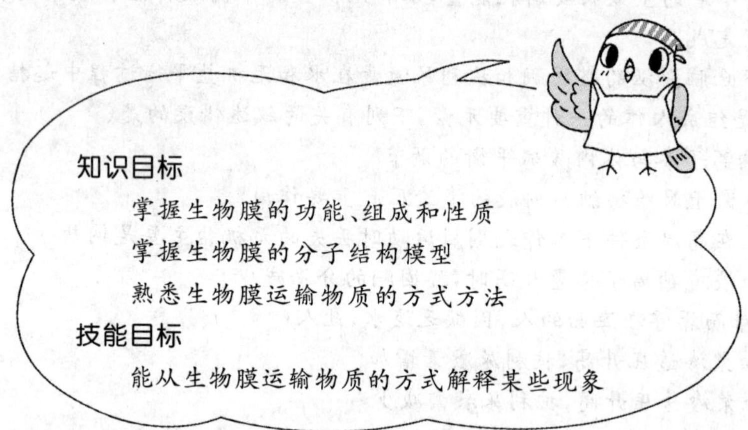

生物膜(biomembrane)是生命系统的重要组成部分,是构成细胞的所有膜的总称。按其所处位置可分为两种:一种处于细胞质外面的一层膜叫质膜,也可叫原生质膜;另一种是处于细胞质中构成各种细胞器的膜,叫内膜(endomembrane)。质膜可由内膜转化而来(如子细胞的质膜由高尔基体小泡融合而成)。生物膜是细胞结构的基本形式,它对酶催化反应的有序进行和整个细胞的区域化都提供了一个必要的结构基础。

在真核细胞中,膜结构占整个细胞干重的70%～80%。膜本身是一个复杂的超分子复合体,它的组成、结构与功能有机统一,它们是生物流、物质流、信息流的结构基础,对调节细胞生命活动有十分重要的意义。生物膜自身也处于变化之中,在不同生理状态和内外环境条件下,膜的组成和结构以经常发生变化,膜的机能也会发生相应的改变,从而导致细胞代谢活动的变化。

一、生物膜的基本结构

(一)生物膜的化学组成

生物膜由蛋白质、脂类、糖、水和无机离子等组成。蛋白质占60%～65%,脂类占25%～40%,糖占5%。这些组分,尤其是脂类与蛋白质的比例,因不同细胞、细胞器或膜层而相差很大。功能复杂的膜，其蛋白质含量可达 80%，而有的只占 20%左右。需说明的是，由于脂类分子的体积比蛋白质分子的小得多，因此生物膜中的脂类分子的数目总是远多于蛋白质分子的数目。如在一个含 50%蛋白质的膜中，大概脂类分子与蛋白质分子数量比为 50：1。

这一比例关系反映到生物膜结构上，就是脂类以双分子层构成生物膜的基本结构，而蛋白质分子则“镶嵌”于其中。

1. 膜蛋白

膜蛋白是生物膜的功能成分，它们除了起结构作用外，都具有生物功能，如作为催化作用的酶、作为运输作用的载体或泵、作为能量转化的氢或电子传递体、作为信息传递的受体蛋白。不同生物膜所具有的不同生物学功能，主要是由于所含膜蛋白的种类和数量不同。

生物膜中的蛋白质占细胞蛋白总量的 20%～30%，它们或是单纯的蛋白质，或是与糖、脂结合形成的结合蛋白。根据它们与膜脂相互作用的方式及其在膜中的排列部位，可以大体地将膜蛋白分为两类：外在蛋白与内在蛋白(图 12-1)。外在蛋白(extrinsic protein)为水溶性球状蛋白质，通过静电作用及离子键等非共价键与膜脂相连，分布在膜的内外表面。内在蛋白(intrinsic protein)占膜蛋白总量的 70%～80%，又叫嵌入蛋白或整合蛋白，其主要特征是水不溶性，分布在脂质双分子层中，有的横跨全膜也称跨膜蛋白 (transmembrane protein)，有的全部埋

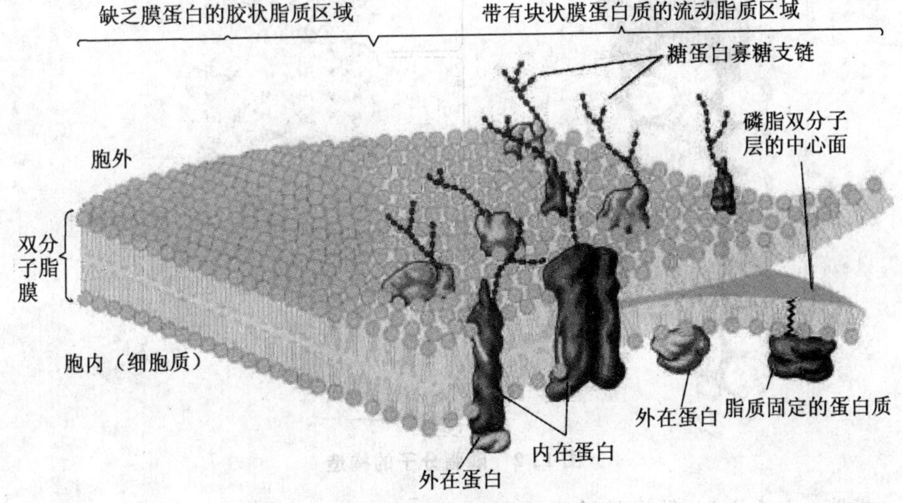

图 12-1　细胞膜的构造

入疏水区，有的与外在蛋白结合以多酶复合体形式与膜脂结合。最近，又在生物中发现一类新的膜蛋白，叫膜脂蛋白，它们的蛋白部分不直接嵌入膜，而依赖所含的脂肪酸插入脂质双分子层中。

2.膜脂

膜脂是生物膜主要结构成分，包括磷脂、糖脂、硫脂、固醇等化合物，其中以磷脂含量最高。

磷脂(phospholipid)是含磷酸基的复合脂。在膜中重要的磷脂属甘油磷脂，它们是磷脂酰胆碱（卵磷脂，phosphatidylcholine）和磷脂酰乙醇胺（脑磷脂，phosphatidylethanolamine）。另外，还有磷脂酰丝氨酸（phosphatidylserine），磷脂酰甘油（phosphatidylglycerinele），磷脂酰肌醇（phosphatidylinositol）等。

磷脂分子结构既有疏水基团，又有亲水基团。如图 12-2 所示，分子中有一个极性的"头部"和一个疏水的"尾部"。磷脂的这种特性使之在生物膜形成中起着独特的作用。

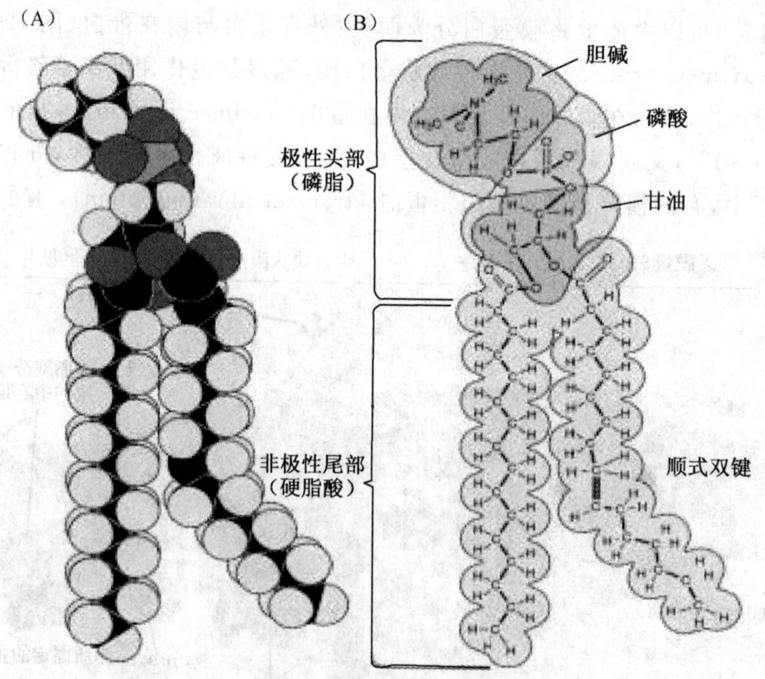

图 12-2 磷脂分子的构造

糖脂(glycolipid)是指甘油酯中甘油分子上有一个羟基以糖苷键与一分子六碳糖相结合的产物。硫脂(sulpholipid)则是糖脂分子中的六碳糖上又带一个硫酸根基团。糖脂和硫脂也具有极性的"头部"和疏水的"尾部",这两种脂类在叶绿体膜中特别多,其含量甚至超过了磷脂。

由上可知,膜上的脂类几乎都是两性分子,在水相中可自发地形成脂双层,即脂类分子呈两层排列,亲水的头部处于水相,疏水的尾部朝向中央。这种自发的排列过程称作脂类的自我装配。脂双层一旦有破损也能自我闭合。实验表明:脂双层是流动的,脂类分子能在各自的单分子层内迅速地移动,即横向扩散,而一般不容易"翻转",即不易从一个单分子层颠转到另一单分子层。脂双层的自我装配、自我闭合以及具有流动性的三大特点决定了它能成为生物膜理想的基本结构。

膜脂上的脂肪酸(fatty acid)有饱和脂肪酸和不饱和脂肪酸之分,不饱和脂肪酸分子有双键,其顺式和反式的互变使不饱和脂肪酸易于弯曲或转动,从而使得膜结构比较松散而不僵硬。

膜脂上的不饱和脂肪酸与植物的抗逆性有很大关系,通常耐寒性强的植物,其膜脂中不饱和脂肪酸含量较高,而且不饱和程度(双键数目)也较高,有利于保持膜在低温时的流动性,而抗热性强的植物,其饱和脂肪酸的含量较高,有利于保持膜在高温时的稳定性。

3. 膜糖

生物膜中的糖类主要分布于质膜的外单分子层。这些糖是不超过 15 个单糖残基所连接成的具分支的低聚糖链(寡糖链),它们大多数与膜蛋白共价结合,少部分与膜脂结合,分别形成糖蛋白和糖脂(图 12-1)。由于单糖彼此间结合方式、排列顺序、种类、数量以及有无分支等差别,其组合是千变万化的,所形成的寡糖链种类非常多,形成了多种细胞表面特异的图像,细胞之间借此进行互相识别和交换信息。

(二)生物膜的结构

关于生物膜的结构有许多假说与模型,下面介绍两种模型。

1. 流动镶嵌模型

流动镶嵌模型(fluid mosaic model)由辛格尔(S. J. Singer)和尼柯尔森(G. Nicolson)在 1972 年提出,认为液态的脂质双分子层中镶嵌着可移动的蛋白质,图 12-1 展示了此模型的结构特点。内在蛋白嵌合在磷脂分子层中,内在蛋白或其聚合体可横穿膜层,两端极性部分伸向水相,中间疏水部分与脂肪酸部分呈疏水结合,外在蛋白与膜两侧的极性部分结合。

这个模型的特点是强调膜的不对称性和流动性。不对称性主要是由脂类和蛋白质分布的不对称造成的。虽然同一种磷脂可见于脂双层的任一层,但它们的数量是不等的。蛋白质在膜中有的半埋于内分子层,有的半埋于外分子层,即使贯穿全膜的蛋白质也是不对称的。另外,寡糖链的分布也是不对称的,它们大多分布于外分子层。膜的流动性包含两个方面,其一是脂类分子是液晶态可动的,脂类分子随温度改变经常处于液晶态和液态的动态平衡之中,两相中脂类分子排列不同,流动性大小也不同。其二是分布于膜脂双分子层的蛋白质也是流动的,它们可以在脂分子层中侧向扩散,但不能翻转扩散。这说明了少量膜脂与膜蛋白有相对专一的作用,这种作用是膜蛋白行使功能所必需的。

脂双层的流动性保证了膜能经受一定程度的形变而不致破裂,这可使膜中各种成分按需要调整或组合,使之合理分布,有利于表现膜的多种功能。更重要的是它允许膜互相融合而不失去膜对通透性的控制,确保膜分子在细胞分裂时均等地分配给子代细胞。如果膜不具有流动性,则很难想象细胞如何存活、生长和繁殖。流动镶嵌模型虽得到比较广泛的支持,但仍有很多局限性,如忽视了蛋白质对脂类分子流动性的控制作用和膜各部分流动的不均匀性等问题。

2. 板块镶嵌模型

板块镶嵌模型(plate mosaic model)由贾因(M. K. Gain)和怀特(White)在1977年提出。他们认为,由于生物膜脂质可以在环境温度或其他化学成分变化的影响下,或是由于膜中同时存在着不同脂质(脂肪链的长短或不同的饱和度),或者由于蛋白质和蛋白质、蛋白质和脂质间的相互作用,使膜脂的局部经常处于一种"相变"状态,即一部分脂区表现为从液晶态转变为晶态,而另一部分脂区表现为从晶态转变为液晶态。因此,整个生物膜可以看成是由不同组织结构、不同大小、不同性质、不同流动性的可移动的"板块"所组成,高度流动性的区域和流动性比较小的区域可以同时存在,随着生理状态和环境条件的改变,这些"板块"之间可以彼此转化。

(三)生物膜的功能

在生命起源的最初阶段,正是有了脂性的膜,才使生命物质——蛋白质与核酸获得与周围介质隔离的屏障而保持聚集和相对稳定的状态,继之才有细胞的发展。因此,质膜是任何活细胞必不可少的。植物细胞可以脱离细胞壁而生活,却不能脱离质膜而生存。膜的主要功能如下:

1. 分室作用

细胞的膜系统不仅把细胞与外界环境隔开,而且把细胞内的空间分隔,使细胞内部区域化(compartmentation),即形成各种细胞器,从而使细胞的代谢活动"按室进行"。各区域内均具特定的pH、电位、离子强度和酶系等。

同时,由于内膜系统的存在,又将各个细胞器联系起来共同完成各种连续的生理生化反应,比如光呼吸过程就是由叶绿体、过氧化物体和线粒体三者协同完成的。

2. 代谢反应的场所

细胞内的许多生理生化过程在膜上有序进行。如光合作用的光能吸收、电子传递和光合磷酸化、呼吸作用的电子传递及氧化磷酸化过程分别是在叶绿体的光合膜和线粒体内膜上进行的。

3. 物质交换

质膜的另一个重要特性是对物质的透过具有选择性,控制膜内外进行物质交换。如质膜可通过扩散、离子通道、主动运输及内吞外排等方式来控制物质进出细胞。各种细胞器上的膜也通过类似方式控制其小区域与胞质进行物质交换。

4. 识别功能

质膜上的多糖链分布于其外表面,似"触角"一样能够识别外界物质,并可接受外界的某种刺激或信号,使细胞作出相应的反应。例如,花粉粒外壁的糖蛋白与柱头细胞质膜的蛋白质之间就可进行识别反应。膜上还存在着各种各样的受体(receptor),能感应刺激,传导信息,调控代谢。

二、生物膜与物质转运

细胞膜是细胞内外物质交换的必经之路,它对物质的进出有严格的选择和精确的控制。小分子物质和大分子物质转运有不同的方式。

(一)小分子物质转运

小分子物质的过膜运输可分为被动运输(passive transport)和主动运输(active transport)。

1. 被动运输

物质从高浓度的一侧,通过膜转运到低浓度的另一侧,即沿着浓度梯度(膜两边的浓度差)的方向跨膜转运的过程。这类转运是通过被转运物质本身的扩散作用进行的,是一个不需要外加能量的自发过程;许多物质的被动转运过程需要特殊的蛋白载体帮助。如葡萄糖从血液转运进入红细胞内。

被动运输根据运输中是否需要辅助因素又可分为简单扩散(simple diffusion)

和协助扩散(facilitated diffusion)。

(1)简单扩散。简单扩散不需要膜上辅助因素参与,这是许多脂溶性或极性小分子通过膜的主要方式。它通过膜上脂质双分子层的微孔进行,微孔的平均直径约 8 nm,而 O_2、CO_2、H_2O、乳酸、甘油及戊糖等小分子的直径都小于 8 nm,可以自由通过,直到膜两侧的浓度相等为止。但是这些微孔可随膜脂的可塑性变化而改变。因此,微孔可能只是暂时的通道(图 12-3)。

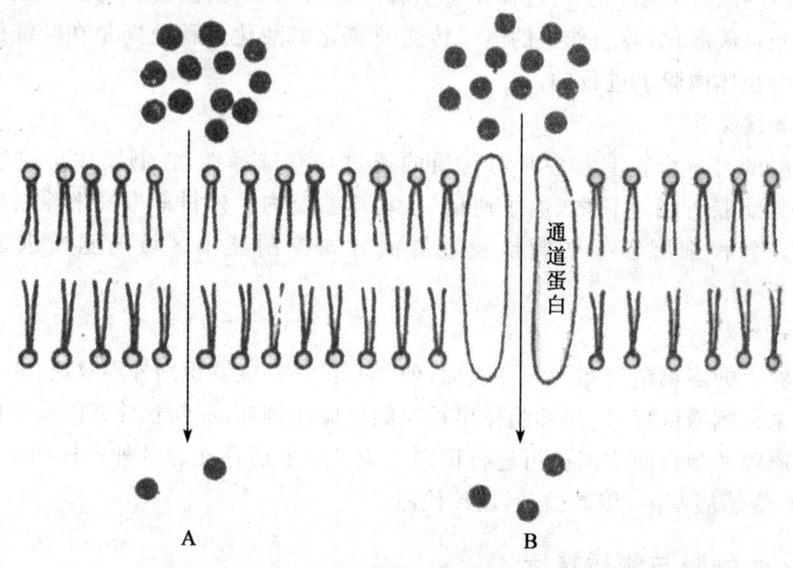

图 12-3 简单扩散示意图

A 物质直接通透; B 通道蛋白传输

(2)协助扩散。协助扩散需要膜上运输蛋白辅助运送,这是许多非脂溶性物质(如离子、糖、氨基酸、核苷酸等)从高浓度向低浓度扩散过膜的方式。膜上的运输蛋白都是内在蛋白,它们有的作为离子通道(ionic channel),因其分子中间有亲水的氨基酸残基组成的孔道,允许与孔道孔径相匹配的离子穿过;有的作为载体蛋白(carrier protein),需要和过膜的物质可逆结合,借助于热运动以及其构象的改变而在膜两侧摆动,运送物质(图 12-4)。

协助扩散和简单扩散最显著的差异在于前者有明显的饱和效应,即当被运输的物质不断增加时,运送速度会出现一个极限值,这是由于载体蛋白的数量限制所造成的(图 12-5)。

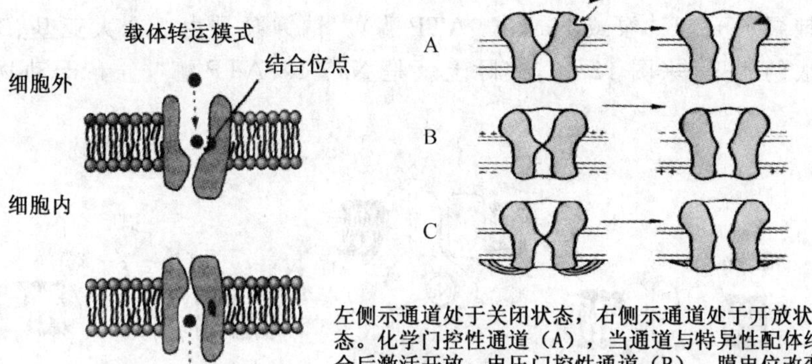

图 12-4　载体转运模式和离子通道模式图

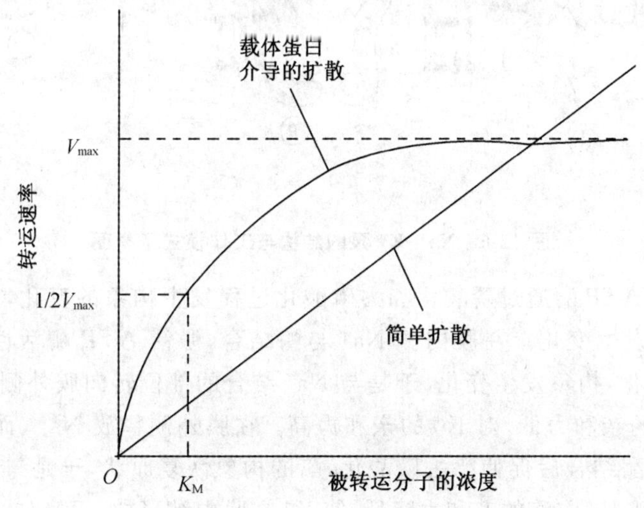

图 12-5　简单扩散与协助扩散的比较

2. 主动运输

主动运输是在外加能量驱动下进行的物质跨膜转运过程。主动运输的物质，可以是离子、小分子化合物，也可以是复杂的大分子物质，如某些蛋白或酶等。这一过程一般都与 ATP 的放能反应相偶联、可以被某些抑制剂抑制、需要载体蛋白的参与、物质可以逆浓度梯度或电化学梯度进行转运、膜具有专一性。

如生物膜上专门逆浓度梯度运送 Na^+、K^+ 的载体蛋白，其作用似泵，因此称为钠钾泵（Na^+-K^+ 泵或 Na^+-K^+ ATP 酶）。钠钾泵是由 2 个大亚基、2 个小亚基组成的四聚体（图 12-6），实际上就是 Na^+-K^+ATP 酶，分布于动物细胞的质膜。

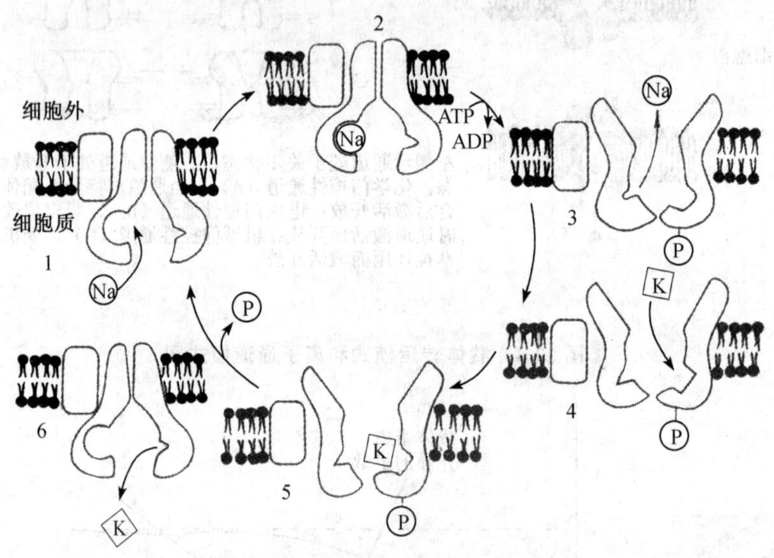

图 12-6　Na^+-K^+ 泵的结构与工作模式示意图

Na^+-K^+ATP 酶通过磷酸化和去磷酸化过程发生构象的变化，导致与 Na^+、K^+ 的亲和力发生变化。在膜内侧 Na^+ 与酶结合，激活 ATP 酶活性，使 ATP 分解，酶被磷酸化，构象发生变化，于是与 Na^+ 结合的部位转向膜外侧；这种磷酸化的酶对 Na^+ 的亲和力低，对 K^+ 的亲和力高。在膜外侧释放 Na^+、而与 K^+ 结合。K^+ 与磷酸化酶结合后促使酶去磷酸化，酶的构象恢复原状，于是与 K^+ 结合的部位转向膜内侧，K^+ 与酶的亲和力降低，使 K^+ 在膜内被释放，而又与 Na^+ 结合。这样，每一循环消耗一个 ATP，转运出三个 Na^+，转进两个 K^+。

（二）大分子物质转运

质膜对大分子物质是不通透的，大分子物质的过膜运输主要通过内吞作用（endocytosis）和外排作用（exocytosis）进行。

内吞作用（也称胞吞作用）指细胞从外界摄入蛋白质、多聚核苷酸、多糖等大分子物质或颗粒的过程，这些大分子物质或颗粒逐渐被质膜的一小部分内陷而包围，随后从质膜上脱落下来，形成含有摄入物质的细胞内囊泡（图 12-7）。若内吞物是固体，则称为吞噬作用（phagocytosis）；若内吞物质为液态，则称为胞饮作用（pinocytosis）。内吞作用是许多低等生物获取营养物质的方式。

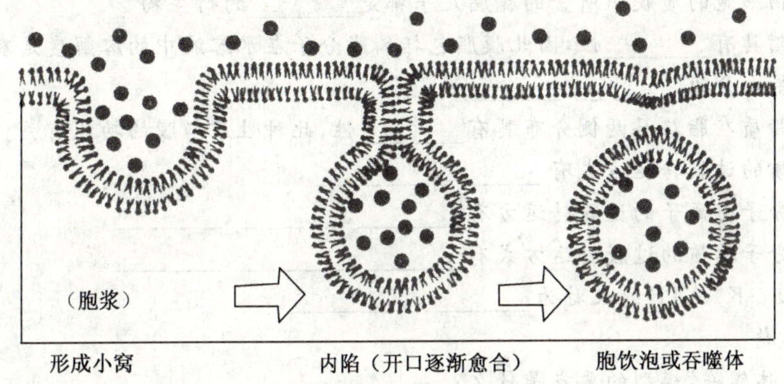

图 12-7　胞吞作用示意图

与内吞作用相反，有些物质在细胞内被一层膜包围，形成小泡，逐渐移至细胞表面，最后与质膜融合并向外排除，这一过程称为外排作用（也称胞吐作用）（图 12-8）。高等植物细胞利用外排作用可消除有害异物（细菌、病毒等）。

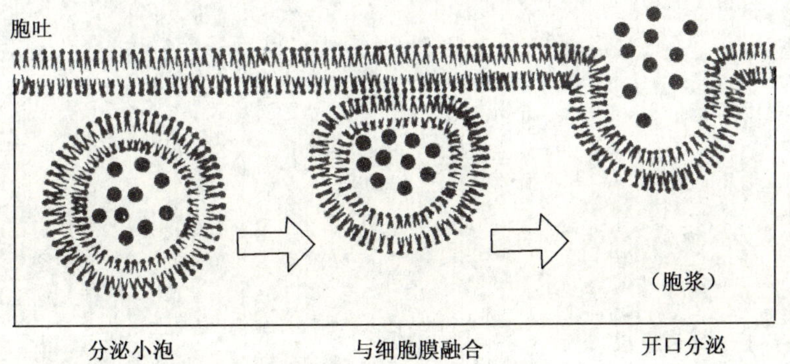

图 12-8　胞吐作用示意图

习题

一、名词解释

1. 生物膜　　2. 简单扩散　　3. 协助扩散

4. 主动运输　　5. 内吞作用　　6. 外排作用

二、填空题

1. 生物膜主要是由________、________、________组成，此外还有________、________等。
2. 生物膜所含的膜脂类以________为主要的成分。
3. 动物细胞的质膜中所含的糖脂几乎都是________的衍生物。
4. 膜脂具有________性，因此膜脂包括磷脂分子在水溶液中的溶解度是有限的。
5. 膜蛋白分为________、________。
6. 膜脂质在脂双层两侧分布具有________性，此种性质与膜的功能有关。
7. 物质的过膜转运方式有________、________。
8. 小分子与离子的过膜转运方有________、________、________。
9. 大分子物质的过膜转运方式有________、________、________。
10. Na^+-K^+ ATP 酶又称为________或________。

三、简答题

1. “流体镶嵌”模型的要点是什么？
2. 简述生物膜的功能。
3. 简述被动运输的特点。
4. 简述钠钾泵的工作原理。

参考文献

[1] 周爱儒.生物化学.6版.北京:人民卫生出版社,2003.

[2] 张迺蘅.生物化学.6版.北京:北京医科大学、北京协和医科大学出版社,1995.

[3] 严莉莉.生物化学.北京:中国医药科技出版社,1999.

[4] 王镜岩,朱圣庚,徐长法.生物化学.北京:高等教育出版社,2002.

[5] 查锡良,周春燕.生物化学.北京:人民卫生出版社,2008.

[6] 李煜,潘亚芬,金颖.生物化学. 北京:清华大学出版社,2007.

[7] 张洪渊.生物化学原理.北京:科学出版社,2006.

[8] 李京杰,邓毛程.生物化学.北京:中国农业大学出版社,2007.

[9] 徐萍,吴艳芬.药物化学. 北京:北京大学医学出版社,2008.

[10] 张龙,张凤.有机化学.北京:中国农业大学出版社,2007.

[11] 朱善元,陆辉.基础生物化学.北京:中国环境科学出版社,2007.

[12] 吕春梅.生物化学及生态学实验技术.哈尔滨:哈尔滨工业大学出版社,2004.

[13] 陈任宏,伍焜贤.药用有机化学.北京:化学工业出版社,2005.

[14] 陈守良.动物生理学. 北京:北京大学出版社,2005.

[15] 沃伊特.基础生物化学.朱德煦,译.北京:科学出版社,2005.

[16] 郭勇.现代生化技术.北京:科学出版社,2005.

[17] 陈钧辉,陶力,朱婉华.生物化学实验. 北京:科学出版社,2003.

[18] 默里,罗德韦尔.哈珀生物化学.宋惠萍,译.北京:科学出版社,2003.

[19] 聂钊初.生物化学简明教程.北京:高等教育出版社,1983.

[20] 唐咏. 基础生物化学. 吉林:吉林科学技术出版社,1995.

[21] 沈同. 王镜岩. 生物化学(下). 北京:高等教育出版社,1991.

[22] 吴显荣. 基础生物化学. 北京:中国农业出版社,1999.

[23] 吴赛玉. 简明生物化学. 合肥:中国科学技术大学出版社,1999.

[24] 于自然. 现代生物化学. 北京:化学工业出版社,2001.

[25] 吕淑霞,任大明,唐咏.基础生物化学.北京:中国农业出版社,2003.

[26] 李巧枝.生物化学.北京:中国轻工业出版社,2006.

[27] 聂剑初,吴国利等.生物化学简明教程.北京:高等教育出版社,1988.
[28] 胡洪禄,王彬等.生物化学. 北京:中国农业出版社,2006.
[29] 吴显荣.基础生物化学.2 版.北京:中国农业出版社,1997.
[30] 刘莉.动物生物化学. 北京:中国农业出版社,2002.
[31] 周顺武.动物生物化学实验指导. 2 版. 北京:中国农业出版社,2001.
[32] 卢良峰,路文静.遗传学.2 版.北京:中国农业出版社,2005.
[33] 郑福兆.生物化学.郑州:河南医科大学版社,1994.
[34] 万福生.生物化学.北京:高等教育出版社,2003.
[35] 吴梧桐.生物化学.5 版.北京:人民卫生出版社,2005.
[36] 孟繁静,刘道宏,苏业瑜.植物生理生化.北京:中国农业出版社,1997.
[37] 翟中和.细胞生物学.北京:高等教育出版社,1995.
[38] 王忠.植物生理学.北京:中国农业出版社,2000.
[39] 曹凤云.生物化学. 北京:化工出版社,2007.
[40] 夏未铭.动物生物化学.北京:中国农业出版社,2006.

图书在版编目(CIP)数据

生物化学/潘亚芬主编.—北京:中国农业大学出版社,2009.3(2015.7 重印)
高职高专教育"十一五"规划教材
ISBN 978-7-81117-734-3

Ⅰ.生… Ⅱ.潘… Ⅲ.生物化学-高等学校:技术学校-教材 Ⅳ.Q5

中国版本图书馆 CIP 数据核字(2009)第 023150 号

书　　名 生物化学
作　　者 潘亚芬 主编 李文君 主审

策划编辑 姚慧敏 陈巧莲 伍 斌　　**责任编辑** 冯雪梅
封面设计 郑 川　　**责任校对** 王晓凤 陈 莹
出版发行 中国农业大学出版社
社　　址 北京市海淀区圆明园西路 2 号　　**邮政编码** 100193
电　　话 发行部 010-62731190,2620　　读者服务部 010-62732336
编辑部 010-62732617,2618　　出 版 部 010-62733440
网　　址 http://www.cau.edu.cn/caup　　**e-mail** cbsszs @ cau.edu.cn
经　　销 新华书店
印　　刷 北京时代华都印刷有限公司
版　　次 2009 年 3 月第 1 版　2015 年 7 月第 3 次印刷
规　　格 787×980　16 开本　18.25 印张　331 千字
定　　价 26.00 元